高等职业教育示范专业系列教材

机械基础

（工程力学分册）

主　编　曾德江　黄均平
参　编　朱中仕　龙　贞
主　审　陈力捷

机 械 工 业 出 版 社

全书采用模块化方式构建课程内容体系，课程内容由4个模块，20个单元组成。

第一模块是静力学基础，主要介绍静力学的基本知识，构件的受力分析、力系简化和构件的平衡计算；第二模块是材料力学基础，主要介绍构件在外力作用下产生变形的受力特点和变形特点，构件的强度和刚度计算；第三模块是常用机构和机械传动，主要介绍常用机构工作原理、运动特点、应用及设计的基本知识，通用零件的工作原理、结构特点、标准及其选用和设计的基本方法，以及机械润滑与密封的基本知识；第四模块是联接与轴系零部件，主要介绍螺纹联接、键联接、销联接、联轴器、离合器、轴和轴承的结构、特点及其选用和设计的基本方法。

全书分为工程力学分册和机械原理与零件分册出版，工程力学分册包括绪论、第一模块（静力学基础）、第二模块（材料力学基础）和附录；机械原理与零件分册包括第三模块（常用机构和机械传动）、第四模块（联接与轴系零部件）和附录。

本书内容丰富，案例取材新颖，重点突出，重视知识的应用和实践技能的培养，可作为高职高专机电类及其相关专业的教材，也可供有关工程技术人员参考。

为方便教学，本书配有免费电子课件等，凡选用本书作为授课用书的学校，均可来电索取，咨询电话：010-88379375；E-mail：cmpgaozhi@sina.com。

图书在版编目（CIP）数据

机械基础.工程力学分册/曾德江，黄均平主编.—北京：机械工业出版社，2010.1（2023.1重印）

高等职业教育示范专业系列教材

ISBN 978-7-111-28992-0

Ⅰ.机… Ⅱ.①曾…②黄… Ⅲ.①机械学-高等学校：技术学校-教材②机械工程学：工程力学-高等学校：技术学校-教材 Ⅳ.TH11

中国版本图书馆CIP数据核字(2009)第201527号

机械工业出版社（北京市百万庄大街22号 邮政编码100037）

策划编辑：于 宁 责任编辑：王宗锋

版式设计：霍永明 封面设计：马精明

责任校对：闫玥红 责任印制：单爱军

北京虎彩文化传播有限公司印刷

2023年1月第1版第11次印刷

184mm×260mm·9印张·222千字

标准书号：ISBN 978-7-111-28992-0

定价：29.80元

电话服务	网络服务
客服电话：010-88361066	机 工 官 网：www.cmpbook.com
010-88379833	机 工 官 博：weibo.com/cmp1952
010-68326294	金 书 网：www.golden-book.com
封底无防伪标均为盗版	机工教育服务网：www.cmpedu.com

前　言

本书按照高等职业教育教学和改革要求，以生产实际所需的基本知识、基本理论和基本技能为基础，打破了“工程力学”、“机械设计基础”课程的界限，以培养学生的机械系统分析、创新能力和综合知识应用能力为主线，将“工程力学”、“机械设计基础”两门课程的教学内容进行有机整合精炼、充实，并辅以创新思维法则等内容，突出了实用性和综合性。注重对学生的动手能力、工程实践能力等的训练和综合能力的培养。

1. 本书采用模块化方式构建课程内容体系，课程内容由4个模块，20个单元组成。为适应不同专业和教学需求，全书分为两册：工程力学分册和机械原理与零件分册。工程力学分册由第一模块和第二模块组成，适用于50学时左右教学选用；机械原理与零件分册由第三模块和第四模块组成，适用于60学时左右教学选用，全书适用于110学时左右的教学选用。

2. 本书的每个单元都是以某一综合案例作为导入引出工程实际问题，阐述学习目标。综合案例始终贯穿于整个教学单元，学习目标和能力目标则通过由简单到复杂案例的训练得以实现。本书所选教学案例注重实用性、典型性、覆盖性、综合性和趣味性。

3. 本书配有电子课件，课件中的综合案例配有动画素材，可方便教师授课和学生学习。

本书由广东机电职业技术学院曾德江老师和重庆工程职业技术学院黄均平老师主编，广东机电职业技术学院朱中仕老师、龙贞老师参加编写。编写分工如下：第1、2、3、7、8、10、16单元由曾德江老师编写；第4、5、6、9、13单元由朱中仕老师编写；第11、12、17、20单元由龙贞老师编写，第14、15、18、19单元由黄均平老师编写。教材配套课件部分动画由广东机电职业技术学院陈平老师制作。

广东机电职业技术学院陈力捷老师担任工程力学分册主审，广东机电职业技术学院漆军老师担任机械原理与零件分册主审，他们对书稿进行了认真细致的审阅，并提出了许多宝贵意见，在此表示衷心感谢。

由于编者水平有限，书中难免有疏漏及不当之处，恳请广大读者批评指正。

编　者

目　录

第1单元　绪　　论

【学习目标】

了解机械的发展历史，掌握与机械相关的基本概念。

了解本课程的研究对象、性质、内容及教学任务。

【学习重点和难点】

机器的组成及其特征。

机械、机器、机构、构件及零件等概念。

【案例导入】

图1-1所示的自动组装机，是由工业可编程序控制器进行控制、安全检测、质量检测、计数的六工位组成的组装机；可以根据需要设计相应的夹具及工装，代替人完成产品的装配任务。本单元通过对此案例的分析得出机器的共同特征，引出机械、机器与机构、构件与零件等与机械相关的基本概念，并介绍本课程所应掌握的知识点。

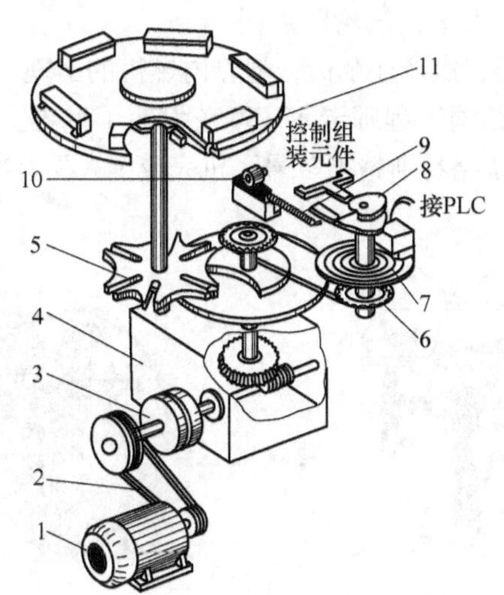

图1-1　自动组装机传动系统图

1—电动机　2—传动带　3—电磁离合器　4—变速箱　5—槽轮机构　6—链传动
7—信号采集器　8—凸轮机构　9—齿条　10—齿轮　11—夹具

1.1　机器的认知

本课程的研究对象是机械。**机械**是机器和机构的总称。

机械是人类在长期的生产和生活实践中被创造并发展的，是转换能量和减轻人类劳动、提高生产率的主要工具，也是社会生产力发展水平的重要标志。机械工业是国民经济的支柱工业之一。当今社会高度的物质文明是以近代机械工业的飞速发展为基础建设起来的，人类生活的不断改善也与机械工业的发展紧密相连。

我国古代在机械研制方面有许多杰出的发明创造，如三千多年前已开始使用简单的纺织机械，晋朝时在连机椎和水碾中应用了凸轮原理，西汉时应用了齿轮和轮系传动原理制成了指南车（图 1-2）和记里鼓车，东汉张衡利用连杆机构发明了世界上第一台地震仪——候风地动仪（图 1-3）。

图 1-2 指南车

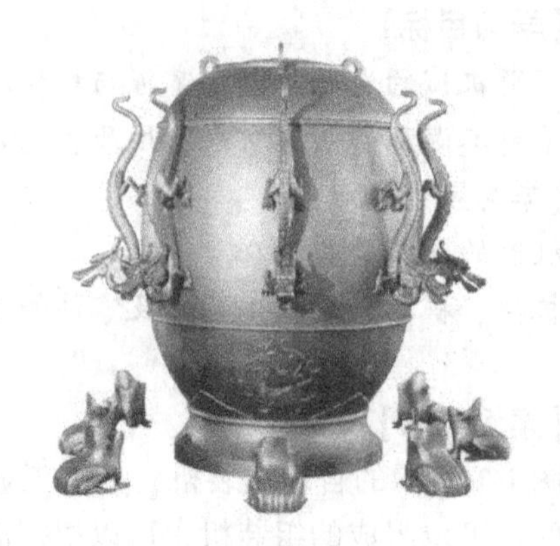

图 1-3 候风地动仪

18 世纪初以蒸汽机的出现为代表的第一次产业革命，人们开始设计制造各种各样的机械，例如纺织机（图 1-4）、火车、汽轮船。

19 世纪到 20 世纪初的第二次产业革命，随着内燃机的出现，促进了汽车、飞机等运输工具的出现和发展。1886 年，德国工程师卡尔·本茨发明了世界上第一辆汽车（图 1-5）；1927 年美国人林德伯格驾驶着“圣路易斯精神”号飞机完成了人类首次不着陆飞越大西洋的壮举。

图 1-4 哈格里沃斯发明的“珍妮纺纱机”

图 1-5 1886 年发明的世界上第一辆汽车

20 世纪中后期，以机电一体化技术为代表，在机器人、航空航天，海洋舰船等领域开发出了众多高新机械产品，如火箭、卫星、宇宙飞船、空间站、航空母舰和深海探测器等。

21 世纪随着智能机械、微型机构、仿生机械的蓬勃发展，将促进材料、信息、计算机技术、自动化等领域的交叉与融合，进一步丰富和发展机械学科知识。

在人们的生产和生活中广泛地使用着各种类型的机器，常见的如内燃机、汽车、火车、飞机、机床、缝纫机、机器人、包装机、洗衣机等。它们的组成、功用、性能和运动特点各不相同，但却有其共同的特征。

图 1-1 所示为自动组装机的传动系统图，电动机 1 通过传动带 2 和变速箱 4 可以将电动

机的转动改变；电磁离合器3通过控制自动离合；槽轮机构5将连续的转动改变为工作台的间歇运动；链传动6与工作台的主轴同步转动带动PLC信号采集器7，使信息的采集、反馈与机械的转动同步；各工位可根据需要设计结构，其中一个位置的工作装置是通过凸轮机构8、齿轮10与齿条9组成，完成一个工位的组装动作；夹具11与工装位置相对应，并可根据需要夹持或固定零件。这一系列运动的配合是通过信号的接收、信息的反馈和控制器的处理来完成的。信号采集器通过链传动与工作台的主轴同步转动，使整机的运动可以随机械传动速度的快慢同步进行，转动速度则通过电动机进行变频调速来完成无级变速。

发动机是多缸活塞式内燃机，图1-6所示为其单缸的工作原理，主体部分是由缸体4、活塞3、连杆2和曲轴1等组成。当燃气在缸体内腔燃烧膨胀而推动活塞3移动时，通过连杆2带动曲轴1绕其轴线转动。

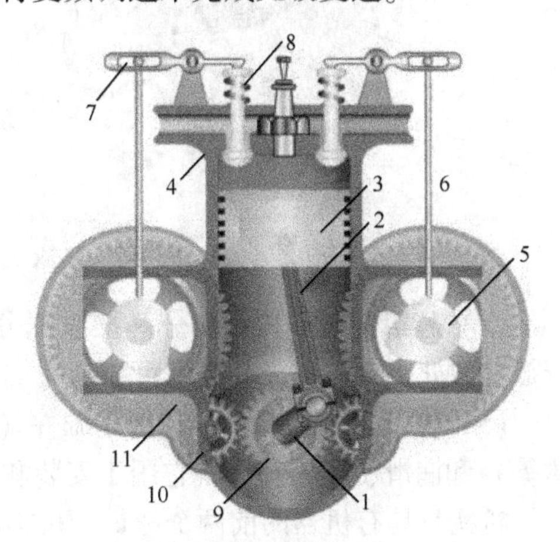

图1-6 发动机示意图

1—曲轴 2—连杆 3—活塞 4—缸体 5—凸轮 6—推杆 7—摆杆 8—阀门杆 9、10、11—齿轮

为使曲轴连续转动，必须定时地送进燃气和排出废气，这些动作由缸体两侧的凸轮5，通过推杆6、摆杆7，推动阀门杆8，使其定时关闭和打开来实现的（进气和排气分别由两个阀门控制）。

齿轮9、10、11则用来保证排气阀8与活塞3之间保持某种配合关系。

以上各个构件协同工作的结果，就是将燃气燃烧的热能转变为曲轴转动的机械能，从而使这台机器由曲轴输出旋转运动和驱动力矩，成为能做有用功的机器，使飞机飞行、汽车行驶、船舶航行等。

通过上述实例分析及生产、生活中所见到的其他机器可以看出：机器的种类繁多，各类机器的功用不同，因此工作原理和结构特点也不相同，但是作为机器，它们有着共同的特征：

1）它们是许多人为实物的组合。

2）各实物之间具有确定的相对运动。

3）能代替或减轻人类的劳动，以完成有效的机械功，或进行能量转换。

凡具备上述三个特征的实物组合就称为**机器**。机器种类繁多，其结构形式和用途各不同。然而，作为一部完整的机器就其功能而言，一般由五个部分组成。图1-7为洗衣机（机器）的五个组成部分。

（1）**动力部分** 它是驱动整个机器完成预期功能的动力源，各种机器广泛使用的动力源有电动机、内燃机等。

（2）**执行部分**（又称为工作部分） 它是机器中直接完成工作任务的组成部分，如洗衣机的滚筒、起重机的吊钩、车床的车刀等。其运动形式，根据机器的用途不同，可能是直线运动，也可能是回转运动或间歇运动等。

（3）**传动部分** 它介于动力部分和执行部分之间，用于完成运动和动力传递及转换的部分。利用它可以减速、增速、调速（如机床变速箱）、改变转矩以及改变运动形式等，从而满足执行部分的各种要求。

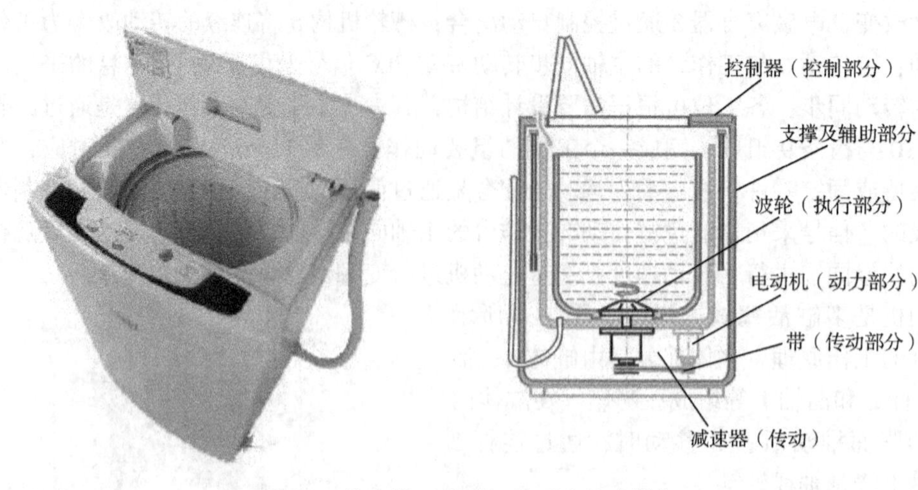

图 1-7　洗衣机（机器）的五个组成部分

（4）**操纵部分和控制部分**　操纵部分和控制部分都是为了使动力部分、传动部分、执行部分彼此协调工作，并准确可靠地完成整机功能的装置。

（5）**支撑及辅助部分**　包括基础件（如床身、底座、立柱等）、支撑构件（如支架、箱体等）和润滑、照明部分。它用于安装和支承动力部分、传动部分和操作部分等。

机构只具有机器的前两个特征，机构的作用是传递运动和转换动力。若仅从结构和运动观点来看机器与机构二者之间并无区别。因此，习惯上常用机械一词作为机器和机构的总称。

组成机构的各个做相对运动的实物称为**构件**，构件是机构中的运动单元，如内燃机中的曲柄、连杆、活塞等。构件可以是单一的整体，如图 1-8a 所示的连杆。但有时为了便于制造、安装，常由更小的单元装配而成，如图 1-8b 内燃机中的连杆，它是由连杆体、连杆头、轴套、轴瓦、螺杆、螺母和开口销等装配而成的。连杆体、连杆头、轴套、轴瓦、螺杆、螺母和开口销等称为**机械零件**，简称为**零件**。零件是机器的制造单元，是机器的基本组成要素。机械零件可分为两大类：一是在各种机器中都能用到的零件称为**通用零件**，如齿轮、螺栓、轴承、带、带轮等；另一类则是只在特定类型的机器中才能用到的零件，称为**专用零件**，如汽车发动机的曲轴、吊钩、叶片、叶轮等。

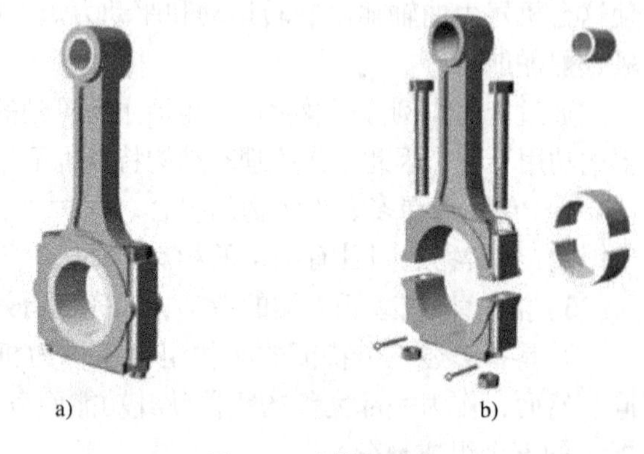

图 1-8　内燃机连杆

1.2　本课程的性质、研究内容及任务

1. 本课程的性质

本课程是职业技术院校工科相关专业的一门重要的专业基础课，通过本课程的学习，培

养学生的机械系统分析及简单机械传动装置设计的能力，为学习后续专业课程和技术改造奠定必要的基础。因此，对于将来从事生产技术第一线技术、管理工作的高职高专学生来说，学习“机械基础”课程无疑是十分重要的。

2. 本课程的研究内容及任务

本课程研究内容的设置是在遵循“以应用为目的，以必需、够用为度”的原则下，打破了“工程力学”、“机械设计基础”课程的界限，以培养学生的机械系统分析、创新能力和综合知识应用能力为主线，将“工程力学”、“机械设计基础”两门课程的教学内容课进行有机整合精练、充实，并辅以创新思维法则等内容，形成了理论教学和实践教学紧密联系的新体系，课程新体系从满足机械工程实际所必须掌握的基础知识、基本设计理论、基本技能出发，突出了实用性和综合性。注重对学生的动手能力、工程实践等能力的训练和综合能力的培养。本课程采用模块化方式构建课程内容体系，课程内容由为4个模块，20个单元组成。

第一模块是静力学基础。主要介绍静力学的基本知识，构件的受力分析、力系简化和构件的平衡计算组成。

第二模块是材料力学基础。主要介绍构件在外力作用下产生的变形的受力特点和变形特点，构件的强度、刚度和稳定性计算。

第三模块是常用机构和机械传动。主要介绍常用机构工作原理、运动特点、应用及设计的基本知识；通用零件的工作原理、结构特点、标准及其选用和设计的基本方法，以及机械润滑与密封的基本知识。

第四模块是联接与轴系零件部件。主要介绍螺纹联接、轴毂联接、联轴器、离合器、轴和轴承的结构、特点、标准及其选用和设计的基本方法。

通过本课程的学习，使学生具备：

1）掌握分析解决机械工程实际中简单力学问题的方法。

2）掌握杆件在承载的情况下，几种基本变形和组合变形的强度与刚度计算，并具有一定机械工程分析能力。

3）掌握常用机构和通用零件的基本知识、基本理论和基本功能，掌握一般机械传动装置、机械零件的设计方法及设计步骤。

4）初步具有选用和设计常用机构和通用零件的能力以及使用和维护一般机械的能力，训练提高基本技能，例如：计算、绘图、熟悉和运用设计资料（手册、标准、图册和规范等）的能力。

1.3 本课程的学习方法

鉴于本课程的特点，在学习这门课程时，首先应注重认真理解基本概念、基本公式（定律）和基本方法，并通过工程案例的分析、课后练习，掌握机械设备分析问题和解决问题的方法，掌握基本的工程技能（运算、绘图、资料处理等能力），提高分析和解决工程实际问题的能力。其次，在学习过程中还要注重适时复习已修课程的相关内容，注重学会将整个学习内容前后融会贯通，注重培养应用所学知识解决工程实际问题的能力。最后，要善于做好学习内容的阶段总结。

习 题 1

1-1 人们常说的机械的含义是什么？机器与机构的区别是什么？指出下列设备中哪些是机构：铣床、发电机、机械式手表、洗衣机和汽车。

1-2 什么是构件、零件？构件与零件的区别是什么？

1-3 什么是通用零件、专用零件？试各举三个实例。

1-4 试写出缝纫机中的专用零件和通用零件。

1-5 试举例说明一部完整的机器一般由哪几部分组成？各部分的作用是什么？

1-6 请查阅相关资料，各举出两个具有下述功用的机器的实例：

(1) 变换机械能为其他形式能量的机器；(2) 变换或传递信息的机器；(3) 传递物料的机器；(4) 传递机械能的机器。

1-7 指出下列机器的动力部分、传动部分、控制部分和执行部分：

(1) 汽车；(2) 自行车；(3) 车床；(4) 缝纫机；(5) 电风扇；(6) 录音机。

第一模块　静力学基础

- 第2单元　静力学基本概念及受力分析
- 第3单元　平面力系

第2单元　静力学基本概念及受力分析

【学习目标】

理解静力学的基本概念、掌握静力学公理及其应用范围。

掌握工程中常见的约束类型及约束特征，能熟练而正确地对工程实例进行受力分析并绘制受力图。

【学习重点和难点】

静力学公理及其推论。

工程中常见的约束及约束特征。

物体的受力分析及受力图绘制。

【案例导入】

图2-1所示为一液压式工件夹紧机构，工件能否被夹紧直接关系到工件的加工精度，其工作过程为活塞杆 D 在压力油作用下，推动摆杆 AOB 绕 O 点转动，AOB 杆的 A 端推动钳子夹紧工件。根据图示机构的动力传动路线你能否正确分析机构中各构件的受力情况并绘制出受力图？学习本单元相关内容，将帮助你获得此方面的能力。

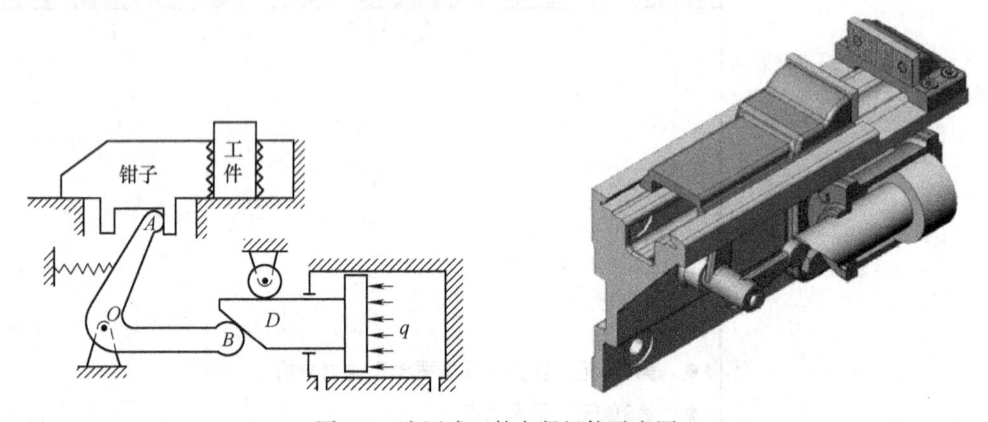

图2-1　液压式工件夹紧机构示意图

2.1　静力学基本概念

静力学的任务就是研究物体在力系的作用下处于平衡与利用平衡条件解决未知力大小的问题。平衡是运动的特殊情形，是指物体相对地球处于静止或匀速直线运动的状态。

静力学在工程技术中有广泛的应用，如对房屋结构、桥梁、水坝以及机械零件的设计计算，一般须先对它们进行受力分析，并应用力系的平衡条件求出未知力，然后再进行有关的强度、刚度和稳定性的分析。为了解决相关问题，我们首先要学习静力学的基本概念。

2.1.1 刚体

所谓刚体就是在力的作用下永不发生变形的物体。这样的物体实际上并不存在，只是对物体进行抽象简化后的一种理想模型。工程实际中的机械零件和机构构件，在正常工作情况下所产生的变形，一般都是非常微小的。这样微小的变形对于研究物体的平衡问题不起主要作用，因此，在静力学中研究物体的平衡问题时，常将物体看作是刚体。

但在研究物体的变形问题时，就不能把物体看作是刚体，否则会导致错误的结果，甚至无法进行研究。

2.1.2 力

1. 力的概念

力的概念是人们在长期生活和生产实践中逐步形成的，力是物体间的相互机械作用。力对物体会产生两种效应：如图2-2所示推动小车向前，此时力使物体的运动状态发生改变，这种效应称为**力的外效应**；如图2-3所示吊车横梁在起吊重物时会产生弯曲变形，此时力使物体产生变形，这种效应称为**力的内效应**。

图2-2 小车的运动

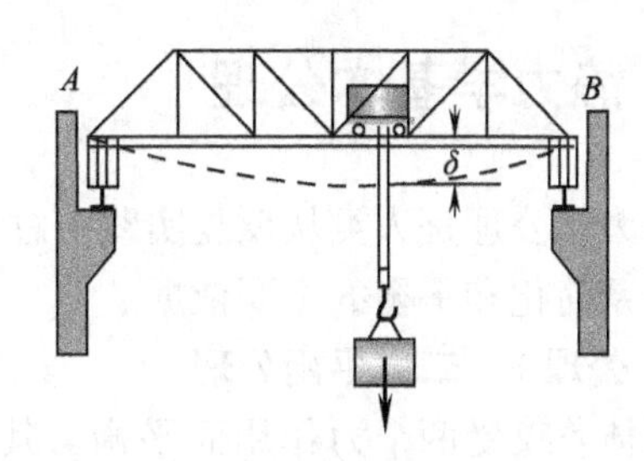

图2-3 吊车横梁的变形

静力学只研究力的外效应，而材料力学研究力的内效应。

2. 力的三要素及表示方法

力对物体的作用效应决定于力的三要素：力的大小、方向和作用点。改变三要素中的任何一个要素，力对物体的作用效应也将随之改变。

力是矢量，常用一个带箭头的线段来表示。通常用黑体字母（如 $\boldsymbol{F}$ 表示）代表力矢，以字母 F 代表力的大小。在国际单位制中，力的单位为N（牛顿）或kN（千牛顿）。

作用于物体上的力如果作用面积很小，则可将其抽象为一个点，这种作用力称为**集中力**。如图2-5a所示汽车通过轮胎作用在桥面上的力，可以看作是集中力。如果作用面积比较大，这种作用力称为**分布力**或**分布载荷**。当力沿着一个方向连续分布时，则用单位长度的力表示沿长度方向上的分布力的强弱程度，称为**载荷集度**，用字母 q 表示，单位为N/m或kN/m。如图2-5b所示汽车和桥面作用在桥梁上的力，是沿着桥梁长度方向连续分布的，可以看作是分布力。

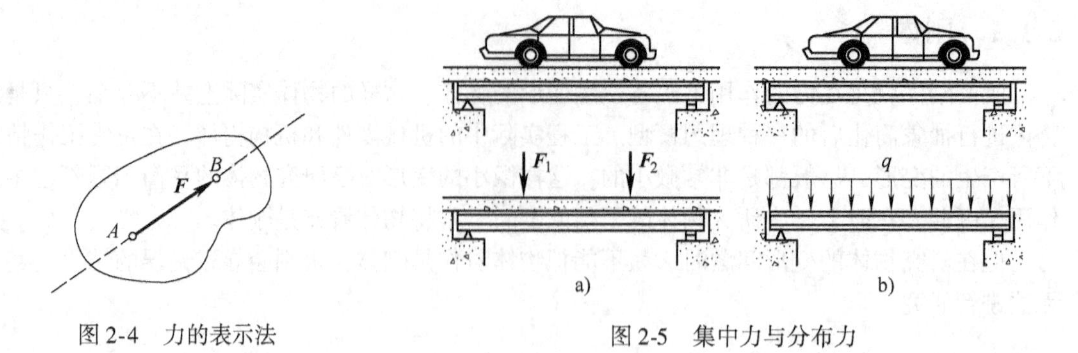

图 2-4　力的表示法　　　图 2-5　集中力与分布力

2.1.3　力系

所谓力系是指作用于物体上的一群力。若物体在力系的作用下处于平衡状态，这种力系称为**平衡力系**。力系平衡所满足的条件称为**平衡条件**。当研究一个复杂的力系对物体的作用效应和力系的平衡条件时，常需将复杂的力系进行简化，而作用效应不变，这称为**力系的简化**。若两个力系对物体的作用效应相同，则两个**力系互为等效**。

2.2　静力学基本公理

静力学公理是人类从反复实践中总结出来的，它的正确性已被人们所公认，这些公理是研究力系简化和平衡的主要依据。

1. 公理 1　二力平衡公理

刚体若仅受两个力作用而平衡，其必要与充分的条件是：这两个力必等值、反向、共线。如图 2-6 所示，刚体受力 $\boldsymbol{F}_A$ 和 $\boldsymbol{F}_B$ 作用，在平衡时，$\boldsymbol{F}_A$、$\boldsymbol{F}_B$ 必等值、反向、同线。必需指出，本公理只适用于刚体。对于变形体，它只是平衡的必要条件，而不是充分条件。

图 2-7a 所示的软绳受两个等值、反向、共线的拉力作用可以平衡，而如图 2-7b 所示的软绳受两个等值、反向、共线的压力作用就不能平衡。

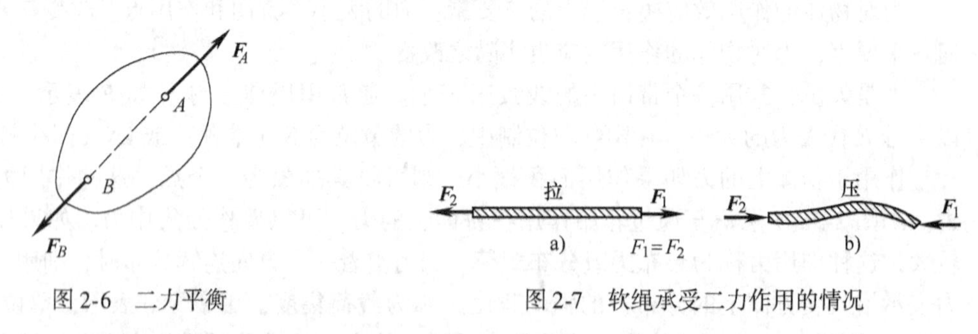

图 2-6　二力平衡　　　图 2-7　软绳承受二力作用的情况

在两个力的作用下保持平衡的构件称为**二力构件**，因为工程上大多数的二力构件是杆件，所以常简称为**二力杆**。二力杆可以是直杆，也可以是曲杆。如图 2-8 所示结构的曲杆 BC 就是二力构件。

二力杆的受力特点是：两个力的方向必在二力作用点的连线上。

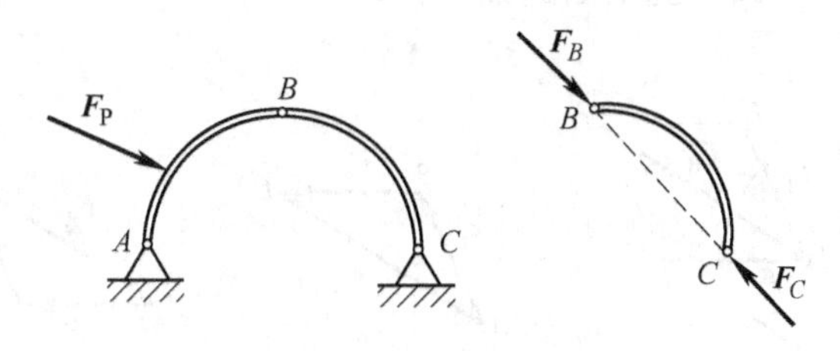

图2-8　二力构件

2. 公理2　加减平衡力系公理

在任意一个作用有已知力系的刚体上，可随意加上或减去一平衡力系，不会改变原力系对刚体的作用效应。

本公理成为力系简化的基本方法之一。依据这一公理，可以得出一个重要推论：

推论1　力的可传性原理

作用于刚体上某点的力，可以沿其作用线移到刚体内任一点，而不会改变此力对刚体的作用效应（图2-9）。

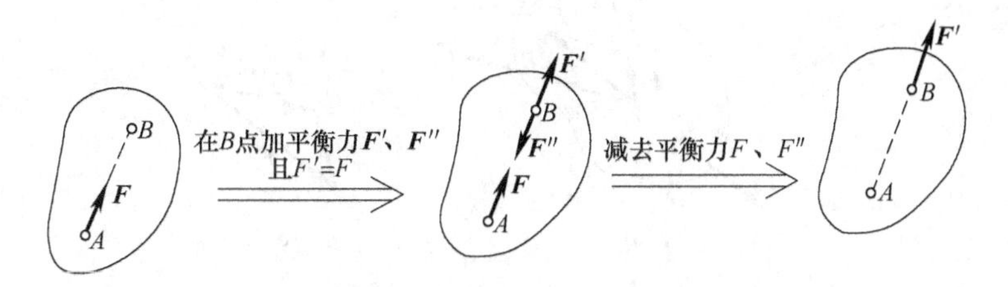

图2-9　力的可传性原理

☆想一想　练一练

在图2-10中车后A点加一水平力推车，与在车前B点加一水平力拉车，其对小车产生的外、内效应是否一样？如果小车是弹性体，产生的内外效应一样吗？

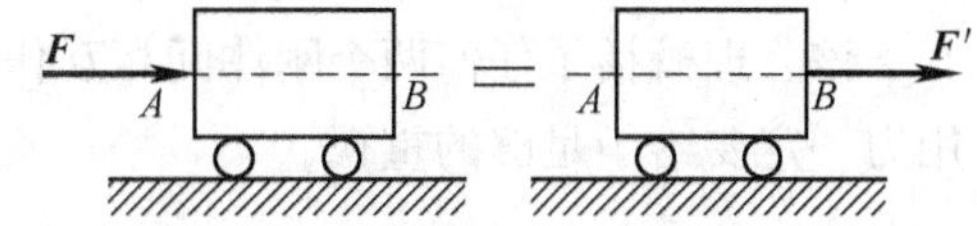

图2-10　力的可传性应用实例分析

结论：应当指出，加上或减去一个平衡力系，或使力沿作用线移动，不会改变力对物体的外效应，但会改变力对物体的内效应。所以，公理2或推论1只适用于刚体，对变形体不适用。

3. 公理3　力的平行四边形法则

作用于刚体某一点的两个力，其合力也作用于该点，合力的大小和方向可由这两个力所构成的平行四边形的对角线来表示。

设在刚体上A点有力$\boldsymbol{F}_1$和$\boldsymbol{F}_2$作用（图2-11a），以$\boldsymbol{F}_R$表示它们的合力，则可写成表达式为

$$\boldsymbol{F}_R=\boldsymbol{F}_1+\boldsymbol{F}_2 \tag{2-1}$$

为了简便，作图时可直接将$\boldsymbol{F}_2$（或$\boldsymbol{F}_1$）平移连在$\boldsymbol{F}_1$（或$\boldsymbol{F}_2$）的末端，通过$\triangle ABD$（或$\triangle ADC$）即可求得合力$\boldsymbol{F}_R$，如图2-11b、c所示。此法就称为求二汇交力合成的**三角形法则**。

运用公理 2、公理 3 可以得到下面的推论：

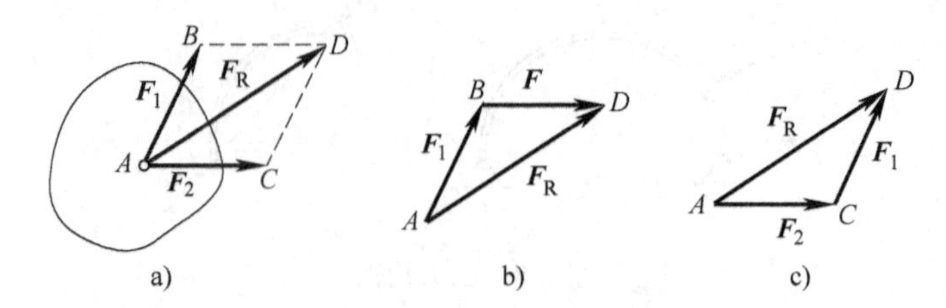

图 2-11　力的平行四边形法则

推论 2　三力平衡汇交定理

刚体受三个力作用而平衡时，此三个力的作用线必汇交于一点（图 2-12a），此推论称为**三力平衡汇交定理**。由于三力是平衡的，所以三个力矢按首尾连接的顺序构成一封闭三角形，或力的三角形封闭（图 2-12b）。

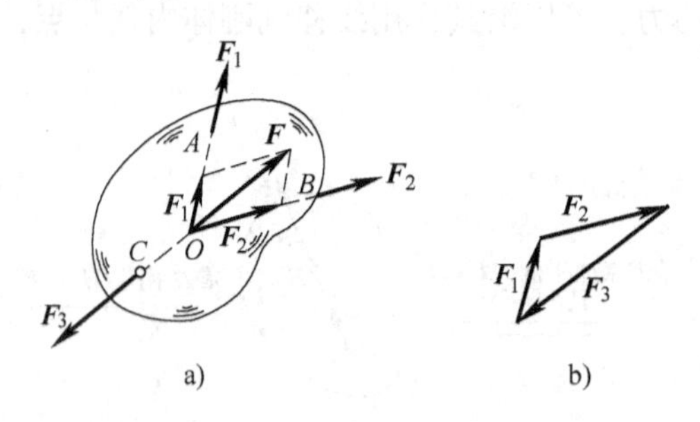

图 2-12　三力平衡汇交定理

4. 公理 4　作用与反作用定律

两刚体间的作用力与反作用力总是同时存在，同时消失，两力等值、反向、共线，分别作用在互相作用的两个刚体上。

该公理概括了任何两个刚体间相互作用的关系，在画物体的受力图时，对作用力与反作用力一定要给予足够的重视。

2.3　约束与约束力

2.3.1　约束与约束力的概念

在各类工程问题中，构件总是以一定形式与周围其他构件相互联系的，例如房屋受立柱的限制使它在空间得到稳定的平衡，转轴受到轴承的限制使它只能产生绕轴心的转动，小车受地面的限制使它只能沿路面运动等。

一物体的空间位置受到周围物体的限制时，这种限制就称为**约束**。图 2-13 所示的曲轴冲压机示意图，其滑道是冲头的约束，图 2-14 中的支座 A、B 是桥梁的约束。

约束限制物体运动的力称为**约束力**或**约束反力**。约束力的作用点在约束与被约束物体的接触处，约束力的方向总是与约束所限制的运动或运动趋势的方向相反。约束力的大小是未知的，在静力学中，可用平衡条件由主动力求出。

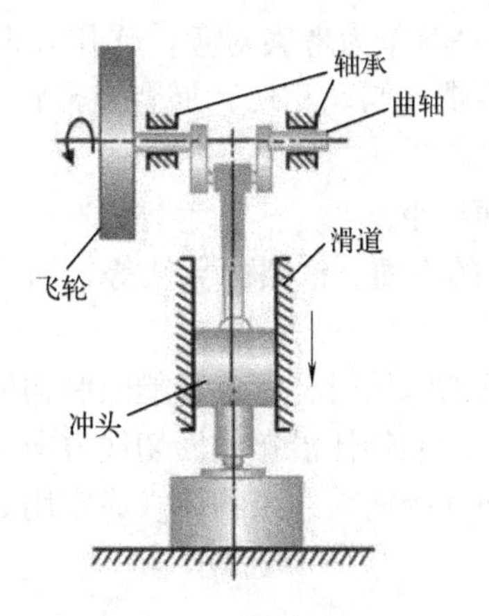

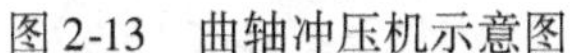
图 2-13　曲轴冲压机示意图

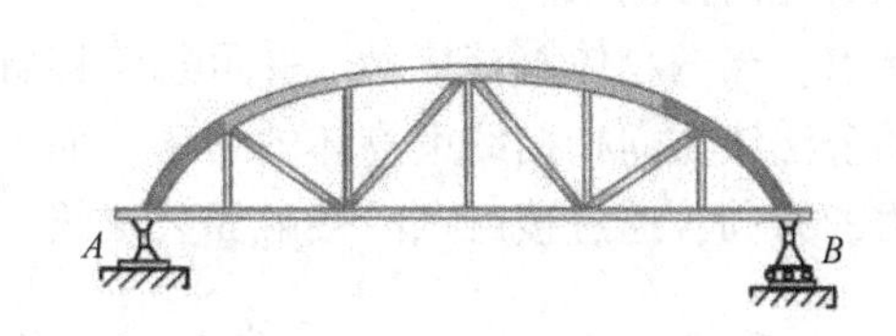

图 2-14　桥梁结构

2.3.2　工程中常见的约束类型

下面介绍几种工程中常见的约束类型，并分析其约束力的特点。

1. 柔性约束

由绳索、胶带、链条等形成的约束称为**柔性约束**。

实例： 图 2-15 所示链条悬吊重物、图 2-16 所示带传动、自行车的链传动都属于柔性约束。

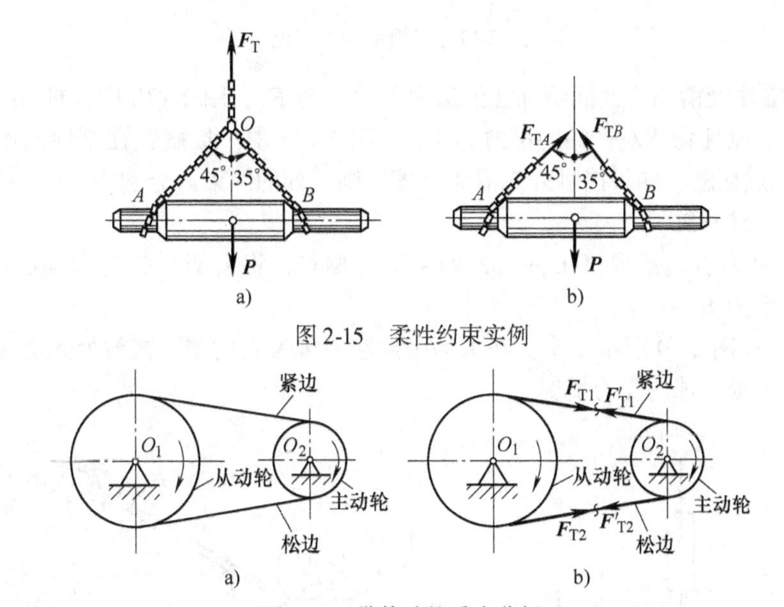

图 2-15　柔性约束实例

图 2-16　带传动的受力分析

约束特点： 只能承受拉力，不能承受压力，因而只能限制物体沿柔索伸长方向的运动。

约束力的方向： 总是沿柔索伸长方向背离被约束物体。常用 $\boldsymbol{F}_T$ 表示。

如图 2-15a 所示为用链条 *AO* 和 *BO* 悬吊的重物，链条 *AO* 和 *BO*（对于重物都是约束）给重物的约束力分别为 $\boldsymbol{F}_{TA}$ 和 $\boldsymbol{F}_{TB}$。

如图 2-16a 所示的带传动，当传动带绕过带轮时，常假想在传动带的直线部分处将传动带截开（图 2-15b），将与带轮接触的传动带和带轮一起作为考察对象。作用在两轮上的约束力分别为 $\boldsymbol{F}_{T1}$、$\boldsymbol{F}_{T2}$ 和 $\boldsymbol{F}'_{T1}$、$\boldsymbol{F}'_{T2}$，约束力的方向沿着带（与轮相切）而背离带轮。

2. 光滑面约束

光滑平面或曲面对物体所构成的约束称为**光滑面约束**。

实例：支持物体的固定面（图 2-17）、啮合齿轮的齿面、铁路的导轨等，当摩擦忽略不计时，都属于光滑面约束。

约束特点：当两物体直接接触，并可忽略接触处的摩擦时，约束只能限制物体在接触点沿接触面的公法线方向指向约束物体的运动，而不能限制物体沿接触面切线方向的运动。

约束力的方向：通过接触点沿接触面公法线方向并指向被约束物体。通常用 $\boldsymbol{F}_N$ 表示。

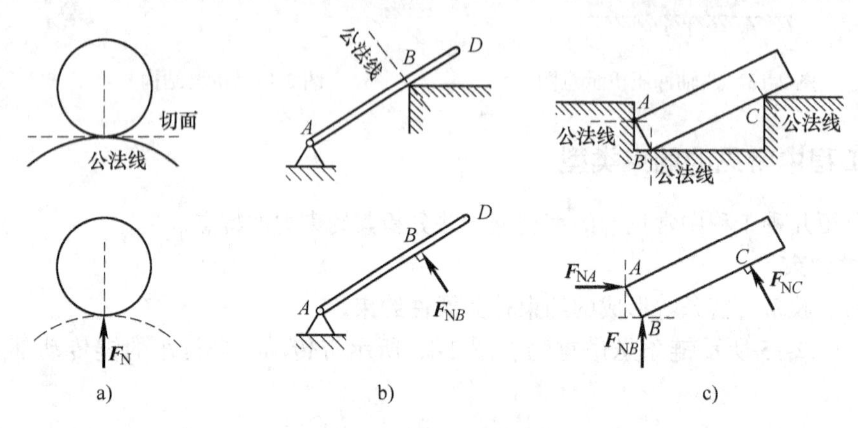

图 2-17　光滑面约束实例

如图 2-17a 中光滑固定曲面给圆柱的法向约束力为 $\boldsymbol{F}_N$；图 2-17b 中，杆 AD 倚靠在固定的刚性物体上，刚性物体对杆的约束力为 $\boldsymbol{F}_{NB}$；图 2-17c 中，板搁置在刚性凹槽内，板与槽在 A、B、C 三点接触，如果接触处光滑无摩擦，则三处的约束力分别为 $\boldsymbol{F}_{NA}$、$\boldsymbol{F}_{NB}$、$\boldsymbol{F}_{NC}$。

☆**想一想　练一练**

如图 2-18 所示，汽锤锻打工件时，如果工件偏置，将会使锤头受力偏心而发生偏斜。请画出锤头的受力图。

案例 2-1　如图 2-19 所示，木板在水沟中挑起一重为 G 的球，接触处光滑无摩擦，试分别用图表示出木板、球的受力情况。

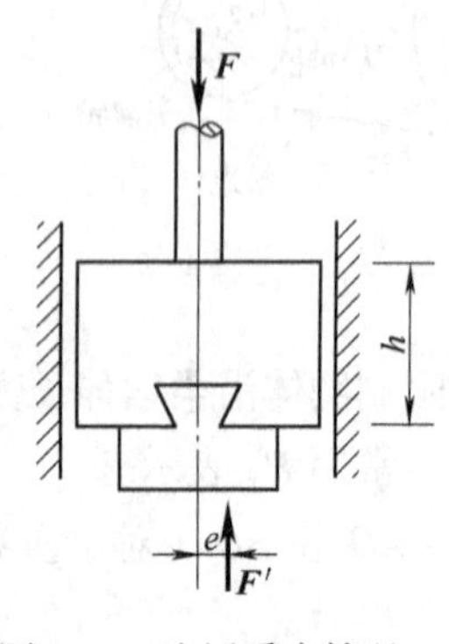

图 2-18　汽锤受力情况

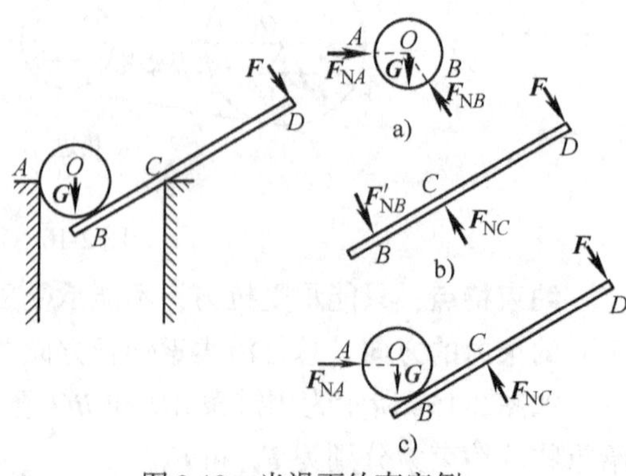

图 2-19　光滑面约束实例

分析：1）图2-19a所示球的受力情况，作用于球的力有：球受的重力G，B点处木板的约束力$\boldsymbol{F}_{NB}$，A点沟壁的约束力$\boldsymbol{F}_{NA}$。$\boldsymbol{F}_{NA}$和$\boldsymbol{F}_{NB}$均垂直于接触点公法线指向球心。

2）图2-19b所示木板的受力情况，作用于木板的力有：B点处球的压力$\boldsymbol{F}'_{NB}$；沟边棱角C点处的约束力$\boldsymbol{F}_{NC}$；已知力$\boldsymbol{F}$。

3）若取图2-19c球与板为一个物系，则A、C两处为外约束，而B处为内约束，内力$\boldsymbol{F}_{NB}$和$\boldsymbol{F}'_{NB}$无需画出。

☆**想一想 练一练**

图2-20所示为一液压式工件的夹紧机构，请判断哪个构件接触点处属于光滑面约束？如工件处于夹紧状态时，你能否画出该构件的受力图？

3. 光滑铰链约束

两构件采用圆柱销所形成的联接称为**光滑铰链约束**，如图2-21a、b所示，这类约束的本质即为光滑面约束，其约束力必沿圆柱面接触点的公法线方向通过圆销中心。由于不能确定圆销面上的具体接触位置，通常此力用两个通过铰心大小未知的正交力$\boldsymbol{F}_x$、$\boldsymbol{F}_y$来表示，两分力的指向可以任意设定，如图2-21c、d所示。

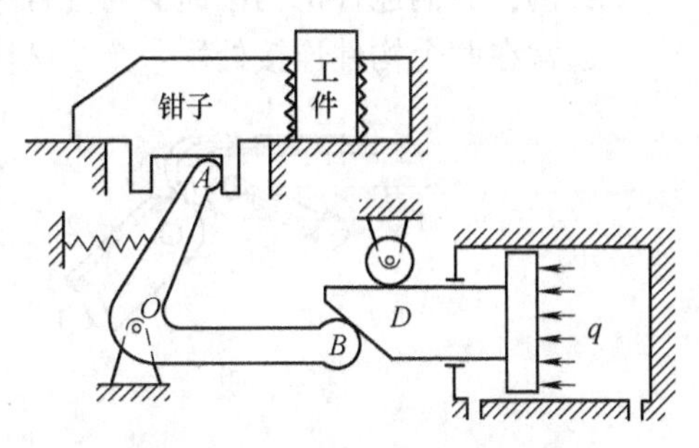

图2-20 液压式工件夹紧机构示意图

工程中光滑铰链约束应用广泛，形式多样，常

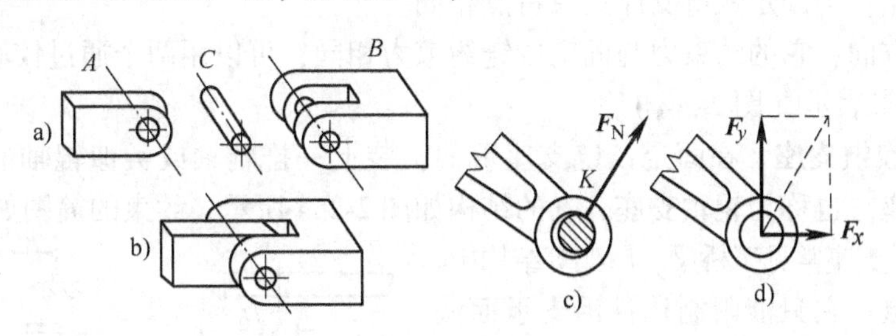

图2-21 铰链约束

见的主要有以下三种类型：

（1）**固定铰链支座** 若相联的两个构件有一个固定，则称为**固定铰链支座**。

实例：桥梁的一端与桥墩连接时，常用这种约束，如图2-22a所示。

固定铰链支座的简图如图2-22b所示。

约束的特点：限制被约束物体间的相对移动，但不限制物体绕销轴的相对转动。

约束力的方向：它的约束力与光滑铰链约束力有相同特征，通常用两个通过铰心大小未知的正交力$\boldsymbol{F}_x$、$\boldsymbol{F}_y$来表示（图2-22c）。

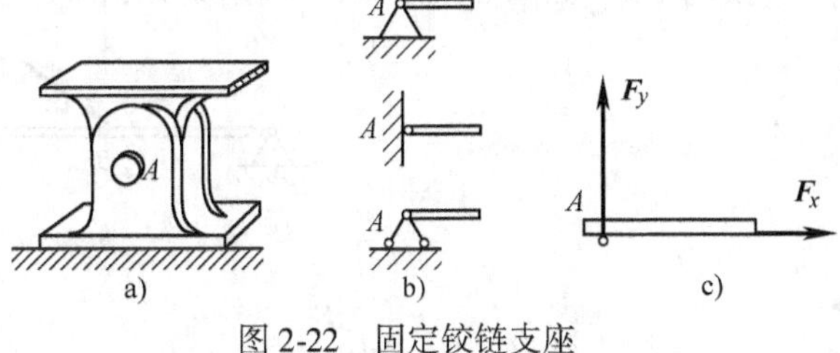

图2-22 固定铰链支座

但若铰链所联接的构件中有一个是二力构件，则铰链约束力必须按公理1画在两个力作用点的连线上（图2-23b）。

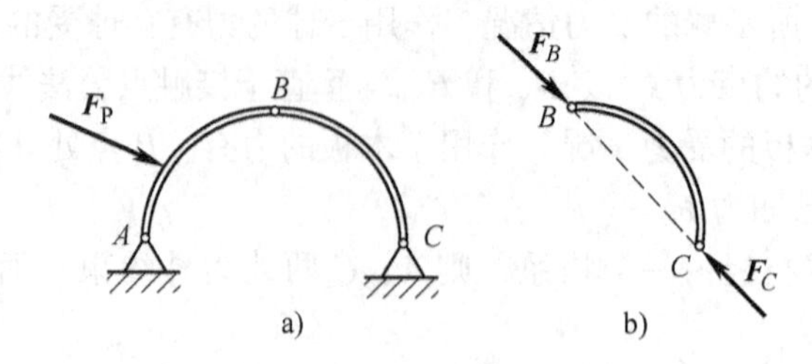

图 2-23　二力构件

（2）**中间铰链**　若相联的两个构件均无固定，则称为**中间铰链**，**简称铰**。

实例：曲柄连杆机构中曲柄与连杆、连杆与滑块的连接即为中间铰链连接。

通常在两个构件连接处用一个小圆圈表示铰链，这种约束的简图如图 2-24b 所示。

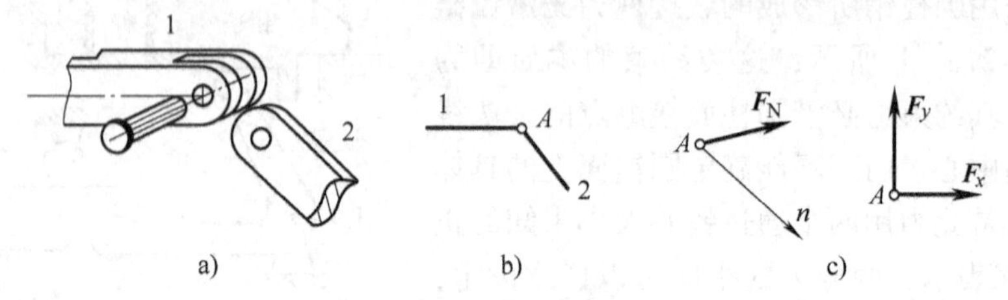

图 2-24　中间铰链

约束的特点：与固定铰链支座约束特点相同。

约束力的方向：它的约束力与固定铰链约束力相同，可以用两个通过铰心的大小未知的正交力 $\boldsymbol{F}_x$、$\boldsymbol{F}_y$来表示（图 2-24c）。

（3）**活动铰链支座**　在固定铰链支座下面，装上一排辊轴或类似辊轴的物体，就构成了活动铰链支座，也称为**辊轴支座**，它的结构如图 2-25a 所示，约束的简图如图 2-25b 所示。

实例：这类支座常见于桥梁、屋架等结构中。

约束的特点：它只能限制构件沿支承面法向的运动，而不能限制切线方向的运动，如图2-25a 所示。

约束力的方向：通过铰链中心并与支承面相垂直，通常用 $\boldsymbol{F}_N$表示。

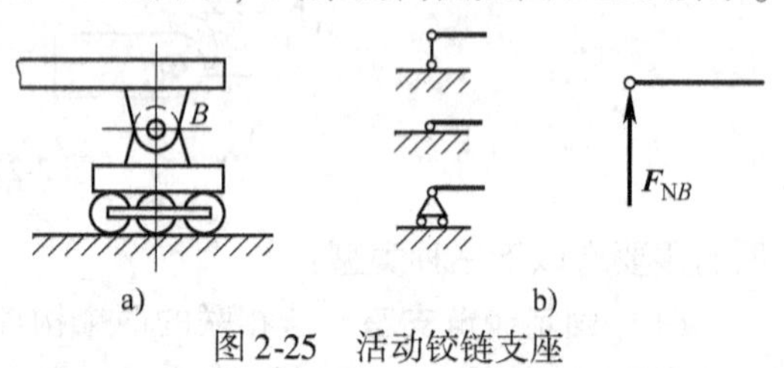

图 2-25　活动铰链支座

案例 2-2　如图 2-26 所示，画出梁 AC 的受力图。

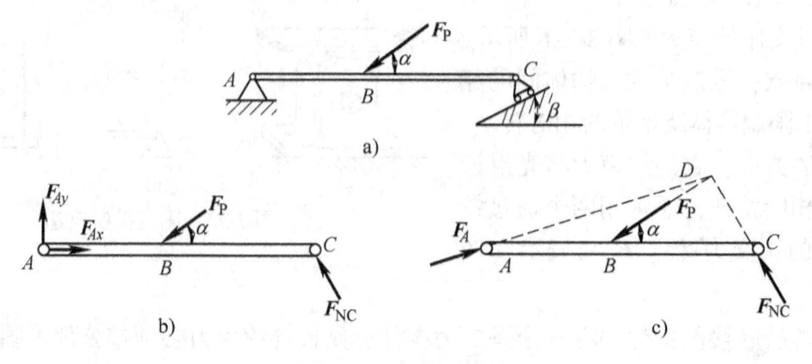

图 2-26　案例 2-2 图

分析：

方法1： 如图2-26b所示，以梁*AC*为研究对象，梁*AC*受的主动力为F_P，*A*端受固定铰链约束力，可以用两个大小未知的F_{Ax}，F_{Ay}表示，*C*端受活动铰链约束力，过铰链中心与支承面垂直，用F_{NC}表示。

方法2： 如图2-26c所示，以梁*AC*为研究对象，由于梁*AC*在F_P、F_{NC}和F_A三力作用下平衡，故根据三力平衡汇交定理，可确定铰链*A*处约束力F_A的方位。*D*点为力F_P、F_{NC}的交点，当梁*AC*平衡时，约束力F_A的作用线必通过*D*点，至于F_A的方位，暂且如图2-26c所示，以后由平衡条件确定。

☆想一想 练一练

图2-20所示的液压工件的夹紧机构，构件*AOB*是否存在光滑铰链约束？如有请画出该构件的受力图。

4. 固定端约束

物体的一部分固嵌于另一物体所构成的约束称为**固定端约束**。固定端约束的力学模型如图2-27所示。

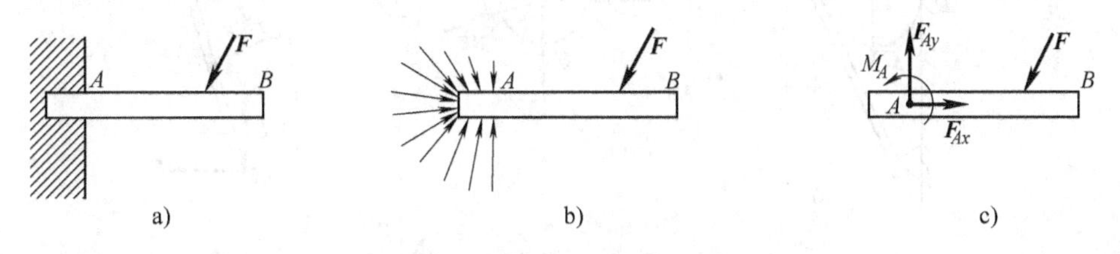

图2-27 固定端约束的力学模型

实例： 机床上夹持工件的卡盘对工件的约束（图2-28a）、车床上夹持车刀的刀架对车刀的约束（图2-28b）、房屋建筑中墙壁对雨篷的约束（图2-28c），它们都是固定端约束。

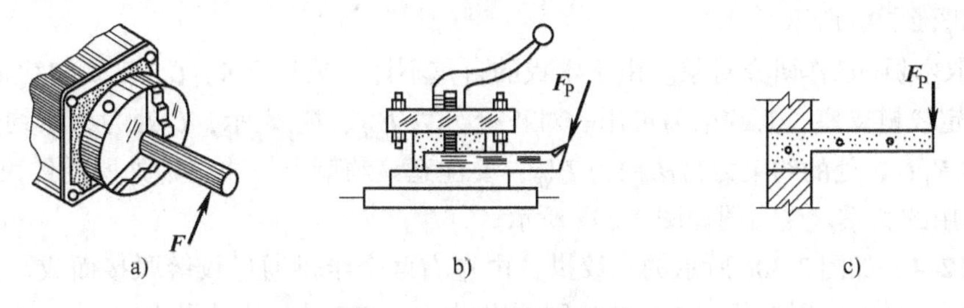

图2-28 固定端约束实例

约束的特点： 固定端约束限制物体在约束处沿任何方向的移动和转动。

约束力的方向： 一般可用两个大小未知的正交约束分力F_{Ax}、F_{Ay}和一个约束力偶M_A来表示（图2-27c）。

2.4 物体的受力分析与受力图

在工程实际中，作用在物体上的力有主动力和约束力，一般主动力是已知的，而约束力是未知的，需要通过物体的平衡条件求解。在静力学中，为了应用物体的平衡条件求解未知力，必须分析所要研究的构件（称为研究对象）上受哪些作用力，并确定每个力的作用位置和方向，这个分析过程称为**物体的受力分析**。

为了清晰地表示物体的受力情况，首先，需要把研究对象从与它联系的周围物体中分离出来，研究对象可以单独用简单线条组成的简图来表示，这一过程称为**解除约束取分离体**。解除约束后的自由物体称为**分离体**。在分离体上画出它所受的全部主动力和约束力，就可得到该**物体的受力图**。

1. 绘制受力图的一般步骤

1）确定研究对象，解除约束，画出研究对象的分离体简图。

2）根据已知条件，在分离体简图上画出全部主动力。

3）在分离体的每一约束处，根据约束的类型画出约束力。

案例 2-3 重力为 $\boldsymbol{G}$ 的圆球放在木板 AC 与墙壁 AB 之间，如图 2-29a 所示。设板 AC 重力不计，试作出木板与球的受力图。

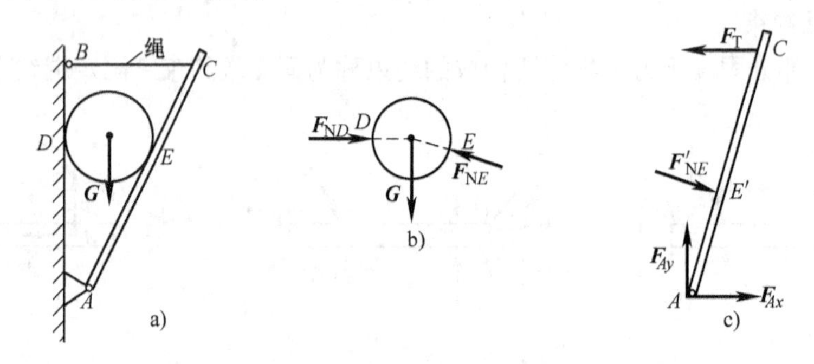

图 2-29 案例 2-3 图

分析：1）先取球为研究对象，作出简图。

以圆球为研究对象，球上主动力有 G，约束力有 $\boldsymbol{F}_{ND}$ 和 $\boldsymbol{F}_{NE}$，均属光滑面约束的法向力。受力图如图 2-29b 所示。

2）取木板 AC 作研究对象。由于木板的自重不计，故只有 A、C、E 处的约束力。其中，A 处为固定铰链支座，其约束力可用一对正交分力 $\boldsymbol{F}_{Ax}$、$\boldsymbol{F}_{Ay}$ 表示；C 处为柔索约束，其约束力为拉力 $\boldsymbol{F}_{T}$；E 处的约束力为法向力 $\boldsymbol{F}'_{NE}$，要注意该约束力与球在 E 处所受约束力 $\boldsymbol{F}_{NE}$ 为作用与反作用的关系。受力图如图 2-29c 所示。

案例 2-4 如图 2-30a 所示的三铰拱，由左右两个半拱通过铰链联接而成。各构件自重不计，在拱 AC 上作用有载荷 $\boldsymbol{F}$。试分别画出拱 AC、BC 及整体的受力图。

分析：1）取拱 BC 为研究对象，由于拱 BC 自重不计，且只在 B、C 两处受到铰链约束，因此，拱 BC 为二力构件，在铰链中心 B、C 处分别受 $\boldsymbol{F}_{B}$、$\boldsymbol{F}_{C}$ 两个力的作用，且 $\boldsymbol{F}_{B}=-\boldsymbol{F}_{C}$，如图 2-30b 所示。

2）取拱 AC 为研究对象，由于自重不计，因此主动力只有载荷 $\boldsymbol{F}$，拱 AC 在铰链 C 处受拱 BC 对它的约束力 $\boldsymbol{F}'_{C}$ 作用，$\boldsymbol{F}'_{C}$ 与 $\boldsymbol{F}_{C}$ 互为反作用力。拱 AC 在 A 处受固定铰链支座对它的约束力 $\boldsymbol{F}_{A}$ 的作用，其方向可用三力平衡汇交定理来确定，如图 2-30b 所示。也可以根据固定铰链的约束特征，用两个大小未知、相互正交的分力 $\boldsymbol{F}_{Ax}$、$\boldsymbol{F}_{Ay}$ 表示 A 处的约束力。

3）取整体为研究对象，由于铰链 C 处所受的力 $\boldsymbol{F}'_{C}$ 与 $\boldsymbol{F}_{C}$ 为作用与反作用关系，这些力为系统内力，内力对系统的作用相互抵消，因此可以除去，并不影响整个系统平衡，故内力在整个系统的受力图上不必画出，也不能画出。在受力图上只需画出系统以外的物体对系统的作用力，这种力称为外力。整个系统的受力如图 2-30c 所示。

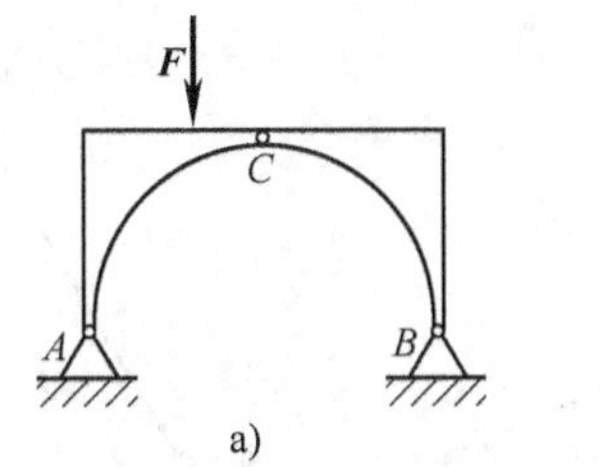

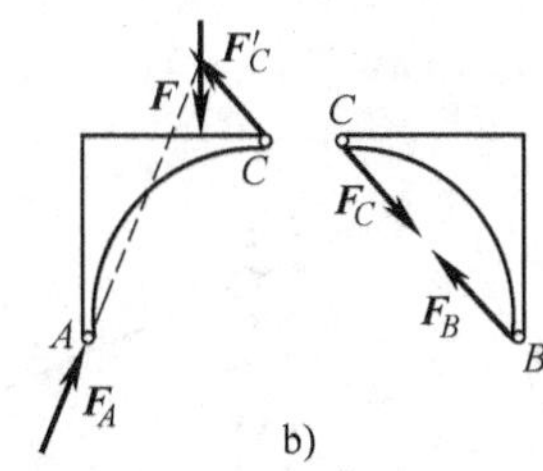

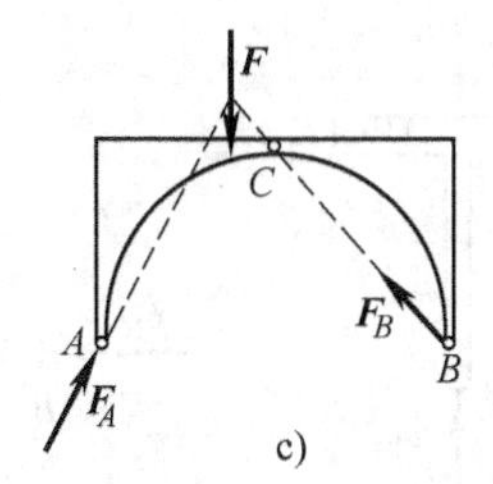

图 2-30　三铰拱

2. 画受力图时的注意事项

（1）**必须明确研究对象**　根据求解需要，可以取单个物体为研究对象，也可以取由几个物体组成的系统为研究对象，不同研究对象的受力图是不一样的。

（2）**不要多画力，也不要漏画力**　一般先画已知的主动力，再画约束力；凡是研究对象与外界接触之处，一般都存在约束力。在画某个物系的受力图时，只需画出全部外力，不必画出内力。

（3）**受力图上不能再带约束**　即受力图一定要画在分离体上。

（4）**不要画错力的方向**　约束力的方向必须严格地按照约束的类型来画，不能单凭直观或根据主动力的方向来简单推想。

在分析两物体之间的相互作用时，要注意作用力与反作用力关系，作用力的方向一旦确定，反作用力的方向就应与之相反，不要把箭头方向画错。

（5）**正确判断二力构件**　若机构中有二力构件，应先分析二力构件的受力，然后再分析其他作用力。

☆综合案例分析

如图 2-31 所示的液压夹紧机构中，B、C、D、E 均为光滑铰链约束，如果此时机构处于工件的夹紧状态，你能否根据本单元所学知识，对图中各构件进行受力分析，并画出各构件的受力图呢？

分析：1）以活塞杆 AB 为研究对象，活塞杆 AB 在 B 处与滚轮形成铰链约束，主动力为 $\boldsymbol{F}$。因此，活塞杆 AB 只受两个力作用，为二力杆，其受力图如图 2-32a 所示。

2）以滚轮 B 为研究对象，外壁对滚轮形成光滑面约束，C 处对滚轮形成铰链约束，因此，滚轮的受力图如图 2-32b 所示。

3）以 BC 杆为研究对象，该构件在 B、C 处形成铰链约束，因此，该构件为二力杆，受力图如图 2-32c 所示。

4）以 CD 杆为研究对象，该构件在 C、D 处形成铰链约束，因此，该构件为二力杆，受力图如图 2-32d 所示。

图 2-31　液压夹紧机构示意图

5）以 CE 杆为研究对象，该构件在 C、E 处形成铰链约束，因此，该构件为二力杆，受力图见图 2-32e 所示。

6）以销钉 C 为研究对象，其受力图如图 2-32f 所示。

7）以夹紧滑块 H 为研究对象，其受力图如图 2-32g 所示。

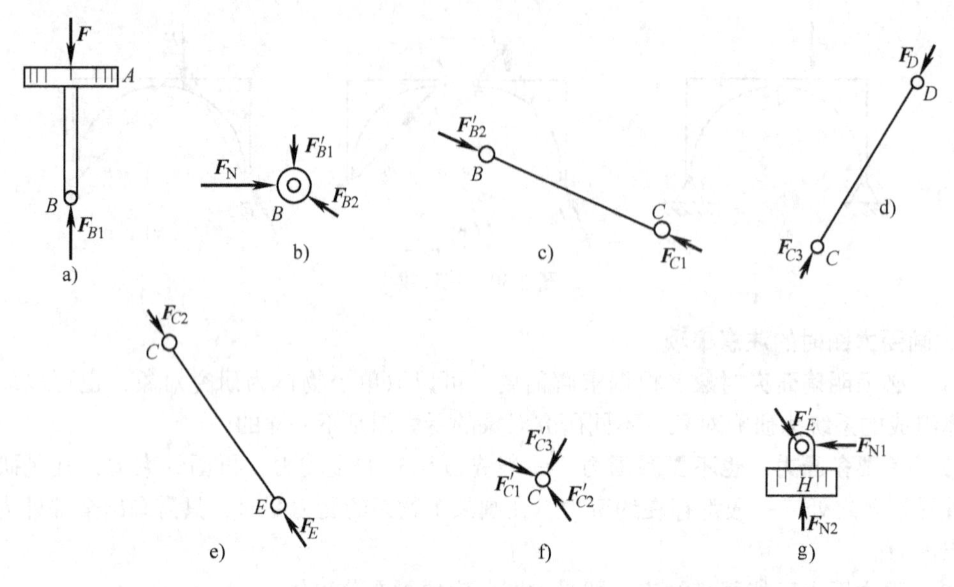

图 2-32 液压夹紧机构受力图

习 题 2

2-1 回答下列问题：

1）图 2-33a 中所示三铰拱架上的作用力 $\boldsymbol{F}$，可否依据力的可传性原理把它移到 D 点？为什么？

2）图 2-33b、c 中所画出的两个力三角形各表示什么意思？二者有什么区别？

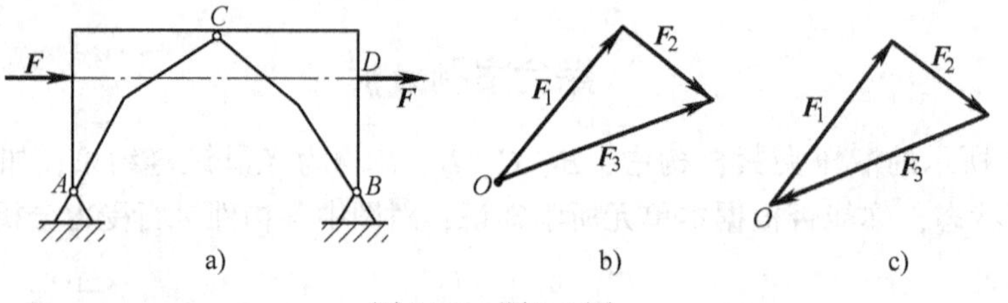

图 2-33 题 2-1 图

2-2 图 2-34 所示各物体受力图是否正确？若有错误请改正。

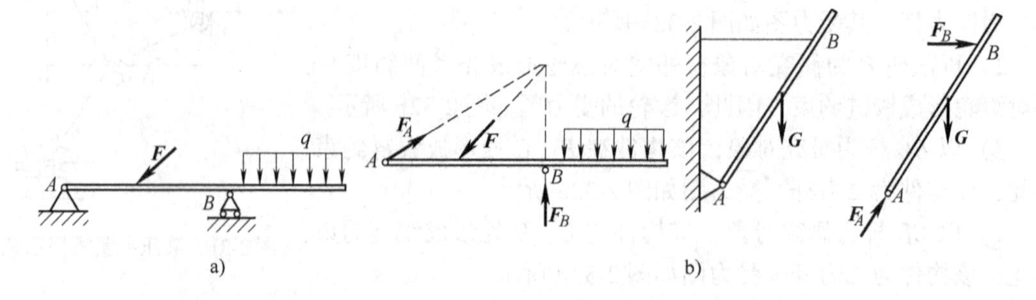

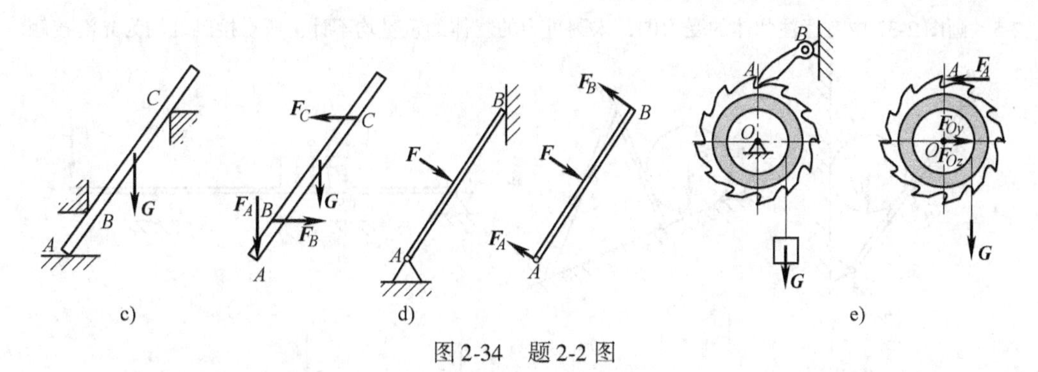

图2-34　题2-2图

2-3　画出图2-35中每个标注字符物体的受力图，未画重力的物体的重量均不计，所有接触处均为光滑接触。

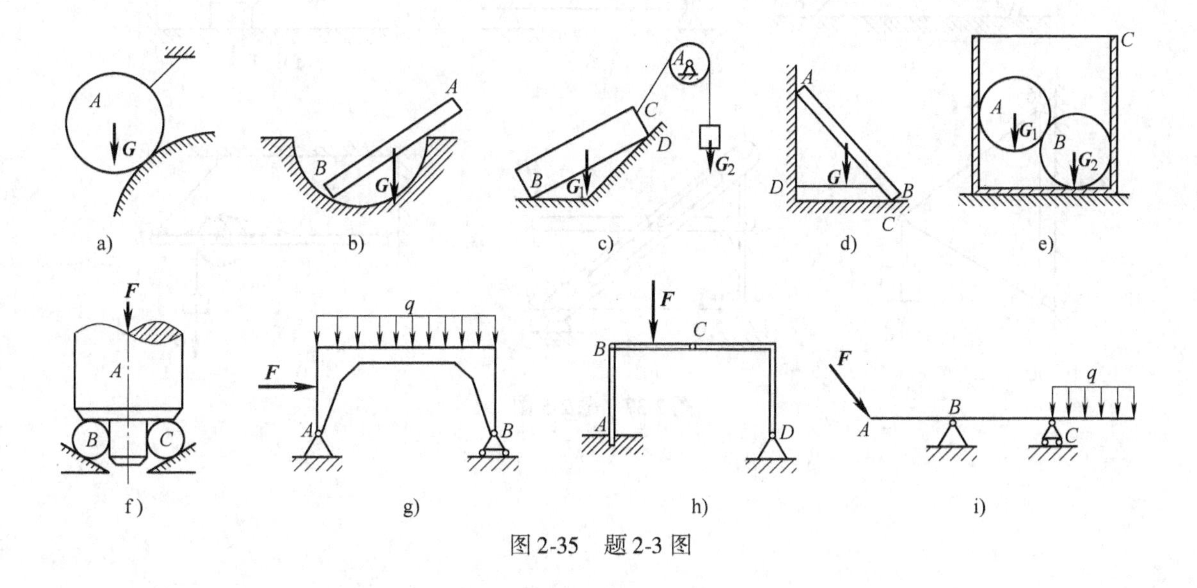

图2-35　题2-3图

2-4　画出图2-36所示ACB杆的受力图，杆件的重量均不计。

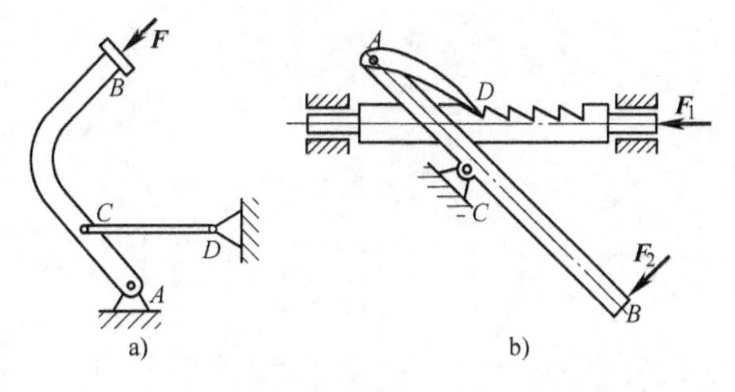

图2-36　题2-4图

2-5 画图 2-37 中有标注物体的受力图，未画重力的物体的重量均不计，所有接触处均为光滑接触。

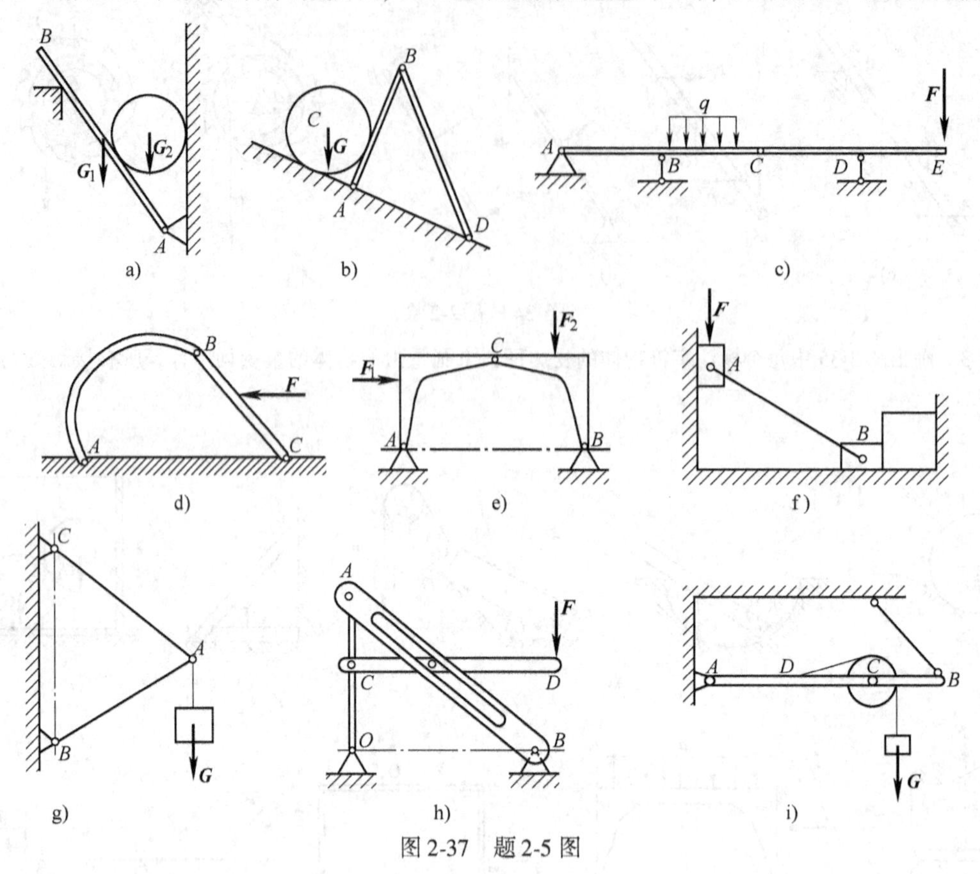

图 2-37 题 2-5 图

第3单元　平 面 力 系

【学习目标】

掌握汇交力系的合成和平衡条件，并能利用平衡条件求解平面汇交力系的平衡问题。

理解力矩的概念及其性质，力偶的概念及其性质。

掌握平面力偶系的合成与平衡条件，能利用平面力偶系的平衡条件求解平面力偶系的平衡问题。

掌握力的平移定理简化平面任意力系的方法，了解简化结果。

熟练应用平面任意力系的平衡方程求解平面任意力系的平衡问题。

【学习重点与难点】

合力投影定理、力的平移定理、平面任意力系的简化。

平面汇交力系平衡的几何条件和解析条件。

用解析法求解平面汇交力系的平衡问题。

合力矩定理的应用、平面力偶系平衡条件的应用。

应用平面任意力系的平衡方程求解平面任意力系的平衡问题。

【案例导入】

如图3-1所示的液压夹紧机构中，*B*、*C*、*D*、*E* 为光滑铰链。根据上单元所学知识，你已能准确分析机构中各构件的受力情况，并画出各构件的受力图。如果已知力 **F** 及机构平衡时角度，你能否求此时工件 *H* 所受的压紧力？显然，利用以前所学知识是不能解决上述问题的，要解决这类问题，需要学习平面力系的合成及平衡等相关知识。

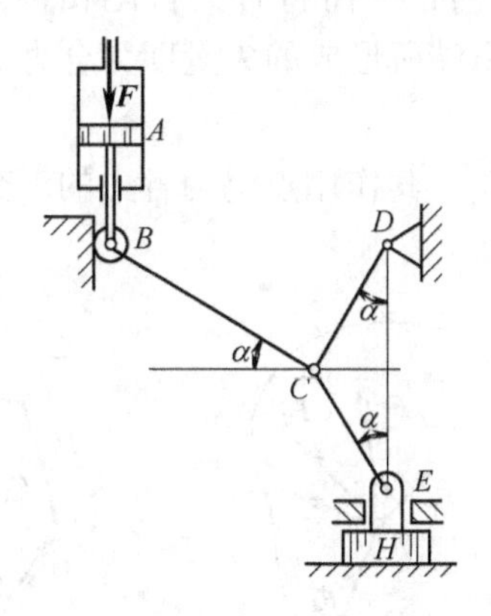

图3-1　液压夹紧机构示意图

3.1　平面汇交力系

如图3-2所示的工程实例，力系中各力的作用线均在同一平面内，该力系称为平面力系。在平面力系中，各力作用线均汇交于一点的力系称为**平面汇交力系**。平面汇交力系是一种最基本的力系，广泛应用于工程中（图 3-2）。

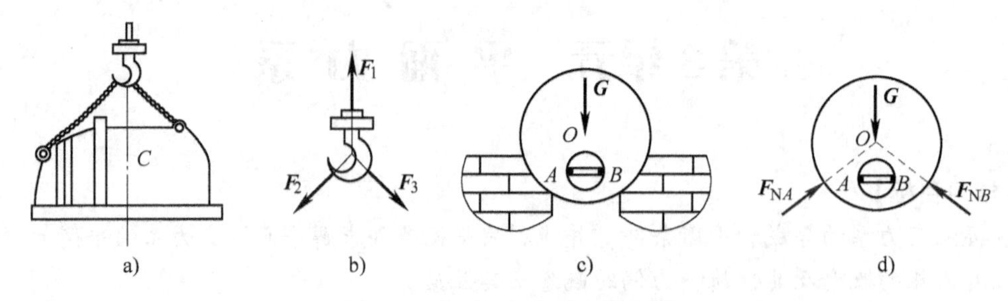

图 3-2 平面汇交力系应用实例

本节主要讲述用几何法和解析法研究平面汇交力系的合成与平衡问题。

☆想一想 练一练

在图 3-1 所示的工件夹紧机构中，根据先前的受力分析，你能判断出哪个构件承受汇交力系作用吗？

3.1.1 平面汇交力系合成的几何法与平衡的几何条件

1. 平面汇交力系合成的几何法

设刚体上作用一个平面汇交力系 $\boldsymbol{F}_1$、$\boldsymbol{F}_2$、$\boldsymbol{F}_3$、$\boldsymbol{F}_4$，各力作用线汇交于 A 点（图 3-3a），根据力的可传性，可将这些力沿其作用线移到 A 点，得到一个平面汇交力系（图 3-3b）。其合力 $\boldsymbol{F}_R$ 可通过连续使用力的三角形法则求得。如图 3-3c 所示，先作 $\boldsymbol{F}_1$ 与 $\boldsymbol{F}_2$ 的合力，再将 $\boldsymbol{F}_{R1}$ 与 $\boldsymbol{F}_3$ 合成为力 $\boldsymbol{F}_{R2}$；依此类推，最后求出 $\boldsymbol{F}_{R2}$ 与 $\boldsymbol{F}_4$ 的合力 $\boldsymbol{F}_R$。力 $\boldsymbol{F}_R$ 即为该汇交力系的合力，可用矢量式表示为

$$\boldsymbol{F}_R = \boldsymbol{F}_1 + \boldsymbol{F}_2 + \boldsymbol{F}_3 + \boldsymbol{F}_4$$

由图 3-3c 可见，求合力 $\boldsymbol{F}_R$ 时，只需将各力首尾相接，形成一条折线，最后连接封闭边，从共同的始端 A 指向 $\boldsymbol{F}_4$ 的末端所形成的矢量即为合力 $\boldsymbol{F}_R$ 的大小与方向。此法称为**力的多边形法则**。

由多边形法则求得的合力 $\boldsymbol{F}_R$，其作用点仍为各力的汇交点，而且合力 $\boldsymbol{F}_R$ 大小、方向与各力相加次序无关（见图 3-3d）。

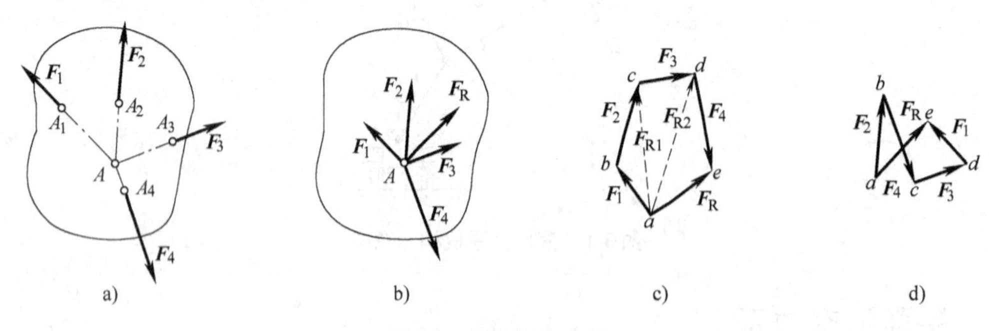

图 3-3 平面汇交力系

若平面汇交力系包含 n 个力，以 $\boldsymbol{F}_R$ 表示它们的合力，上述关系可用矢量表达式表述为

$$\boldsymbol{F}_R = \boldsymbol{F}_1 + \boldsymbol{F}_2 + \cdots + \boldsymbol{F}_n = \sum \boldsymbol{F}_i \tag{3-1}$$

案例3-1 在O点作用有四个平面汇交力，如图3-4所示。已知F_1 = 100N，F_2 = 100N，F_3 = 150N，F_4 = 200N，用几何作图法求力系的合力F_R。

分析：选用比例尺如图所示，将F_1、F_2、F_3、F_4首尾相接依次画出，得到力多边形$abcd$，其封闭边就表示合力F_R。量得

$$F_R = 170\text{N} \quad \theta = 78°$$

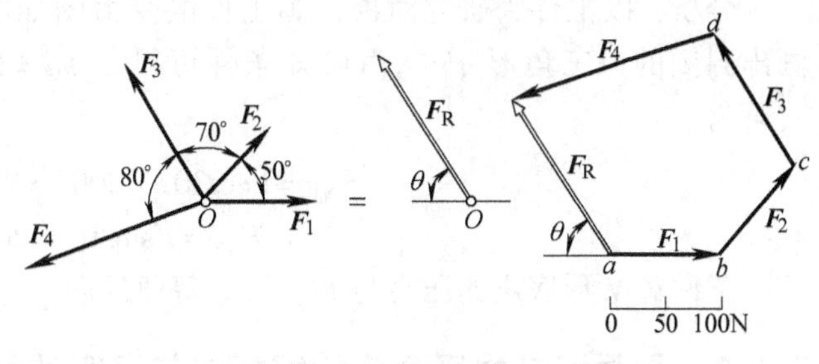

图3-4 案例3-1

合力的作用点仍在O点。

2. 平面汇交力系平衡的几何条件

若作用于某刚体的平面汇交力系的合力为零，则此力系不会改变该刚体的运动状态，即平面汇交力系平衡的必要和充分条件是：该力系的合力等于零。如用矢量等式表示，即

$$\sum_{i=1}^{n} \boldsymbol{F}_i = 0 \tag{3-2}$$

在几何法中，式(3-2)表示力系中各力组成的力多边形自行封闭，如图3-5所示，上述条件亦被称为平面汇交力系平衡的几何条件。

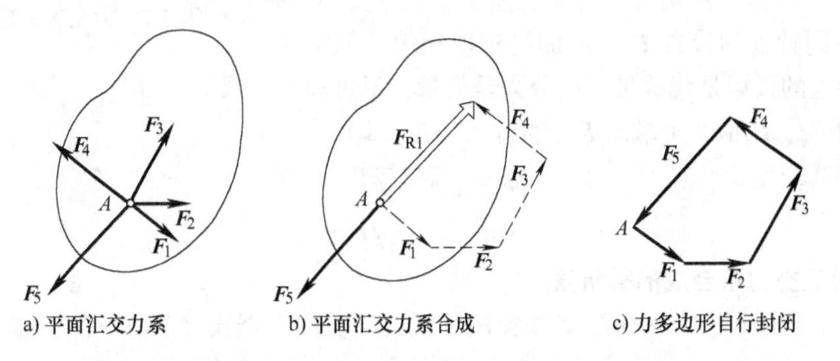

图3-5 平面汇交力系平衡的几何条件

用几何法解题所获得解答的精确程度有赖于作图的质量。

案例3-2 如图3-6所示，一工件装夹在V形底座上，已知夹具对工件的装夹力F = 400N，不计工件自重，求工件对V形底座的压力。

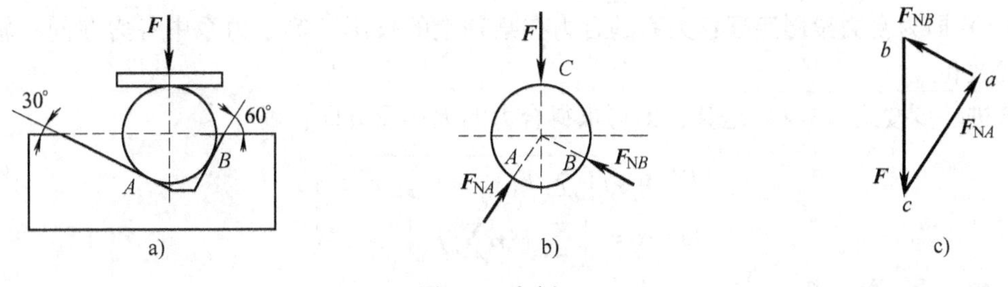

图3-6 案例3-2

分析：以工件为研究对象，画工件的受力图如图3-6b所示，利用汇交力系的几何法画出封闭的力三角形 abc，由已知条件可得 $\angle cba=60°$，$\angle bca=30°$，根据三角函数的公式可得

$$F_{NA}=F\cos30°=200\sqrt{3}\text{N}=346.4\text{N}$$
$$F_{NB}=F\sin30°=200\text{N}$$

工件对V形底座的压力与 F_{NA}、F_{NB} 等值反向。

3.1.2 平面汇交力系合成的解析法与平衡的解析条件

1. 力在坐标轴上的投影

力 $\boldsymbol{F}$ 在坐标轴上的投影定义为：过力的两端向坐标轴引垂线（图3-7）得垂足 a、b、a_1、b_1。线段 ab 和 a_1b_1 分别为 $\boldsymbol{F}$ 在 x 轴和 y 轴上投影的大小。**投影的正负号规定为**：从 a 到 b（或从 a_1 到 b_1）的指向与坐标轴正向相同为正，相反为负。$\boldsymbol{F}$ 在 x 轴和 y 轴上的投影分别计作 F_x、F_y。

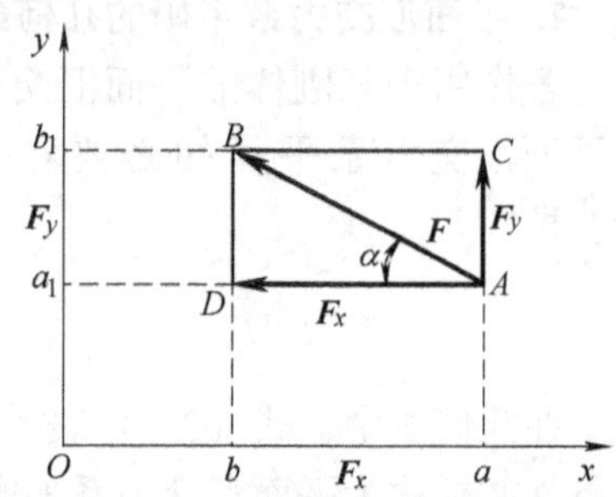

图3-7 力在坐标轴上投影

若已知 $\boldsymbol{F}$ 的大小及其与 x 轴所夹的锐角 α，则有

$$\left.\begin{aligned}F_x&=\pm F\cos\alpha\\F_y&=F\sin\alpha\end{aligned}\right\}\qquad(3\text{-}3)$$

如将 $\boldsymbol{F}$ 沿直角坐标轴方向分解，所得分力 $\boldsymbol{F}_x$、$\boldsymbol{F}_y$ 的值与力 F 在同轴上的投影 F_x、F_y 的绝对值相等。但须注意，力在轴上的投影是代数量，而分力是矢量，不可混为一谈。

若已知 $\boldsymbol{F}_x$、$\boldsymbol{F}_y$ 值，可求出 $\boldsymbol{F}$ 的大小和方向，即

$$\left.\begin{aligned}F&=\sqrt{F_x^2+F_y^2}\\\tan\alpha&=|F_y/F_x|\end{aligned}\right\}\qquad(3\text{-}4)$$

2. 平面汇交力系合成的解析法

设刚体上作用有一个平面汇交力系 $\boldsymbol{F}_1$、$\boldsymbol{F}_2$、…、$\boldsymbol{F}_n$，据式（3-1）有

$$\boldsymbol{F}_\text{R}=\boldsymbol{F}_1+\boldsymbol{F}_2+\cdots+\boldsymbol{F}_n=\sum\boldsymbol{F}$$

将上式两边分别向 x 轴和 y 轴投影，即有

$$\left.\begin{aligned}F_{\text{R}x}&=F_{1x}+F_{2x}+\cdots+F_{nx}=\sum F_x\\F_{Ry}&=F_{1y}+F_{2y}+\cdots+F_{ny}=\sum F_y\end{aligned}\right\}\qquad(3\text{-}5)$$

式（3-5）即为**合力投影定理**：力系的合力在某轴上的投影，等于力系中各力在同一轴上投影的代数和。

若进一步按式（3-4）运算，即可求得合力的大小及方向，即

$$\left.\begin{aligned}F_\text{R}&=\sqrt{(\sum F_x)^2+(\sum F_y)^2}\\\tan\alpha&=\left|\sum F_y/\sum F_x\right|\end{aligned}\right\}\qquad(3\text{-}6)$$

☆想一想 练一练

一托架固定于墙上，其受力如图3-8所示，试利用解析法求托架所受的合力。

3. 平面汇交力系平衡的解析条件

平衡条件的解析表达式称为平衡方程。由式（3-5）可知平面汇交力系的平衡条件是

$$\left.\begin{aligned}\sum F_x = 0\\ \sum F_y = 0\end{aligned}\right\} \qquad (3\text{-}7)$$

即力系中各力在两个坐标轴上投影的代数和分别等于零，上式称为**平面汇交力系的平衡方程**。这是两个独立的方程，可求解两个未知量。

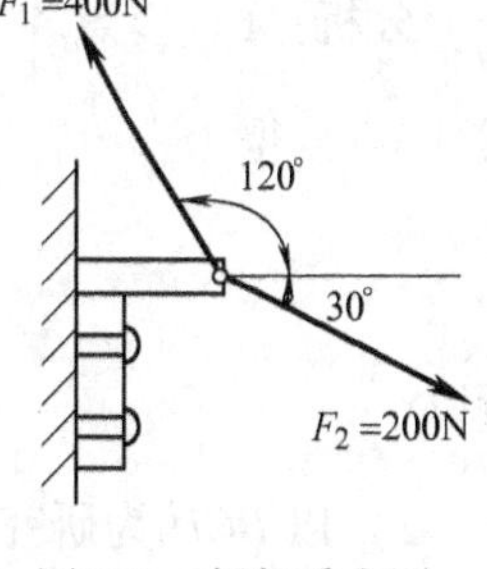

图 3-8 托架受力图

案例 3-3 图 3-9a 所示为一圆柱体放置于夹角为 α 的 V 形槽内，并用压板 D 夹紧。已知压板作用于圆柱体上的压力为 $\boldsymbol{F}$。试求槽面对圆柱体的约束力。

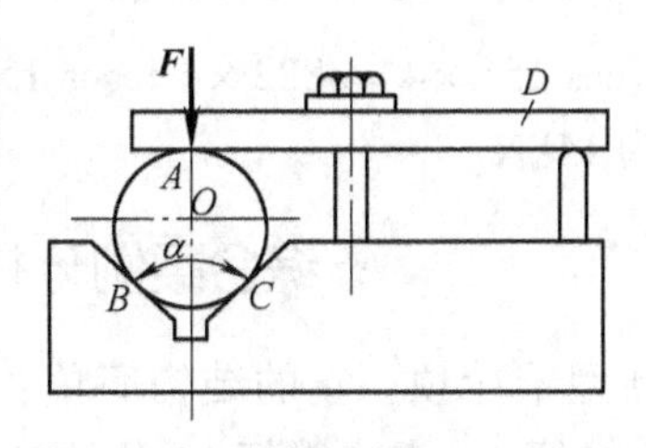

a) 夹具示意图

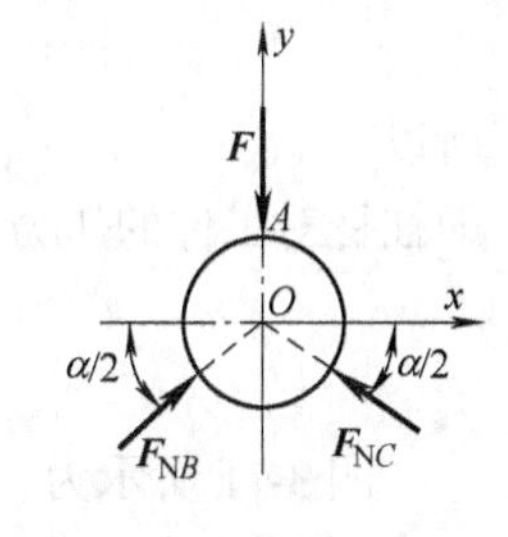

b) 工件受力分析图

图 3-9 工件装夹机构

分析： 1）取圆柱体为研究对象，画出其受力图如图 3-9b 所示。

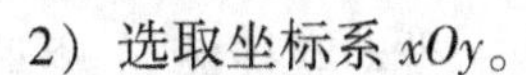

2）选取坐标系 xOy。

3）列平衡方程式求解未知力，由式（3-7）得

$$\sum F_x = 0 \qquad F_{NB}\cos\frac{\alpha}{2} - F_{NC}\cos\frac{\alpha}{2} = 0 \qquad (1)$$

$$\sum F_y = 0 \qquad F_{NB}\sin\frac{\alpha}{2} + F_{NC}\sin\frac{\alpha}{2} - F = 0 \qquad (2)$$

由式（1）得

$$F_{NB} = F_{NC}$$

由式（2）得

$$F_{NB} = F_{NC} = \frac{F}{2\sin\dfrac{\alpha}{2}}$$

4）讨论：由结果可知，$\boldsymbol{F}_{NB}$与$\boldsymbol{F}_{NC}$均随几何角度 α 而变化，角度 α 愈小，则压力 $\boldsymbol{F}_{NB}$或$\boldsymbol{F}_{NC}$就愈大，因此，α 不宜过小。

案例 3-4 图 3-10 所示为一气动夹具，已知气体压强 $q = 40\text{N/cm}^2$，汽缸直径为 $d = 8\text{cm}$，$\alpha = 15°$，$a = 15\text{cm}$。求杠杆对工件的压力 F_Q的值。

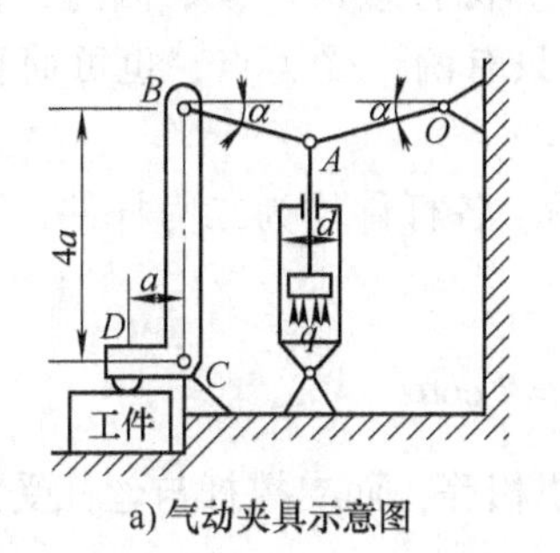

a) 气动夹具示意图

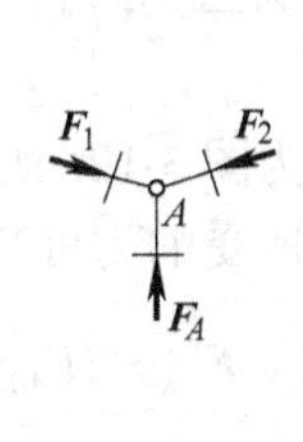

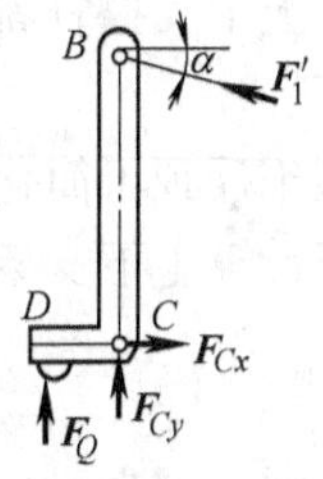

b) 杠杆受力图

图 3-10 气动夹具受力图

分析：1）以点 A 为研究对象，由于结构对称，所以 $F_1=F_2$，活塞受力 F_A 为 $q\dfrac{\pi d^2}{4}$，由式（3-7）得

$$\sum F_x=0 \qquad F_1\sin 15°+F_2\sin 15°=q\frac{\pi d^2}{4}$$

所以
$$F_1=F_2=q\frac{\pi d^2}{4\times 2\sin 15°}=\frac{40\times\pi\times 8^2}{8\times\sin 15°}\mathrm{N}=3882\mathrm{N}$$

2）以 BCD 为研究对象，受力分析如图 3-10b 所示。列平衡方程［原理参见下文式（3-8）和式（3-12）］，得

$$\sum M_C(F)=0 \qquad F_1\cos 15°\times 4a-F_Q\times a=0$$

所以
$$F_Q=F_1\cos 15°\times 4=3882\times 4\times\cos 15°\mathrm{N}=15000\mathrm{N}=15\mathrm{kN}$$

即杠杆对工件的压力 F_Q 为 15kN。

☆综合案例分析

图 3-11 所示为一种新型千斤顶，它的结构简单、重量轻，举升高度大，最大可达 285 mm，主要由底座 1、下支撑杆 4、上支撑杆 14 及丝杠 15 等零部件组成。在使用时，用手转动摇把 5，带动丝杆 15 旋转，使左右上下支撑杆 4、14 靠拢或分离，带动联接板 11 驱动顶杆 13 上升或下降，升降工作过程完成。

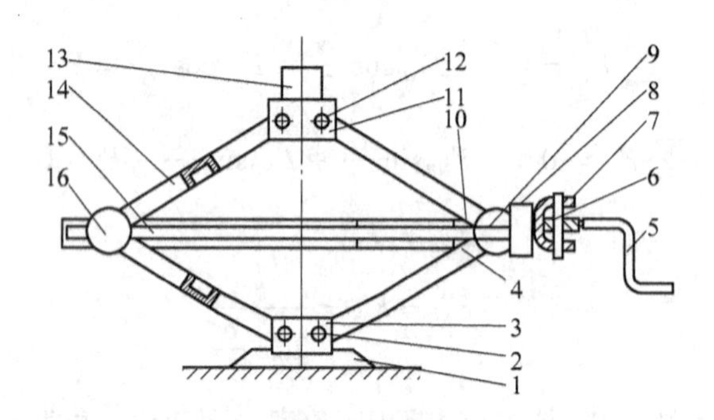

图 3-11　新型千斤顶

1—底座　2、12—轴销　3、11—联接板　4、14—支撑杆　5—摇把　6—摇把销子　7—拨叉　8—推力轴承　9—联接轴　10—定位套　13—顶杆　15—丝杠　16—丝杠螺母

上支撑杆 14 和下支撑杆 4 的两端均为受力点，并为圆柱铰链约束。因此，在杆件自重忽略不计时，上下支撑杆都为二力杆件。丝杠在轴向只有两个受力点，也可简化为二力杆件，且为拉杆。

这种新型千斤顶可简化为图 3-12a 所示的力学简图。各杆件均为二力杆件，两端为铰链连接。由分析计算上下支架所受的力可知

$$F_{AB}=2F_{AC}\cos\alpha=\frac{2F\cos\alpha}{2\sin\alpha}=F\cot\alpha$$

由于千斤顶结构的对称性，上下支撑杆受力的大小相等，而支撑杆与丝杠受力的大小与夹角 α 有关，且随角 α 的增大而减小。

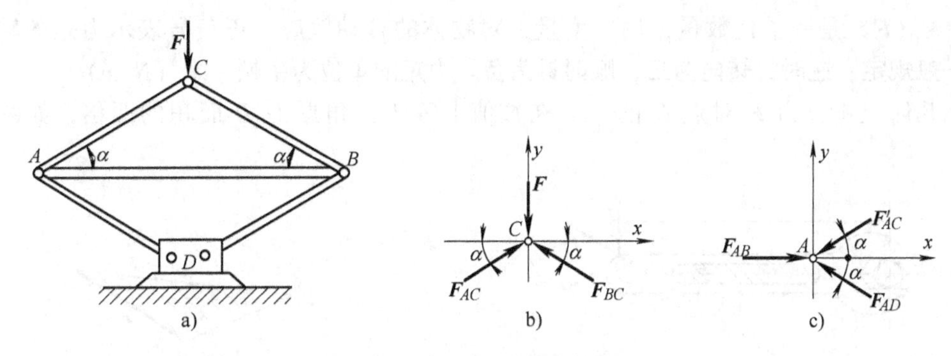

图 3-12 新型千斤顶受力分析

3.2 力矩与平面力偶系

在机械设备装配及修理工作中，经常会用到各种各样的螺钉，如开槽的圆柱头螺钉、十字槽螺钉、开槽紧定螺钉等，而相应的旋具有一字螺钉旋具和十字螺钉旋具等。但在实际应用中发现一字螺钉旋具（如图 3-13a）拧螺钉时，易把螺钉头弄坏。而采用十字螺钉旋具拧螺钉时，却不易将螺钉头弄坏，因此十字螺钉旋具被广泛应用于机电产品的修配工作中。如图 3-13b 所示为钳工用丝锥攻螺纹，实际操作却往往用双手而不能只用单手，其原因是什么呢？为了回答这些问题，本节将学习力矩和力偶的概念、力偶的性质、平面力偶系的合成与平衡条件及力的平移定理等知识。

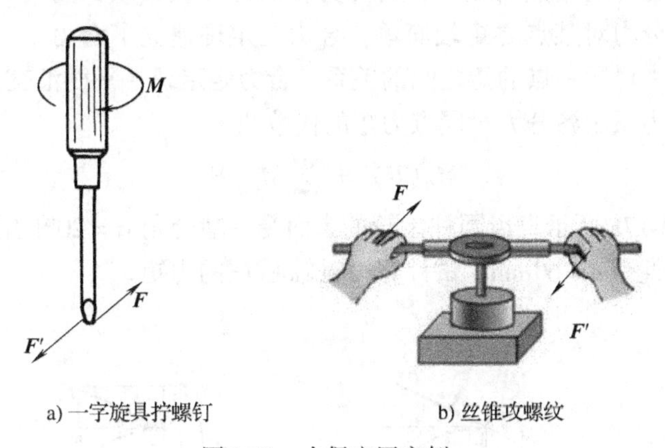

a) 一字旋具拧螺钉　　b) 丝锥攻螺纹

图 3-13 力偶应用实例

3.2.1 力对点之矩

1. 力矩的概念

用扳手拧螺母时（图 3-14），力 $\boldsymbol{F}$ 对螺母拧紧的转动效果不仅与力 $\boldsymbol{F}$ 的大小有关，而且与转动中心 O 到力 $\boldsymbol{F}$ 的作用线的垂直距离 h 有关。因此，在力学中以物理量 Fh 及其转向来度量力使物体绕 O 转动的效应，这个量称为力 $\boldsymbol{F}$ 对 O 点之矩，简称**力矩**，并记作

$$M_O(\boldsymbol{F}) = \pm Fh \tag{3-8}$$

式中，点 O 称为**矩心**；h 称为**力臂**；Fh 表示力使物体绕点 O 转动效果的大小，而正负号则

表明：$M_O(\boldsymbol{F})$ 是一个代数量，用来度量力对物体的转动效应。正负号表示力矩的转动方向，**一般规定：逆时针转向为正，顺时针为负**。力矩的单位为牛顿·米（N·m）。

从几何上看，力 $\boldsymbol{F}$ 对点 O 的力矩在数值上等于三角形 OAB 面积的两倍，如图 3-15 所示。

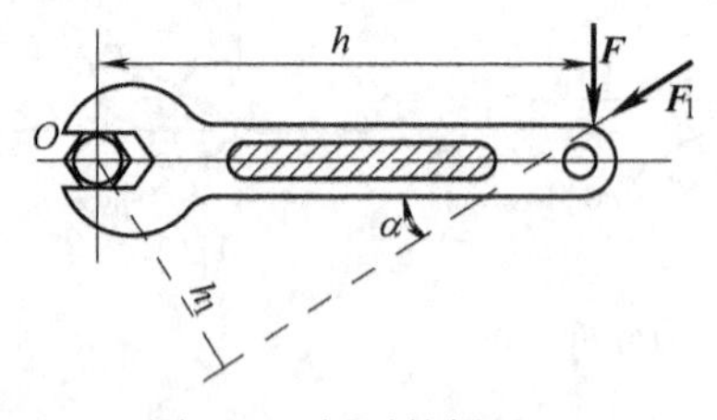

图 3-14 扳手拧螺母

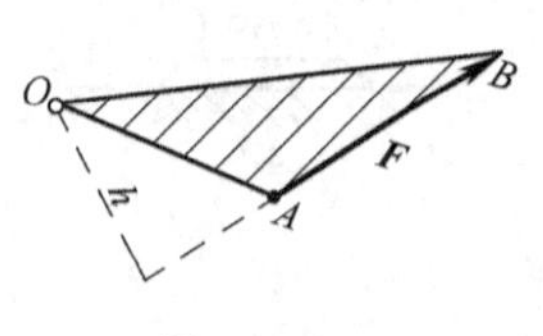

图 3-15

由力矩的定义和式（3-8）可知：

1）当力的作用线通过矩心时，此时力臂为零，力矩值为零。

2）力沿其作用线滑移时，不会改变力矩的值，因为此时并未改变力、力臂的大小及力矩的转向。

☆想一想 练一练

如图 3-16 所示，为什么用手拔钉子拔不出来，而用羊角锤就容易拔出来？

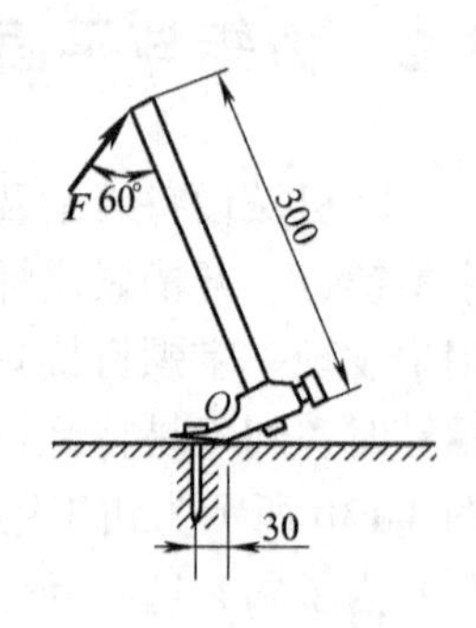

图 3-16 羊角锤拔钉子

2. 合力矩定理

在计算力系的合力对某点的矩时，有时力臂的计算较繁琐，而将合力分解计算各分力对某点之矩较简单，合力矩定理建立了合力对某点的矩与其分力对同一点的矩之间的关系。**合力矩定理**：平面汇交力系的合力对平面上任一点之矩，等于力系中各分力对同点力矩的代数和。

$$M_O(\boldsymbol{F}) = \sum M_O(\boldsymbol{F}_i) \tag{3-9}$$

案例 3-5 图 3-17a 所示直齿圆柱齿轮的齿面受一啮合角 $\alpha = 20°$ 的法向压力 $F_n = 2\text{kN}$ 的作用，齿面分度圆直径 $d = 60\text{mm}$。试计算力对轴心 O 的力矩。

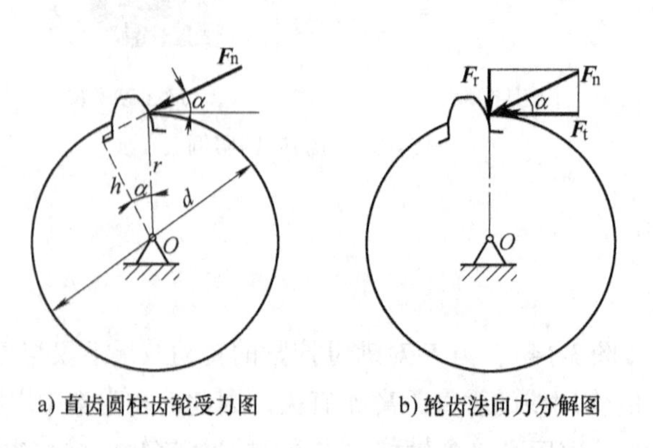

图 3-17 直齿圆柱齿轮的齿面受力情况

分析：

方法1：按力对点之矩的定义，有

$$M_O(\boldsymbol{F}_n) = F_n h = F_n \frac{d}{2}\cos\alpha = 56.4\ \text{N}\cdot\text{m}$$

方法2：按合力矩定理。

将 $\boldsymbol{F}_n$ 沿半径的方向分解成一组正交的圆周力 $F_t = F_n\cos\alpha$ 与径向力 $F_r = F_n\sin\alpha$。有

$$\begin{aligned} M_O(\boldsymbol{F}_n) &= M_O(\boldsymbol{F}_t) + M_O(\boldsymbol{F}_r) \\ &= F_t d/2 + 0 \\ &= F_n \cos\alpha\ d/2 \\ &= 56.4\ \text{N}\cdot\text{m} \end{aligned}$$

3.2.2　力偶的概念

1. 力偶的定义

在日常生活及生产实践中，如司机转动方向盘（图3-18a）或钳工攻螺纹的操作（图3-18b），常受到一对大小相等、方向相反但不在同一作用线上的平行力的作用，这对力对物体的作用效果是使物体产生单纯地转动。

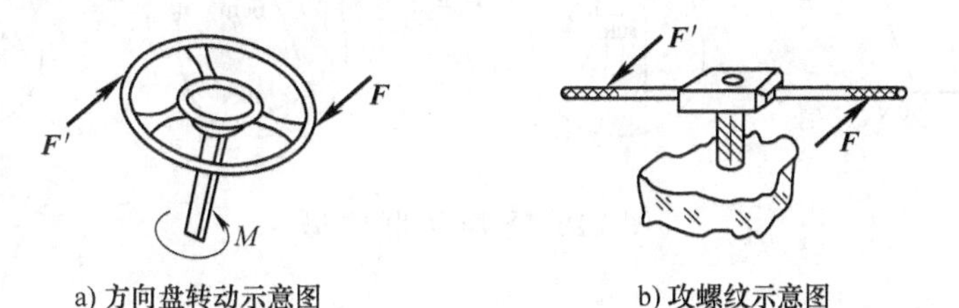

图3-18　力偶实例

这一对等值、反向、不共线的平行力组成的力系，称为**力偶**，用记号（$\boldsymbol{F}$，$\boldsymbol{F}'$）表示，其中 $\boldsymbol{F} = -\boldsymbol{F}'$，组成力偶（$\boldsymbol{F}$，$\boldsymbol{F}'$）的两个力的作用线所在的平面称为**力偶作用面**；力 $\boldsymbol{F}$ 和 $\boldsymbol{F}'$ 作用线之间的垂直距离 d 称为**力偶臂**。

2. 力偶的三要素

在力偶的作用面内，力偶对物体的转动效应取决于组成力偶反向平行力的大小、力偶臂的大小及力偶的转向。在力学上以 F 与力偶臂 d 的乘积作为量度力偶在其作用面内对物体转动效应的物理量，称为**力偶矩**，并记作 $M(\boldsymbol{F}, \boldsymbol{F}')$ 或 M。即

$$M(\boldsymbol{F}, \boldsymbol{F}') = M = \pm Fd \tag{3-10}$$

力偶矩的大小也可以通过力与力偶臂组成的三角形面积的二倍来表示，如图3-19所示，即 $M = \pm 2\triangle OAB$。

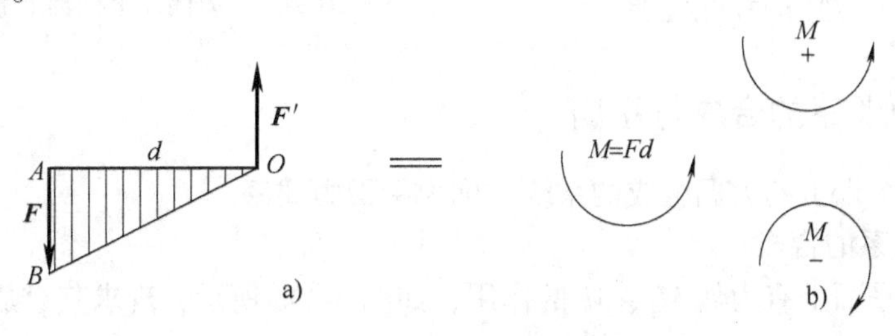

图3-19　力偶矩的计算及负号表示

正负号表示力偶的转动方向，一般规定，逆时针转动的力偶取正值，顺时针取负值。力偶矩的单位为 N·m 或 N·mm。

力偶对物体的转动效应取决于下列三要素：

1）力偶矩的大小。

2）力偶的转向。

3）力偶作用面的方位。

3. 力偶的等效条件

平面力偶的等效是指三要素相同的力偶可以相互置换，而不改变对刚体的作用效果。在保持力偶三要素不变的条件下，力偶可以：①在作用平面内任意移动；②可以改变力偶中力的大小、方向以及力偶臂的大小。

图 3-20 所示各分图中力偶的作用效应都相同。力偶的力偶臂、力及其方向既然都可改变，就可简明地以一个带箭头的弧线并标出值来表示力偶，如图 3-20d 所示。

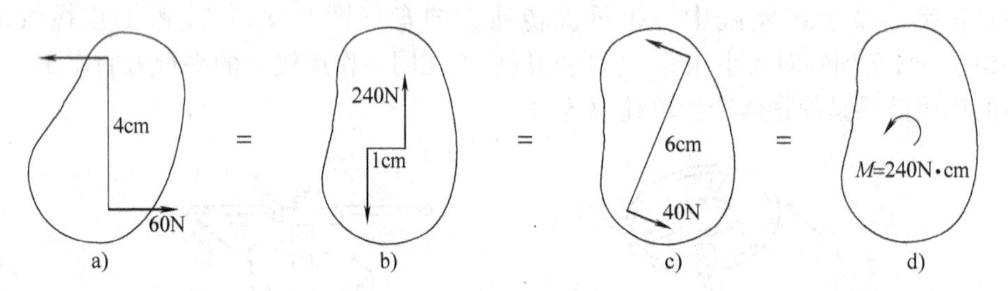

图 3-20 平面力偶的等效

3.2.3 力偶的性质

性质 1 力偶对其作用面内任意点的力矩恒等于此力偶的力偶矩，而与矩心的位置无关。如图 3-21 所示。

性质 2 力偶无合力，力偶不能用一个力来代替。

性质 3 力偶在任何坐标上的投影和恒为零。如图 3-22 所示。

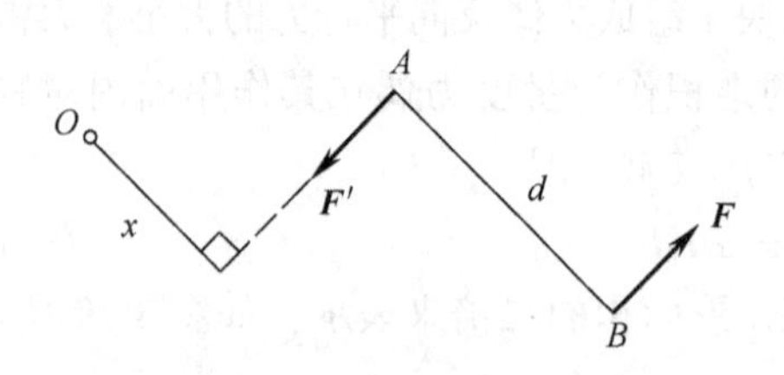

图 3-21 力偶矩与矩心无关

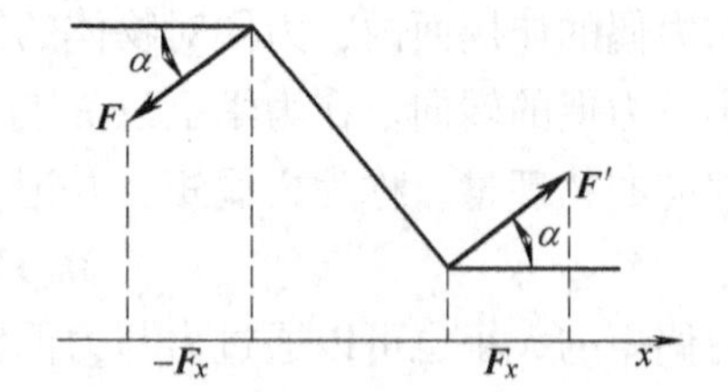

图 3-22 力偶在坐标轴上的投影和为零

3.2.4 平面力偶系的合成与平衡

由两个或两个以上的力偶组成的系统，称为**平面力偶系**。

1. 平面力偶系的合成

设在刚体某平面上有力偶 M_1、M_2的作用，如图 3-23a 所示，现求其合成的结果。

在平面上任取一线段 $AB = d$ 作为公共力偶臂，并把每个力偶化为一组作用在 A、B 两点

的反向平行力，如图3-23b所示，根据力偶等效条件，有

$$F_1=\frac{M_1}{d_1},\ F_2=\frac{M_2}{d}$$

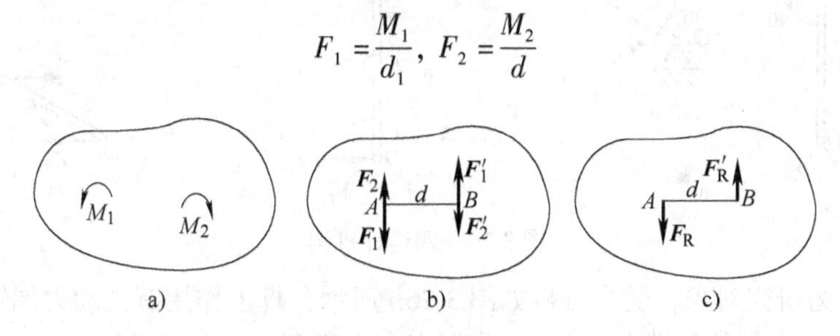

图3-23　平面力偶系的合成

于是在A、B两点各得一组共线力系，其合力为$\boldsymbol{F}_R$与$\boldsymbol{F}_R'$（如图3-23c）所示，且有

$$F_R=F_R'=F_1-F_2$$

$\boldsymbol{F}_R$与$\boldsymbol{F}_R'$为一对等值、反向、不共线的平行力，它们组成的力偶即为合力偶，所以有

$$M=F_Rd=(F_1-F_2)d=M_1+M_2$$

若在刚体上有若干个力偶作用，采用上述方法叠加，可得合力偶矩为

$$M=M_1+M_2+\cdots+M_n=\sum M_i \qquad (3\text{-}11)$$

即合力偶的力偶矩等于平面力偶系中各个力偶矩的代数和。

案例3-6　用多头钻床在水平放置的工件上同时钻四个直径相同的孔，如图3-24所示。每个钻头的切削力偶矩$M_1=M_2=M_3=M_4=-15\text{N·m}$，求工件受到的总切削力偶矩的大小。

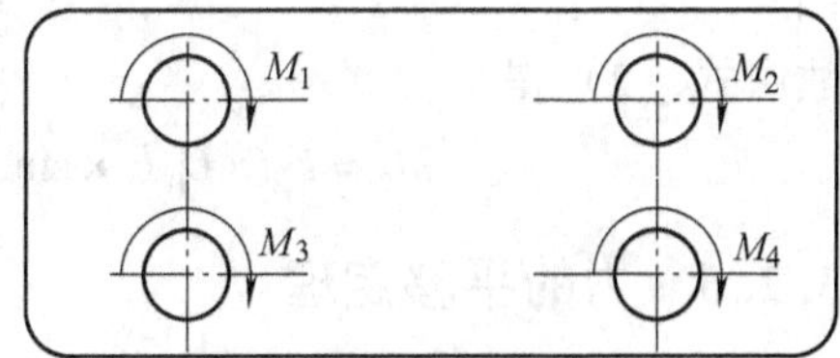

图3-24　水平放置的工件

分析：取工件为研究对象，作用于工件上的力偶有四个，在同一平面内，根据式（3-11）即可求出工件所受到的总切削力偶矩的大小。

$$M=M_1+M_2+M_3+M_4=4\times(-15)\text{N·m}=-60\text{N·m}$$

负号表示总切削力偶顺时针转动，在机械加工中需要根据总切削力偶矩来考虑夹紧装置及设计夹具。

2. 平面力偶系的平衡条件

由合成结果可知，要使力偶系平衡，则合力偶的力偶矩必须等于零，因此平面力偶系平衡的必要和充分条件是：**力偶系中各力偶矩的代数和等于零**，即

$$\sum M_i=0 \qquad (3\text{-}12)$$

平面力偶系的独立平衡方程只有一个，故只能求解一个未知数。

☆想一想　练一练

如图3-25所示，汽锤锻打工件时，如果工件偏置，将会使锤头受力偏心而发生偏斜。已知打击力$F=1000\text{kN}$，偏心距$e=20\text{mm}$，锤头高$h=200\text{mm}$，求锤头对两侧导轨的压力。

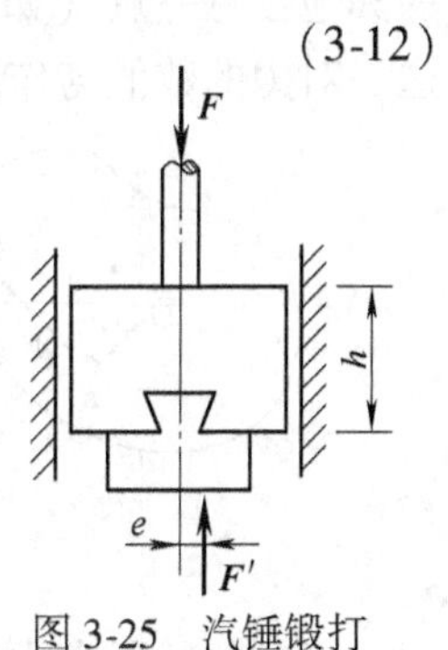

图3-25　汽锤锻打工件受力图

案例3-7　四连杆机构在图3-26所示位置平衡，已知$OA=60\text{cm}$，$O_1B=40\text{cm}$，作用在OA杆上的力偶矩$M_1=1\text{N·m}$，不计杆自重，求力偶矩M_2的大小。

分析：1）受力分析。

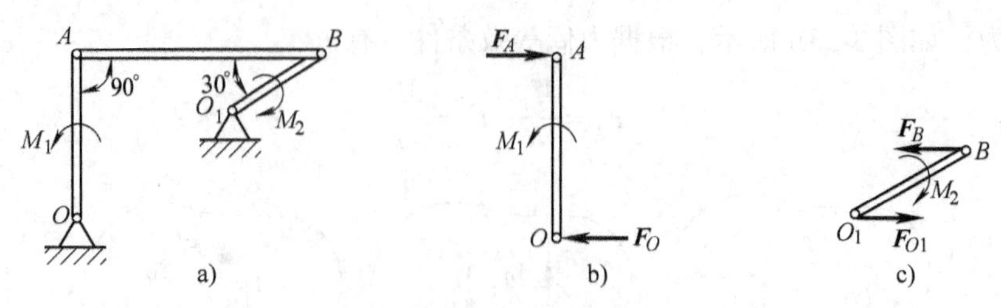

图 3-26 四连杆机构

先取 OA 杆为研究对象，受力分析如图 3-26b 所示，杆上作用有主动力偶矩 M_1，根据力偶平衡条件可知，在杆的两端点 O、A 上作用有大小相等、方向相反的一对力 $\boldsymbol{F}_O$ 及 $\boldsymbol{F}_A$ 与 M_1 平衡，而连杆 AB 为二力杆，所以 $\boldsymbol{F}_A$ 的作用方向被确定。再取 O_1B 杆为研究对象，受力分析如图 3-26c 所示，该杆上作用一个待求力偶 M_2，此力偶与作用在 O_1、B 两端点上的约束力构成的力偶平衡。

2）对受力图 3-26b，列平衡方程为

$$\sum M = 0 \qquad M_1 - F_A \times OA = 0 \tag{1}$$

所以

$$F_A = \frac{M_1}{OA} = \frac{1}{0.6}\mathrm{N} = 1.67\ \mathrm{N}$$

3）对受力图 3-26c，列平衡方程为

$$\sum M = 0 \qquad F_B \times O_1B \times \sin 30° - M_2 = 0 \tag{2}$$

因

$$F_B = F_A = 1.67\mathrm{N}$$

故由式（2）得

$$M_2 = F_A \times O_1B \times \sin 30° = 1.67 \times 0.4 \times 0.5\mathrm{N \cdot m} = 0.33\mathrm{N \cdot m}$$

3.2.5 力的平移定理

根据力的可传性，作用于刚体上的力可沿其作用线移动到该刚体内的任一点，而不改变力对刚体的作用效应。但是，如果将作用在刚体上的力，从一点平行移到另一点，力对刚体的作用效应将发生变化。为了使平移后与平移前力对刚体的作用等效，需要应用加减平衡力系公理。

假设在刚体上的 A 点作用一力 $\boldsymbol{F}$，如图 3-27a 所示，为了使这一力能等效地平移到刚体的其他任意一点（如 O 点），先在 O 施加一对大小相等、方向相反的平衡力系（$\boldsymbol{F}$，$\boldsymbol{F}'$），这一对力的数值与作用在 A 点的力 $\boldsymbol{F}$ 数值相等，作用线与 $\boldsymbol{F}$ 平行，如图 3-27b 所示。

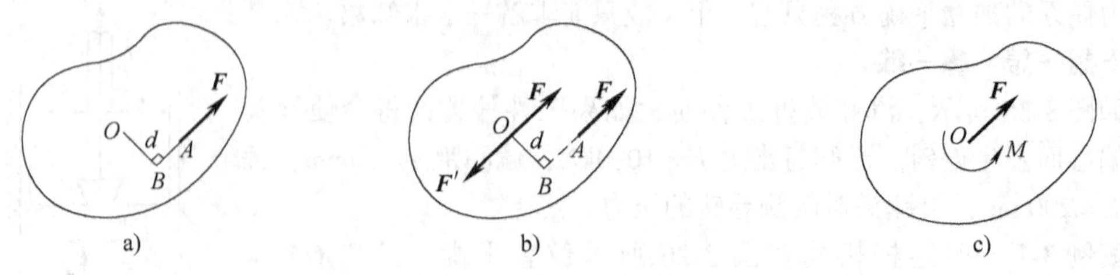

图 3-27 力向一点平移

根据加减平衡力系公理，施加上述平衡力系后，力对刚体的作用效应不会发生改变。增加平衡力系后，作用在点 A 的力 $\boldsymbol{F}$ 与作用在点 O 的力 $\boldsymbol{F}'$ 组成一个力偶，称为**附加力偶**，此

力偶矩 M 等于力 $\boldsymbol{F}$ 对 O 之矩，即

$$M = M_O(\boldsymbol{F}) = \pm Fd$$

于是原来作用在 A 点上的力 $\boldsymbol{F}$，就与作用在 O 点的平移力 $\boldsymbol{F}$ 和附加力偶 M 等效替换，如图 3-27c 所示。

由上述分析可得**力的平移定理**：作用在刚体上的力 $\boldsymbol{F}$，可以平移到刚体上任一点 O，但必须附加一力偶，此附加力偶的力偶矩等于原作用力对新作用点 O 之矩。

力的平移定理表明了力对作用线外的转动中心有两种作用，一是平移力对物体产生移动作用，二是附加力偶对物体产生的旋转作用。

☆想一想　练一练

图 3-28 所示为双桨和单桨划船示意图，试利用所学知识思考以下问题：

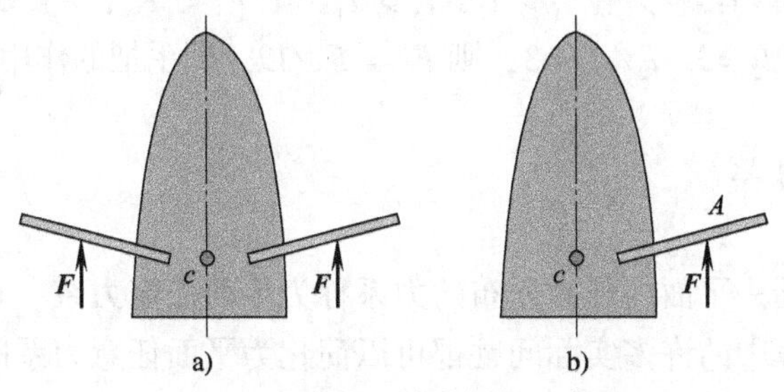

图 3-28　双桨和单桨划船示意图

1）如图 3-28a 所示用双桨划船时，小船如何运动？为什么？

2）如图 3-28b 所示用单桨划船时，小船又是如何运动的？为什么？

3）用双桨划船时，两个桨的划动方向相反，此时小船又如何运动？为什么？

☆综合案例分析

一种自制的省力压剪工具如图 3-29a 所示。这种工具构造简单，制作容易，并可提高剪切的质量。它由固定座 1、下刀刃 2、上刀刃 3、手把 4、连杆 5、上刀刃杆 6 与固定杆 7 等组成。其中，上、下刀刃是由 T10 工具钢经热处理后磨削而成，手把是由 ϕ40 mm 的钢管制成，固定座由 45 钢制造。由于利用了二级杠杆放大原理，使用时可省力。

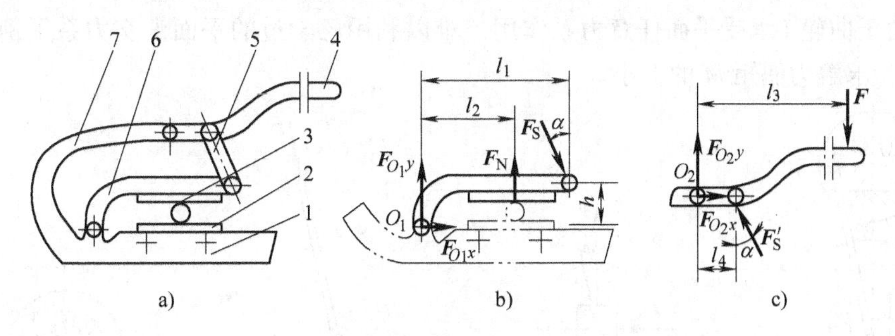

图 3-29　省力压剪工具

1—固定座　2—下刀刃　3—上刀刃　4—手把　5—连杆　6—上刀刃杆　7—固定杆

分析：1）取上刀刃杆 6（包括上刀刃）为研究对象，受力分析如图 3-29b 所示。连杆 5 为二力杆，$\boldsymbol{F}_S$ 为二力杆的作用力，沿杆向与铅垂线夹角为 α，$\boldsymbol{F}_N$ 为被剪物体对上刀刃的作用力。

由力矩平衡方程得

$$\sum M_{O_1}(\boldsymbol{F}) = 0 \qquad -F_S\cos\alpha\, l_1 - F_S\sin\alpha\, h + F_N l_2 = 0 \tag{1}$$

2）再取手把4为研究对象，受力分析如图3-29c所示。$\boldsymbol{F}'_S$为连杆对手把的反作用力，且$F_S = F'_S$，$\boldsymbol{F}$为手对手把的作用力。由力矩平衡方程得

$$\sum M_{O_2}(\boldsymbol{F}) = 0 \qquad F'_S\cos\alpha\, l_4 - Fl_3 = 0 \tag{2}$$

由式（1）得

$$F_S = \frac{l_2}{l_1\cos\alpha + h\sin\alpha}F_N \tag{3}$$

由式（2）得

$$F = \frac{l_4}{l_3}\cos\alpha F'_S = \frac{l_2 l_4\cos\alpha}{l_3(l_1\cos\alpha + h\sin\alpha)}F_N \tag{4}$$

由式（3）、（4）可知：若力臂$l_1 > l_2$，$l_3 > l_4$，则$F_S < F_N$，$F < F_S$，结果达到了省力的目的。如设$\alpha = 0$，$l_1/l_2 = 3$，$l_3/l_4 = 3$，则$F = F_N/12$，即手把的作用力F只有剪力的1/12。

3.3 平面任意力系

各力的作用线在同一平面内任意分布的力系称为**平面任意力系**。它是工程实际中最常见的一种力系，工程计算中的许多实际问题都可以简化为平面任意力系问题来进行处理。

案例导入： 图3-30a所示为曲轴冲床简图，由曲轮Ⅰ、连杆AB和冲头B组成。$OA = R$，$AB = l$。忽略摩擦和自重，当OA在水平位置、冲压力为$\boldsymbol{F}$时系统处于平衡状态。请问：1）你能分析并画出曲轮、连杆及冲头的受力图吗？2）利用所学的知识你能求出冲头给导轨的侧压力吗？3）如果此时要你利用所学知识，你能求出作用在曲轮Ⅰ上的力偶矩M的大小吗？我们发现利用前面所学知识很容易解决前两个问题，但为了解决第3）个问题，本节还将学习平面任意力系的简化、平面任意力系的平衡方程及应用等内容。

经过分析可知： 1）冲头B承受平面汇交力系作用（图3-28b），连杆AB为二力杆（图3-30c），曲轮承受平面任意力系作用（图3-30d）。

2）由于冲头承受平面汇交力系作用，在已知冲压力$\boldsymbol{F}$的情况下，只要利用平面汇交力系的平衡方程式就可求出冲头给导轨的侧压力$\boldsymbol{F}_N$和连杆AB受的力$\boldsymbol{F}'_B$。

3）由于曲轮Ⅰ承受平面任意力系作用，难以利用已学过的平面汇交力系平衡和力偶系平衡方程，求解力偶矩M的大小。

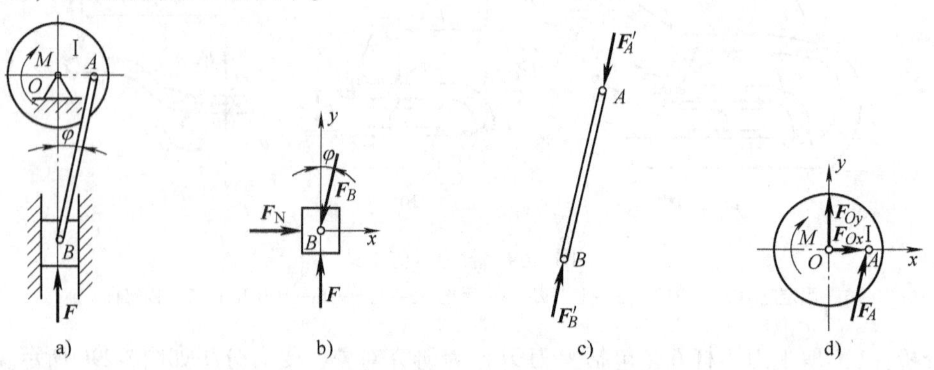

图3-30 曲轴冲床简图

3.3.1　平面任意力系的简化

1. 平面任意力系的简化，主矢与主矩

设刚体上作用有一平面任意力系 $\boldsymbol{F}_1$、$\boldsymbol{F}_2$、…、$\boldsymbol{F}_n$，如图3-31a所示，在平面内任意取一点 O，称为**简化中心**。

简化的方法是：根据力的平移定理，将各力都向 O 点平移，得到一个汇交于 O 点的平面汇交力系（$\boldsymbol{F}'_1$、$\boldsymbol{F}'_2$、…、$\boldsymbol{F}'_n$），以及一组相应的附加力偶系（M_1、M_2、…、M_n），如图3-31b所示，其中：

$$\boldsymbol{F}'_1=\boldsymbol{F}_1,\ \boldsymbol{F}'_2=\boldsymbol{F}_2,\ \cdots,\ \boldsymbol{F}'_n=\boldsymbol{F}_n$$

$$M_1=M_O(\boldsymbol{F}_1),\ M_2=M_O(\boldsymbol{F}_2),\ \cdots,\ M_n=M_O(\boldsymbol{F}_n)$$

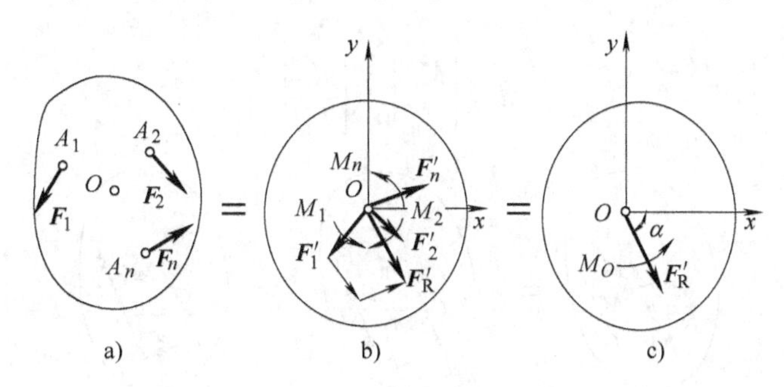

图3-31　平面力系的简化过程与简化结果

1）平面汇交力系 $\boldsymbol{F}'_1$、$\boldsymbol{F}'_2$、…、$\boldsymbol{F}'_n$，可以合成为一个作用于 O 点的合矢量 $\boldsymbol{F}'_R$，如图3-31c所示。

$$\boldsymbol{F}'_{\mathrm{R}}=\sum \boldsymbol{F}'_i=\sum \boldsymbol{F}_i \tag{3-13}$$

它等于力系中各力的矢量和，单独的 $\boldsymbol{F}'_{\mathrm{R}}$ 不能和原力系等效，它被称为**原力系的主矢**。将式（3-13）写成直角坐标系下的投影形式为

$$\left.\begin{aligned}F'_{\mathrm{R}x}&=F_{1x}+F_{2x}+\cdots+F_{nx}=\sum F_x\\F'_{\mathrm{R}y}&=F_{1y}+F_{2y}+\cdots+F_{ny}=\sum F_y\end{aligned}\right\} \tag{3-14}$$

因此主矢 $\boldsymbol{F}'_{\mathrm{R}}$ 的大小及其与 x 轴正向的夹角分别为：

$$\left.\begin{aligned}F'_{\mathrm{R}}&=\sqrt{F^2_{\mathrm{R}x}+F^2_{\mathrm{R}y}}=\sqrt{(\sum F_x)^2+(\sum F_y)^2}\\\alpha&=\arctan\left|\frac{F_{\mathrm{R}y}}{F_{\mathrm{R}x}}\right|=\arctan\left|\frac{\sum F_y}{\sum F_x}\right|\end{aligned}\right\} \tag{3-15}$$

2）附加平面力偶系 M_1、M_2、…、M_n 可以合成为一个合力偶矩 M_O，即

$$M_O=M_1+M_2+\cdots+M_n=\sum M_O(\boldsymbol{F}) \tag{3-16}$$

原力系与主矢 $\boldsymbol{F}'_{\mathrm{R}}$ 和主矩 M_O 的联合作用等效，故 $\boldsymbol{F}'_{\mathrm{R}}$ 不能称为力系的合力而改称为**主矢**，其大小和方向与简化中心的选择无关。同理，M_O 改称为**主矩**，其大小和转向与简化中心的选择有关。

平面任意力系向任一点简化，其结果为作用在简化中心的一个主矢与一个在作用平面上

的主矩。

2. 平面任意力系简化结果的讨论

平面任意力系向平面任意点 O 简化，一般可得到主矢 $\boldsymbol{F}'_{\mathrm{R}}$和主矩 M_O，但这并不是简化的最终结果，进一步分析可能出现以下四种情况：

（1）$\boldsymbol{F}'_{\mathrm{R}}=0$，$M_O \neq 0$　力系简化后，无主矢，而最终简化为一个力偶，其力偶矩就等于力系的主矩，此时主矩与简化中心无关。

（2）$\boldsymbol{F}'_{\mathrm{R}} \neq 0$，$M_O=0$　力系的简化结果是一个力，而且这个力的作用线恰好通过简化中心，此时 $\boldsymbol{F}'_{\mathrm{R}}$就是原力系的合力 $\boldsymbol{F}_{\mathrm{R}}$。

（3）$\boldsymbol{F}'_{\mathrm{R}} \neq 0$，$M_O \neq 0$　这种情况还可以进一步简化，根据力的平移定理逆过程，可以把 $\boldsymbol{F}'_{\mathrm{R}}$和 M_O合成一个合力 $\boldsymbol{F}_{\mathrm{R}}$。合成过程如图 3-32 所示，合力 $\boldsymbol{F}_{\mathrm{R}}$的作用线到简化中心 O 的距离为

$$d=\left|\frac{M_O}{F_{\mathrm{R}}}\right|=\left|\frac{M_O}{F'_{\mathrm{R}}}\right| \tag{3-17}$$

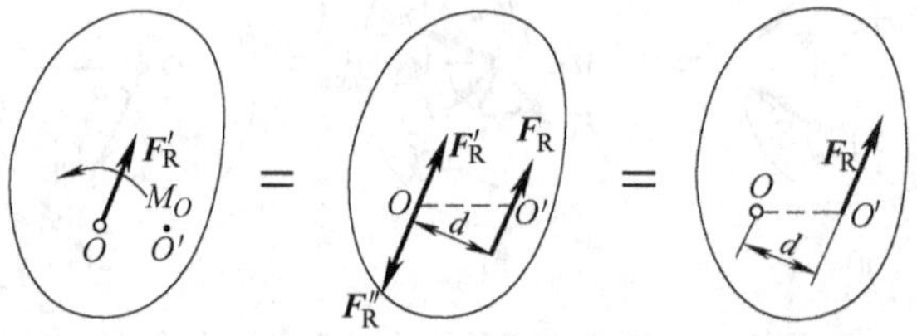

图 3-32　平面任意力系简化结果讨论 $\boldsymbol{F}'_{\mathrm{R}} \neq 0$，$M_O \neq 0$

（4）$\boldsymbol{F}'_{\mathrm{R}}=0$，$M_O=0$　物体在此力系作用下处于平衡状态。

3.3.2　平面任意力系的平衡方程及应用

1. 平面任意力系的平衡方程

当平面任意力系向一点 O 简化，若所得的结果为主矢、主矩均为零，则物体处于平衡状态。

故平面任意力系平衡的必要与充分条件为：力系的主矢和对任意点的主矩都等于零。即

$$\boldsymbol{F}'_{\mathrm{R}}=\sum \boldsymbol{F}_i=0$$

$$M_O=\sum M_O(\boldsymbol{F}_i)=0$$

将上组式子，改写成为力的投影形式，得到：

（1）基本形式

$$\left.\begin{aligned}\sum F_x&=0\\ \sum F_y&=0\\ \sum M_O(\boldsymbol{F})&=0\end{aligned}\right\} \tag{3-18}$$

式（3-18）满足平面任意力系平衡的充分和必要条件，所以平面任意力系有三个独立的平衡方程，可求解最多三个未知量。用解析表达式表示平衡条件的方式不是惟一的。平衡方程式

的形式还有二矩式和三矩式两种形式。

（2）二矩式

$$\left.\begin{aligned}&\sum F_x = 0 \text{ 或 } \sum F_y = 0\\&\sum M_A(\boldsymbol{F}) = 0\\&\sum M_B(\boldsymbol{F}) = 0\end{aligned}\right\} \tag{3-19}$$

附加条件：AB 连线不得与 x 轴相垂直。

（3）三矩式

$$\left.\begin{aligned}&\sum M_A(\boldsymbol{F}) = 0\\&\sum M_B(\boldsymbol{F}) = 0\\&\sum M_C(\boldsymbol{F}) = 0\end{aligned}\right\} \tag{3-20}$$

附加条件：A、B、C 三点不在同一直线上。

案例 3-8 无重水平梁的支承和载荷如图 3-33a 所示。已知 $F = qa$、力偶矩 $M = qa^2$ 的力偶。求支座 A 和 B 处的约束力。

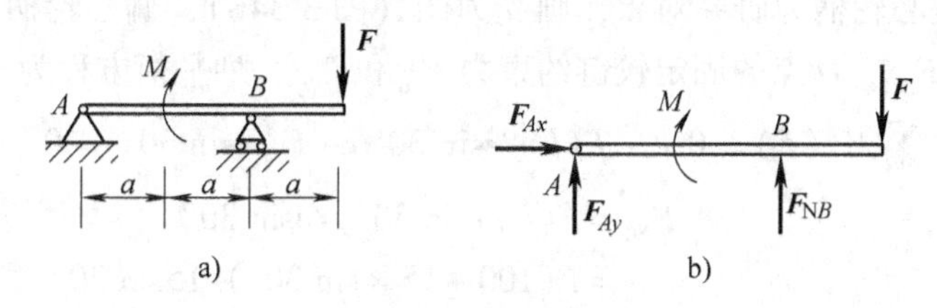

图 3-33 无重水平梁

分析：选梁 AB 为研究对象，受力分析如图 3-33b 所示，列平衡方程，得

$$\sum F_x = 0 \qquad F_{Ax} = 0$$

$$\sum M_A(\boldsymbol{F}) = 0 \qquad F_{NB} \times 2a - F \times 3a - M = 0$$

所以

$$F_{NB} = (F \times 3a + M)/2a = 2qa$$

$$\sum F_y = 0 \qquad F_{Ay} - F + F_{NB} = 0$$

所以

$$F_{Ay} = F - F_{NB} = qa - 2qa = -qa$$

F_{Ay} 的实际方向与假设方向相反。

2. 平面任意力系平衡问题的解题步骤

物体在平面任意力系的作用下平衡，可利用平衡方程根据已知量去求解未知量。其步骤为：

1）**确定研究对象，画出受力图**。取有已知力和未知力作用的物体，画出其分离体的受力图。

2）**列平衡方程并求解**。适当选取坐标轴和矩心。若受力图上有两个未知力互相平行，可选垂直于此二力的坐标轴，列出投影方程。如不存在两未知力平行，则选任意两未知力的交点为矩心列出力矩方程，进行求解。一般水平和垂直的坐标轴可画可不画，但倾斜的坐标轴必须画。

案例 3-9 如图 3-34a 所示为一机床偏心夹紧机构，压杆 AC 处于水平位置，偏心轮柄上

作用一力 $\boldsymbol{F}$。已知 $\alpha=30°$，$a=120\text{mm}$，$b=60\text{mm}$，$R=40\text{mm}$，$e=15\text{mm}$，$l=100\text{mm}$。不计接触面之间的摩擦。求工件 E 所受的夹紧力。

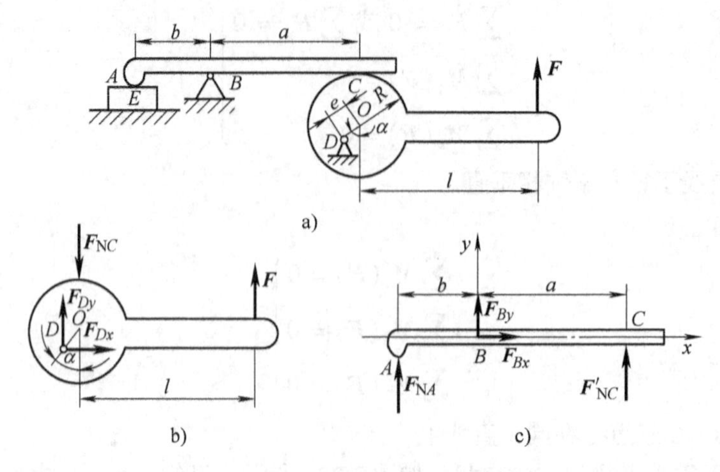

图 3-34　机床偏心夹紧机构受力图

分析：1）取偏心轮柄为研究对象，画受力图（图 3-34b），偏心轮柄上作用有力 $\boldsymbol{F}$、C 点的光滑面约束力 $\boldsymbol{F}_{NC}$，D 点的固定铰链约束力 F_{Dx} 和 F_{Dy}，列平衡方程为

$$\sum M_D(\boldsymbol{F})=0 \qquad F(l+e\sin 30°)-F_{NC}e\sin 30°=0$$

所以

$$F_{NC}=F(l+e\sin 30°)/e\sin 30°$$
$$=F(100+15\times\sin 30°)/15\sin 30°$$
$$=14.33F$$

2）取压杆为研究对象，画受力图（图 3-34c）。压杆上作用力有，C 点和 A 点光滑面约束力 $\boldsymbol{F}'_{NC}$、$\boldsymbol{F}_{NA}$，B 点的固定铰链约束力 $\boldsymbol{F}_{Bx}$ 和 $\boldsymbol{F}_{By}$，$\boldsymbol{F}'_{NC}$ 与 $\boldsymbol{F}_{NC}$ 为作用力与反作用力，故 $F_{NC}=-F'_{NC}$，列平衡方程为

$$\sum M_B(\boldsymbol{F})=0 \qquad F'_{NC}a-F_{NA}b=0$$

$$F_{NA}=aF'_{NC}/b=120\times 14.33F/60$$
$$=28.66F$$

所以，工件 E 所受的夹紧力为 $28.66F$。

3.3.3　物体系统的平衡问题

工程中机械或结构一般总是由若干物体以一定形式的约束联系在一起而组成的，这个组合称为**刚体系统**，或简称**物系**。

求解物系平衡问题的步骤是：

1）**适当选择研究对象，画出各研究对象分离体的受力图**。研究对象可以是物系整体、单个物体，也可以是物系中几个物体的组合。

2）**分析各受力图，确定求解顺序**。

研究对象的受力图可分为两类，一类是未知量数等于独立平衡方程的数目，称为是可解的；另一类是未知量数超过独立平衡方程的数目，称为暂不可解的。若是可解的，则应先取其为研究对象，求出某些未知量，再利用作用与反作用关系，扩大求解范围。有时也可利用其受力特点，列出平衡方程，解出某些未知量。如某物体受平面任意力系作用，有四个未知量，但有三个未知量汇交于一点，则可取该三力汇交点为矩心，列方程解出不汇交于该点的那个未知力。这便是解题的突破口，由于某些未知量的求出，其他不可解的研究对象也可以成为可解的了。这样便可确定求解顺序。

3）根据确定的求解顺序，逐个列出平衡方程求解。

由于同一问题中有几个受力图，所以在列出平衡方程前应加上受力图号，以示区别。

案例3-10 图3-35a所示为曲轴冲床简图，由曲轮Ⅰ、连杆AB和冲头B组成。$OA=R$，$AB=l$。忽略摩擦和自重，当OA在水平位置、冲压力为$\boldsymbol{F}$时系统处于平衡状态。求：1）作用在曲轮Ⅰ上的力偶矩M的大小；2）轴承O处的约束力；3）连杆AB受的力；4）冲头给导轨的侧压力。

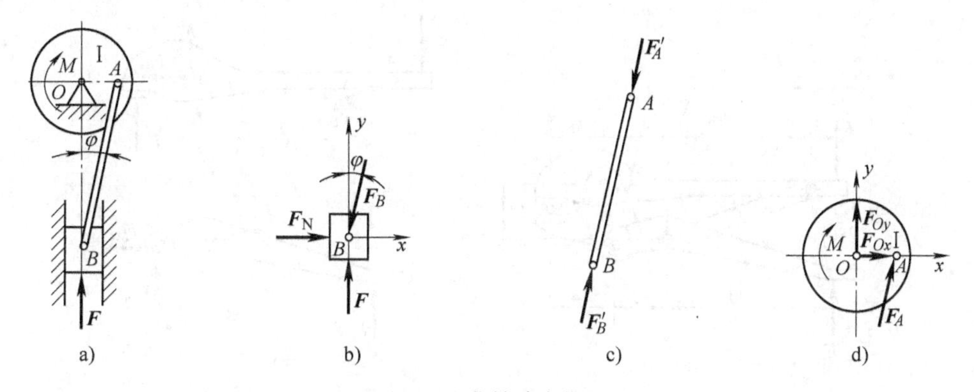

图3-35 曲轴冲床简图

分析：1）首先以冲头为研究对象。冲头受冲压阻力$\boldsymbol{F}$、导轨约束力$\boldsymbol{F}_N$以及连杆（二力杆）的作用力$\boldsymbol{F}_B$作用，受力如图3-35b所示，为一平面汇交力系。

设连杆与铅垂线间的夹角为φ，按图示坐标轴列平衡方程为

$$\sum F_y = 0 \qquad F - F_B\cos\varphi = 0$$

所以

$$F_B = F/\cos\varphi$$

F_B为正值，说明假设F_B的方向是对的，即连杆受压力（图3-35c）。

$$\sum F_x = 0 \qquad F_N - F_B\sin\varphi = 0$$

$$F_N = F_B\sin\varphi = F\tan\varphi = F\frac{R}{\sqrt{l^2-R^2}}$$

冲头对导轨侧压力的大小等于F_N，方向与F_N相反。

2）再以曲轮Ⅰ为研究对象。曲轮Ⅰ受平面任意力系作用，包括力偶矩为M的力偶，连杆作用力F_A以及轴承的约束力F_{Ox}、F_{Oy}（图3-35d）。按图示坐标轴列平衡方程为

$$\sum M_O(\boldsymbol{F}) = 0 \qquad F_A\cos\varphi R - M = 0$$

又因为

$$F_A = F_B$$

所以

$$M = F_A\cos\varphi R = FR$$

$$\sum F_x = 0 \qquad F_{Ox} + F_A\sin\varphi = 0$$

所以
$$F_{Ox} = -F_A \sin\varphi = -F\frac{R}{\sqrt{l^2 - R^2}}$$

$$\sum F_y = 0 \qquad F_{Oy} + F_A \cos\varphi = 0$$

所以
$$F_{Oy} = -F_A\cos\varphi = -F$$

符号说明，力 F_{Ox}，F_{Oy}的方向与图示假设的方向相反。

☆综合案例分析

图 3-36a 所示鲤鱼钳由钳夹 1、连杆 2、上钳头 3 与下钳头 4 等组成。若钳夹手握力为 $\boldsymbol{F}$，不计各杆自重与摩擦，试求钳头的夹紧力 $\boldsymbol{F}_1$的大小。设图中的尺寸单位是 mm，连杆 2 与水平线夹角 $\alpha = 20°$。

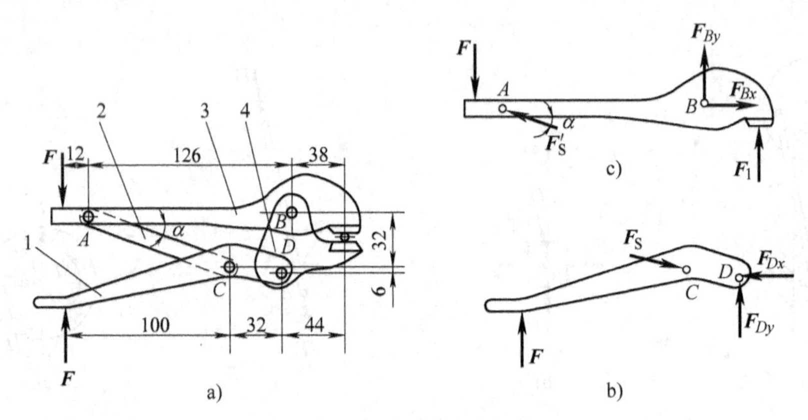

图 3-36　鲤鱼钳

1—钳夹　2—连杆　3—上钳头　4—下钳头

分析：1）先取钳夹 1 为研究对象，它所受的力有手握力 $\boldsymbol{F}$，连杆（二力杆）的作用力 $\boldsymbol{F}_s$，下钳头与钳夹铰链 D 的约束力 $\boldsymbol{F}_{Dx}$、$\boldsymbol{F}_{Dy}$。受力图如图 3-36b 所示。列出平衡方程为

$$\sum M_D(\boldsymbol{F}_i) = 0 \qquad -F(100+32) + F_S\sin\alpha \times 32 - F_S\cos\alpha \times 6 = 0$$

解得
$$F_S = \frac{132F}{32\sin\alpha - 6\cos\alpha} = \frac{132F}{32\sin 20° - 6\cos 20°} = 24.88F \tag{a}$$

2）取上钳头 3 为研究对象，它所受的力有手握力 $\boldsymbol{F}$，连杆的作用力 $\boldsymbol{F}'_S$，上、下钳头铰链 B 的约束力 $\boldsymbol{F}_{Bx}$、$\boldsymbol{F}_{By}$，钳头夹紧力 $\boldsymbol{F}_1$。受力图如图 3-36c 所示。列出平衡方程

$$\sum M_B(\boldsymbol{F}_i) = 0 \qquad (126+12)F - 126F'_S\sin\alpha + 38F_1 = 0$$

解得
$$F_1 = \frac{126F'_S\sin\alpha - 138F}{38} \tag{b}$$

考虑到 $F_S = F'_S$，将式（a）代入式（b），得

$$F_1 = \frac{126F'_S\sin\alpha - 138F}{38} = \frac{126 \times 24.88 \times \sin 20° - 138}{38}F = 24.6F$$

由此可见：鲤鱼钳通过巧妙的设计，使夹紧力为手握力的 24.6 倍，达到了省力的目的。

习 题 3

3-1 输电线跨度 l 相同时，电线下垂量越小，电线越易于拉断，为什么？

3-2 图 3-37 所示的三种结构，构件自重不计，忽略摩擦，$\alpha=60°$。如在 B 处都作用有相同的水平力 $\boldsymbol{F}$，铰链 A 处的约束力是否相同。

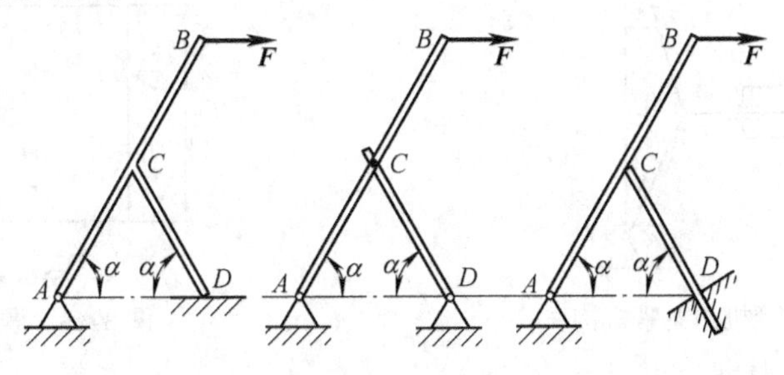

图 3-37 题 3-2 图

3-3 如图 3-38 所示，能否将力 $\boldsymbol{F}$ 平移到杆 BC 上，为什么？

3-4 如图 3-39 所示，固定在墙壁上的圆环受三条绳索的拉力作用，力 $\boldsymbol{F}_1$ 沿水平方向，力 $\boldsymbol{F}_3$ 沿铅垂方向，力 $\boldsymbol{F}_2$ 与水平线成 40° 角。三力的大小分别为 $F_1=2000\text{N}$，$F_2=2500\text{N}$，$F_3=1500\text{N}$。试求三力的合力。

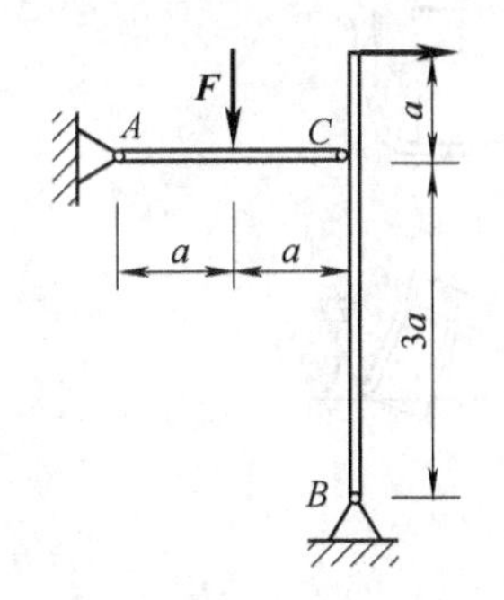

图 3-38 力的平移

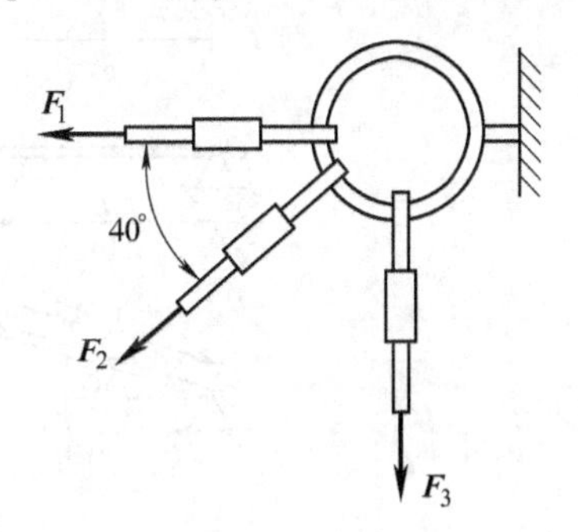

图 3-39 圆环的受力情况

3-5 试分别用几何法和解析法求图 3-40 所示平面汇交力系的合力。

3-6 图 3-41 所示为机床夹具中的斜楔增力机构，楔角 $\alpha=10°$，推进斜楔的作用力 $F_2=300\text{N}$，各接触面摩擦不计。试求立柱对工件的夹紧力 F_1 的值。

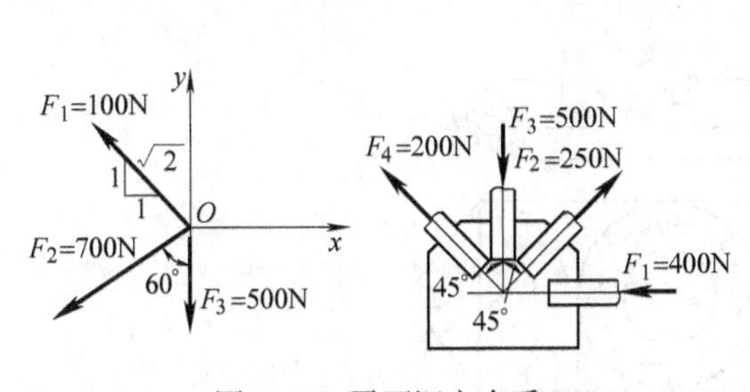

图 3-40 平面汇交力系

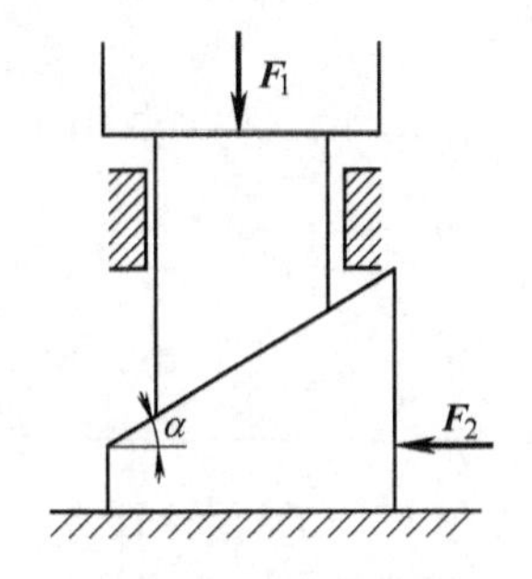

图 3-41 斜楔增力机构

3-7 图 3-42 所示为弯管机的夹紧机构示意图，各构件自重不计，已知油缸推力 $F_1=1\text{kN}$，$\alpha=8°$，求工件所受的压紧力 F_2。

3-8 一个 450N 的力作用在 A 点，方向如图 3-43 所示，求：1）此力对 D 点的矩；2）要得到与 1）相同的力矩，应在 C 点所加水平力的大小与指向；3）要得到与 1）相同的力矩，在 C 点应加的最小力。

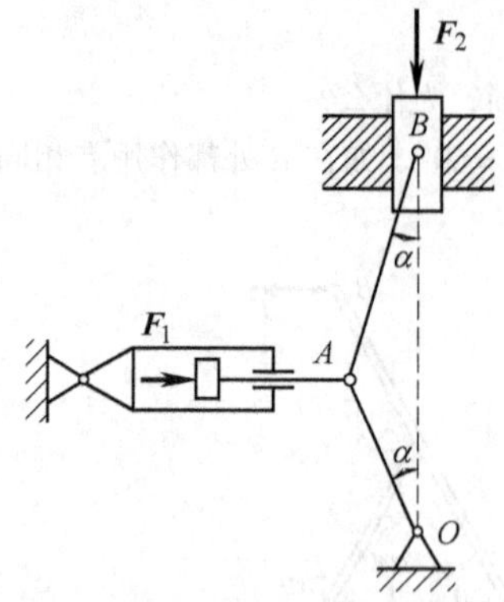

图 3-42 弯管机的夹紧机构

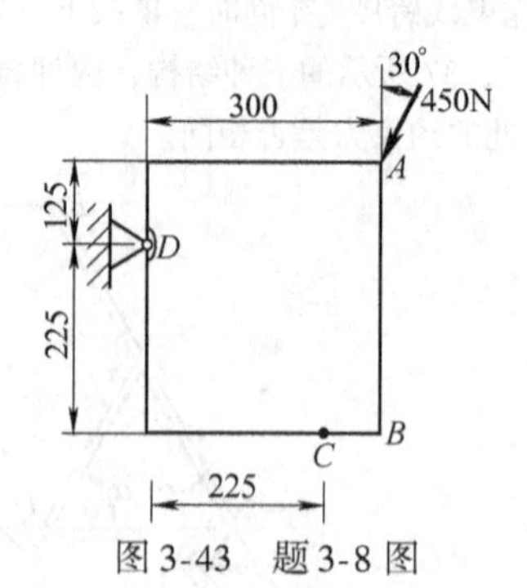

图 3-43 题 3-8 图

3-9 试计算图 3-44 中力 F 对点 O 之矩。

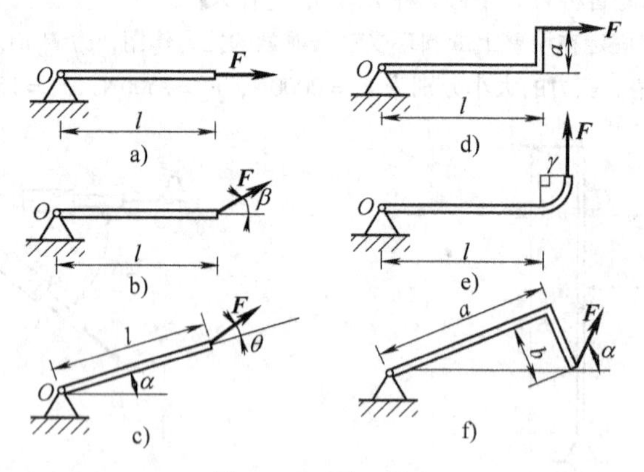

图 3-44 题 3-9 图

3-10 如图 3-45 所示，用端铣刀铣削一平面。铣刀有八个刀刃，每个刀刃上的切削力 $F_P = 450N$，且作用于刀刃的中点，刀盘外径 $D = 180mm$，内径 $d = 90mm$，固定工件的两螺栓与工件光滑接触，且 $l = 600mm$。求两螺栓 A、B 所受的力。

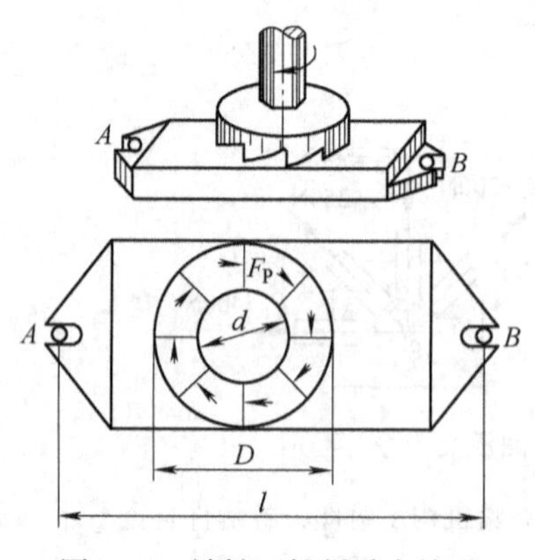

图 3-45 端铣刀铣削受力情况

3-11 图3-46所示之简单结构中，半径为r的四分之一圆弧杆AB与折杆BDC在B处用铰接连接，A、C二处均为固定铰链支座，折杆BDC上承受力偶矩为M的力偶作用，力偶的作用面与结构平面重合，图中$l=2r$。若r、M均为已知，试求A、C二处的约束力。

3-12 图3-47所示下料机构中，已知$F=200\text{N}$，$a=600\text{mm}$，$b=50\text{mm}$，$c=100\text{mm}$，$d=30\text{mm}$。试求刀口产生的剪力F_Q。

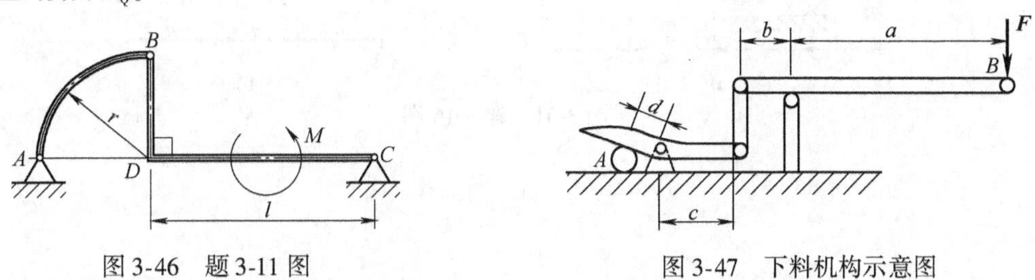

图3-46 题3-11图　　图3-47 下料机构示意图

3-13 如图3-48所示无重水平梁，已知q、a，且$F=qa$、$M=qa^2$。求图示各梁的支座约束力。

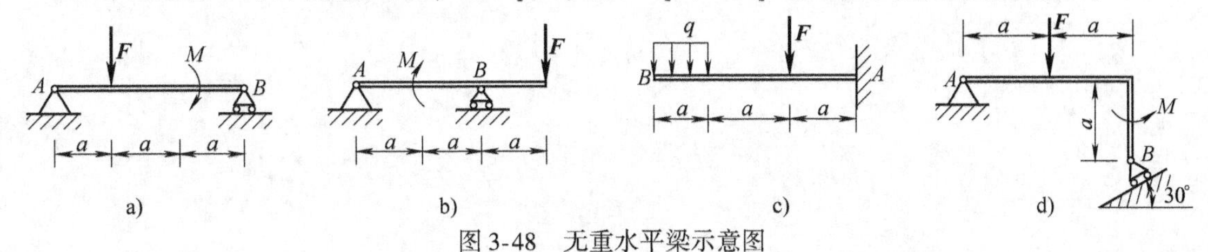

图3-48 无重水平梁示意图

3-14 图3-49所示结构中，A处为固定端约束，C处为光滑接触，D处为铰链连接。已知$F_1=F_2=400\text{N}$，$M=300\text{N}\cdot\text{m}$，$AB=BC=400\text{mm}$，$CD=CE=300\text{mm}$，$\alpha=45°$，不计各构件自重，求固定端$A$处与铰链$D$处的约束力。

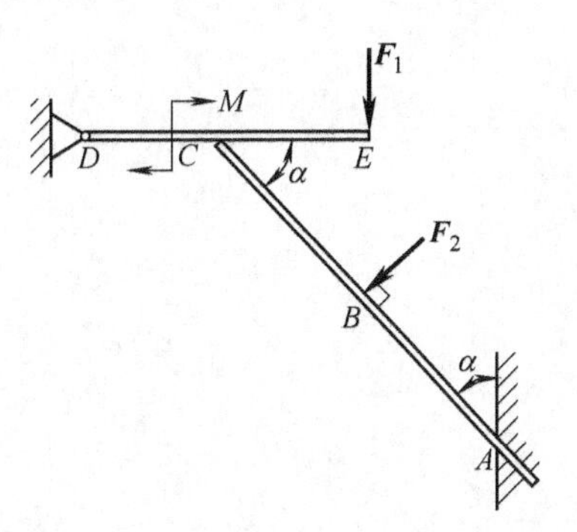

图3-49 组合梁

3-15 如图3-50所示，驱动力偶矩M使锯床转盘旋转，通过连杆AB带动锯弓往复移动。已知锯条的切削阻力$F=2744\text{N}$，求驱动力偶矩M及O、C、D三处支承的约束力。

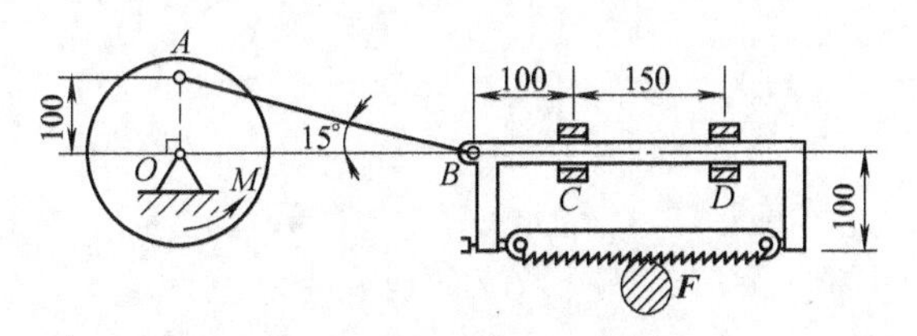

图3-50 锯床机构示意图

3-16 如图3-51所示，梁的自重可忽略不计，已知 q、a，且 $F=qa$、$M=qa^2$，试求 A、B、C、D 各处的约束力。

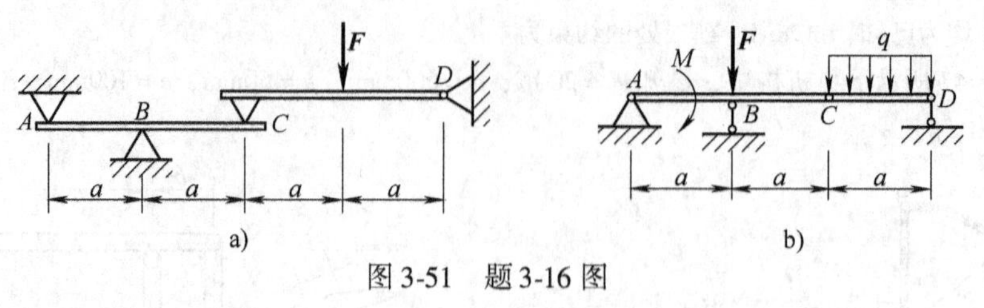

图3-51 题3-16图

第二模块　材料力学基础

第4单元　轴向拉伸与压缩

【学习目标】

理解和掌握强度、刚度、稳定性、内力、应力、应力集中等基本概念。

掌握轴力图的绘制及利用轴力图分析杆件的危险截面。

理解塑性材料和脆性材料的极限应力与许用应力、安全系数之间的关系。

掌握轴向拉伸与压缩时的变形计算。

熟练应用轴向拉伸（压缩）的强度条件进行强度的三类计算。

了解低碳钢和铸铁的力学性能指标及其物理意义。

【学习重点和难点】

截面法、轴力与轴力图。

拉（压）杆横截面上的应力。

拉（压）杆的变形计算。

材料在拉（压）时的力学性能。

拉（压）杆的强度计算。

【案例导入】

图4-1所示为气动连杆夹具，活塞在气压作用下左行带动滚轮 A，连杆 AB 使杠杆的 B 端绕 O 点转动，从而使 C 端压紧工件。试问：1）你能否利用前面所学的知识对图示状态下的各构件进行受力分析，并判断哪些构件属于二力杆；2）本机构如何在保证工件满足夹紧需求的同时，各构件具有足够的承载能力。学习轴向拉伸与压缩的强度、刚度计算等知识后，就可以解决机构中各构件在承受一定载荷的情况下，具有足够的承载能力的问题。

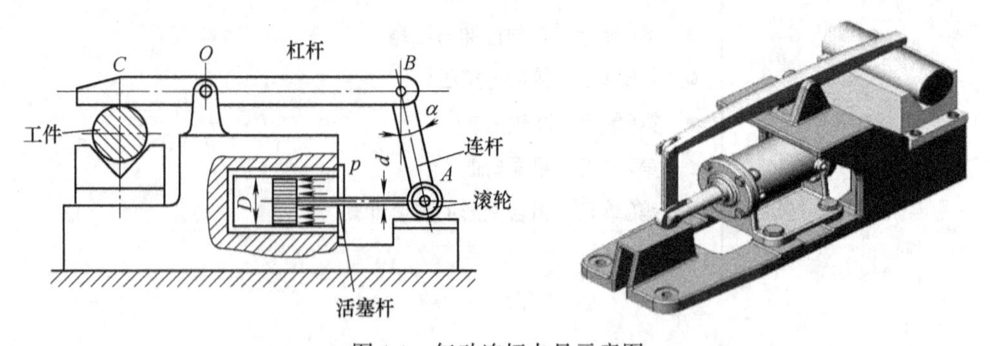

图4-1　气动连杆夹具示意图

4.1　概述

4.1.1　构件的承载能力

各种机械和工程结构，都是由许多构件组成的。当构件工作时就会因承受一定的外力

（包括载荷和约束力）而发生变形。当构件所承受的外力超过某一限度时，就会丧失承载能力而不能正常工作。为保证机械和工程结构的正常工作，构件应具有足够的承载能力。材料力学就是一门研究构件承载能力的学科。

构件的承载能力包括以下三个方面：

（1）**强度**　是指在载荷作用下，构件抵抗破坏的能力。

（2）**刚度**　是指在载荷作用下，构件抵抗变形的能力。

（3）**稳定性**　是指受压的细长杆或薄壁构件能够维持原有平衡状态的能力。

4.1.2　弹性体及其基本假设

在静力学中，研究对象为刚体，实际上，绝大多数构件在有外加载荷作用时，会发生变形。当外加载荷不超过某极限值时，卸载后消失的变形称为**弹性变形**，相应的物体称为**弹性体**；当外加载荷超过某极限值时，卸载后不消失的变形称为**塑性变形**。

材料力学的研究对象就是弹性体，材料力学中对弹性体作出如下的基本假设：

（1）**均匀连续性假设**　假设弹性体内部毫无空隙地充满物质，且各处的力学性能都相同。

（2）**各向同性假设**　假设弹性体在各个方向具有相同的力学性能。具备这种属性的材料称为各向同性材料。

在各个方向具有不同力学性能的材料称为各向异性材料，如木材、胶合板、纤维织品及纤维增强复合材料等。

（3）**小变形假设**　假设构件在外力作用下，所产生的变形量远远小于构件原始尺寸的变形。

本单元主要研究弹性小变形问题。

4.1.3　杆件变形的基本形式

实际构件的形状是多种多样的，简化后可分为杆、板、壳和块，如图4-2所示。凡是长度尺寸远远大于其他两个方向尺寸的构件称为**杆**。如轴、连杆等均属于杆类。各横截面形心的连线称为**轴线**，轴线是直线的杆称为**直杆**；各截面相同的直杆称为**等截面直杆**，简称**等直杆**。本单元主要研究直杆的承载能力。

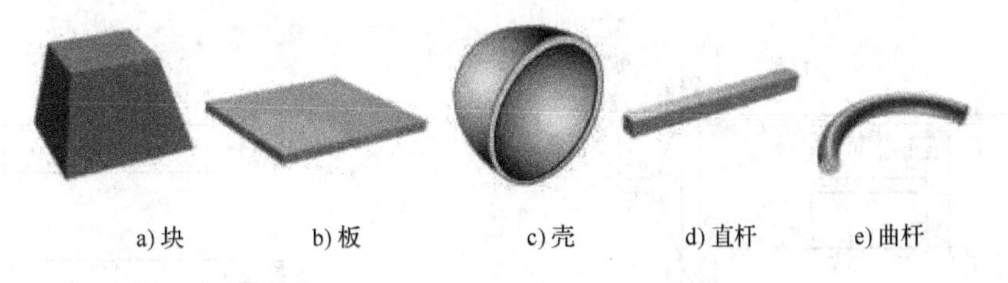

图4-2　构件的形状

杆件在载荷的作用下，其变形的基本形式有：轴向拉伸与压缩、剪切与挤压、扭转和弯曲四种。工程中一些复杂的变形形式，均可看成是上述两种或两种以上基本变形形式的组合，称为**组合变形**，杆件的变形形式如图4-3所示。

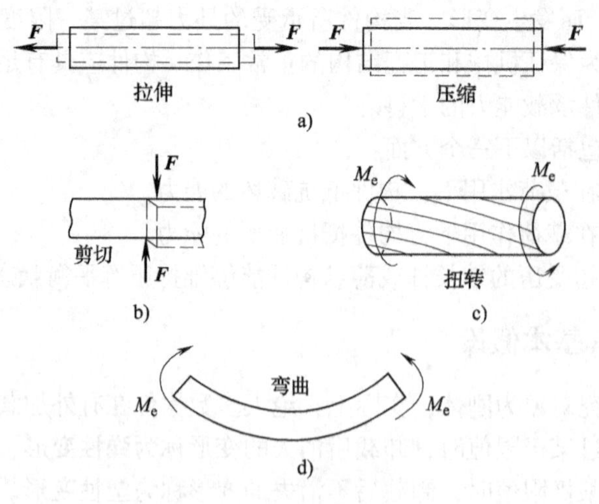

图 4-3　杆件的基本变形形式

4.2　轴向拉伸与压缩的概念

工程实际中，发生轴向拉伸或压缩变形的构件很多。如组成房屋桁架的杆件（图4-4a），起重机的吊索，承受拉力的紧固螺栓（图4-4b），汽缸或油缸中的活塞杆（图4-5）等。虽然这些杆件的形状和承载方式等并不相同，但它们都是直杆，所受外力或其合力与杆轴线重合，并沿轴线方向将发生伸长或缩短变形。沿着轴向拉伸或轴向压缩变形的杆，简称为拉（压）杆。

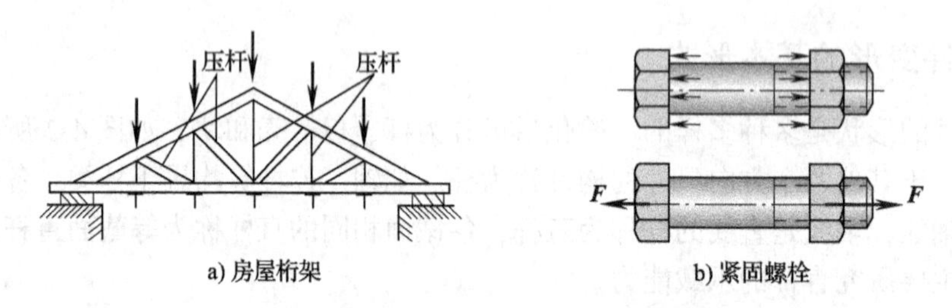

图 4-4　轴向拉伸（压缩）变形应用实例

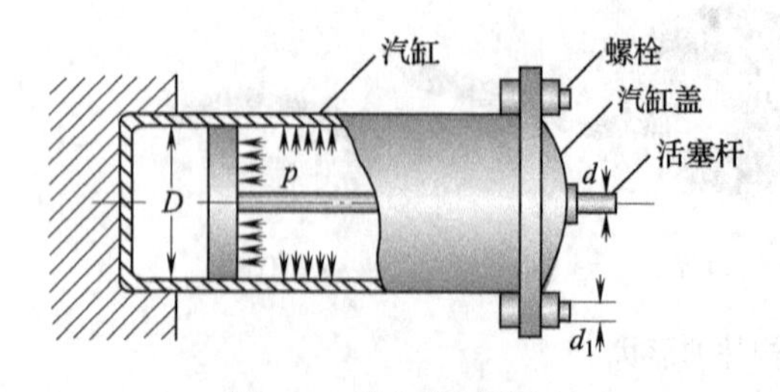

图 4-5　汽缸的活塞杆

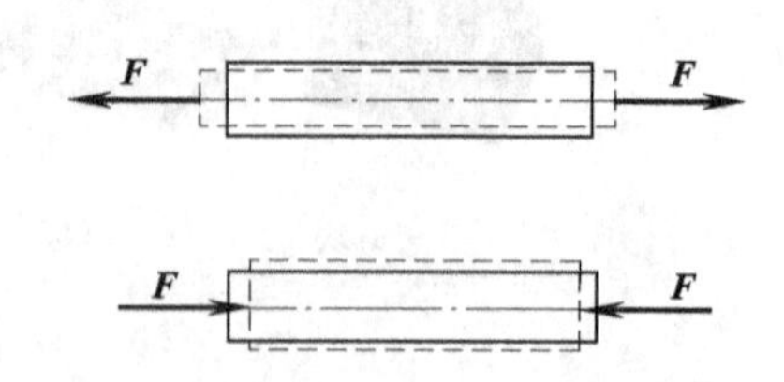

图 4-6　轴向拉伸与压缩计算简图

如把这些杆件的形状和受力情况进行简化，可简化成如图 4-6 所示的计算简图（图中实线和虚线分别表示变形前与变形后的杆件）。拉（压）杆的**受力特点**是：承受一对大小相等、方向相反、作用线与杆件的轴线重合的外力（或合外力）；**变形特点**是：杆件沿轴线方向伸长或缩短。

☆**想一想　练一练**

1）试判断图4-7所示构件中哪些属于轴向拉伸或轴向压缩变形？

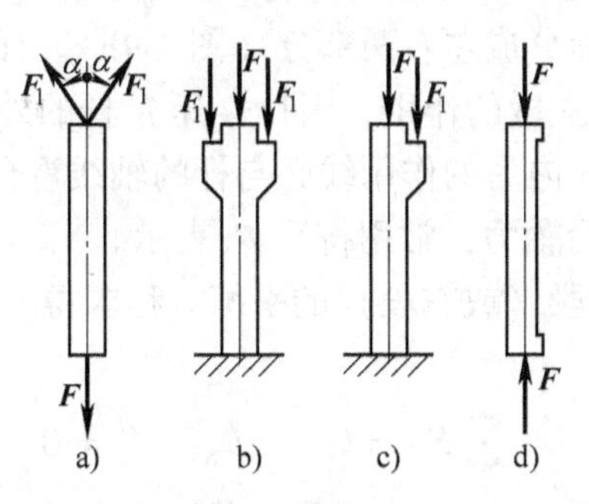

图4-7　受力构件

2）试分析图4-1所示的气动连杆夹具中，哪些构件发生轴向拉伸或轴向压缩变形？

4.3　轴力和横截面上的应力

4.3.1　拉（压）杆的内力与截面法

为了对拉（压）杆进行强度计算，应先分析其内力，现以拉杆为例介绍求内力的一般方法——截面法。

1. 内力的概念

以构件为研究对象时，作用于构件上的载荷和约束力均称为**外力**。在外力的作用下，构件的内部将产生相互作用的力，称为**内力**，它是连续作用于截面上的分布力，如图4-8所示。

构件横截面上的内力随着外力的增大而增大，但内力的增大是有限的，若超过了材料所能承受的极限值，构件就不能正常工作甚至破坏。为了保证构件在外力作用下安全可靠地工作，必须弄清楚构件内力的大小和分布规律。因此，对各种基本变形的研究都是先从内力开始分析。

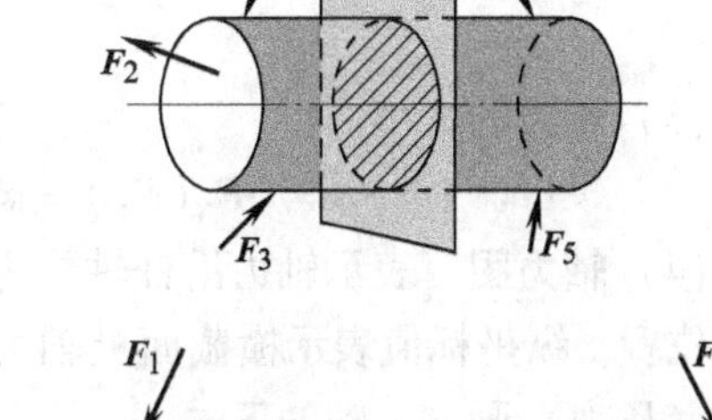

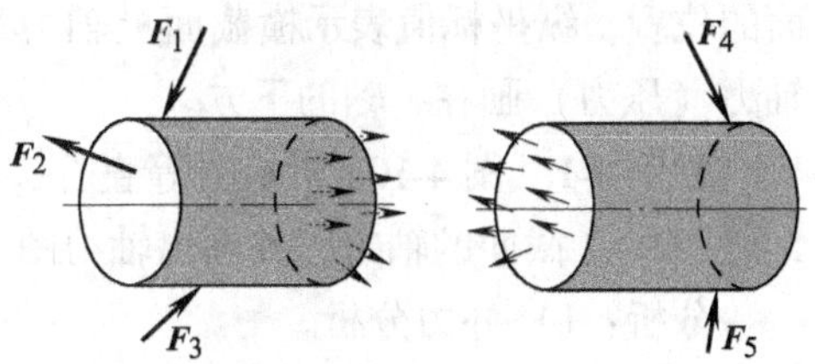

图4-8　截面的内力

2. 截面法

求构件内力的方法通常采用截面法，用截面法求内力可归纳为四个字：

（1）**截**　欲求某一横截面的内力，沿该截面将构件假想地截成两部分。

（2）**取**　取其中任意一部分为研究对象，而弃去另一部分。

（3）**代**　用作用于截面上的内力，代替弃去部分对留下部分的作用力。

（4）**平**　建立留下部分的平衡条件，由外力确定未知的内力。

截面法是求内力最基本的方法，**但必须注意，**应用截面法求内力，截面不能选在外力作用点处的截面上。

3. 轴力与轴力图

（1）**轴力的概念** 设拉杆在外力 $\boldsymbol{F}$ 的作用下处于平衡状态（图4-9a），运用截面法，将杆件沿任一截面 $m-m$ 假想地分成左右两部分（图4-9b）。任意地取左段为研究对象，用分布力的合力 $\boldsymbol{F}_N$ 来代替右段对左段的作用，因拉（压）杆的外力均沿杆轴线方向，由平面力系平衡条件可知，截面 $m-m$ 内力的作用线必与杆的轴线重合，即垂直于杆的横截面，并通过截面的形心，这种内力称为**轴力**，常用符号 $\boldsymbol{F}_N$ 表示。

轴力 $\boldsymbol{F}_N$ 的大小，可由左段（或右段）的平衡方程求得，图4-9c取杆件的左端为研究对象，列平衡方程为

$$\sum F_x = 0 \qquad F_N - F = 0$$

得

$$F_N = F$$

（2）**轴力符号规定** 为了区别拉、压两种变形，对轴力的正负号规定如下：当轴力的方向与截面外法线 n、n' 的方向一致时（图4-9c、d），杆件受拉，规定轴力为正；反之杆件受压，轴力为负，对于未知轴力通常按正向假设。轴力的单位为牛（N）或千牛（kN）。

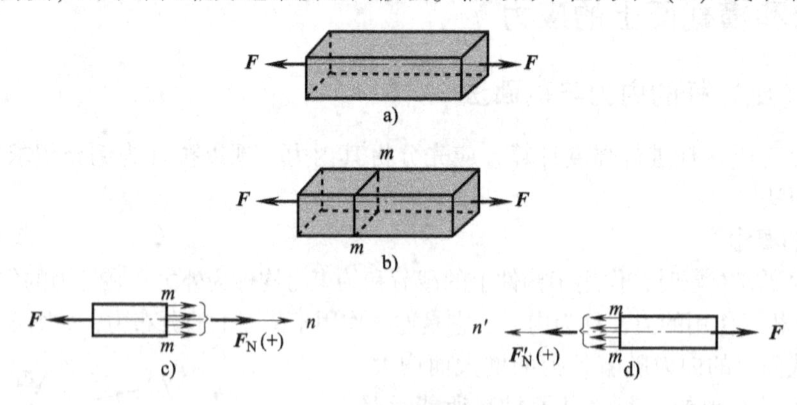

图4-9 截面法

（3）**轴力的大小**

$$\boldsymbol{F}_N(\boldsymbol{F}'_N) = \text{截面一侧所有外力的代数和}$$

（4）**轴力图** 表示轴力沿杆轴线方向变化的图形称为**轴力图**。常取横坐标 x 表示横截面的位置，纵坐标值表示横截面上轴力的大小，正的轴力（拉力）画在 x 轴的上方，负的轴力（压力）画在 x 轴的下方。

案例4-1 图4-10a所示的等直杆，受轴向力 $F_1 = 15\text{kN}$，$F_2 = 10\text{kN}$ 的作用。求出杆件1-1、2-2截面的轴力，并画出轴力图。

分析：1）外力分析。

先解除约束，画杆件的受力图，如图4-10b所示。

$$\sum F_x = 0 \qquad F_A - F_1 + F_2 = 0$$

得

$$F_A = F_1 - F_2 = 15\text{kN} - 10\text{kN} = 5\text{kN}$$

2）内力分析。

外力 $\boldsymbol{F}_A$、$\boldsymbol{F}_1$、$\boldsymbol{F}_2$ 将杆件分为 AB 段和 BC 段，在 AB 段，用1-1截面将杆件截分为两

段，取左段为研究对象，右段对截面的作用力用 $\boldsymbol{F}_{N1}$ 来代替。假定内力 $\boldsymbol{F}_{N1}$ 为正，如图4-10c所示。列平衡方程为

$$\sum F_x = 0 \qquad F_{N1} + F_A = 0$$

得

$$F_{N1} = -F_A = -5\text{kN}$$

所得的结果为负值，表示所设 $\boldsymbol{F}_{N1}$ 的方向与实际相反，$\boldsymbol{F}_{N1}$ 为压力。在 AC 段，用2－2截面将杆件截分为两段，取左段为研究对象，右段对截面的作用力用 $\boldsymbol{F}_{N2}$ 来代替。假定内力 $\boldsymbol{F}_{N2}$ 为正，如图4-10d所示。列平衡方程为

$$\sum F_x = 0 \qquad F_A - F_1 + F_{N2} = 0$$

得

$$F_{N2} = F_1 - F_A = 15\text{kN} - 5\text{kN} = 10\text{kN}$$

3）**画轴力图。**

根据以上计算的结果，并选取适当的比例尺，便可作出如图4-10e所示的轴力图。由轴力图可见，杆的最大轴力发生在 BC 段，其值为 $F_{N2} = 10\text{kN}$。

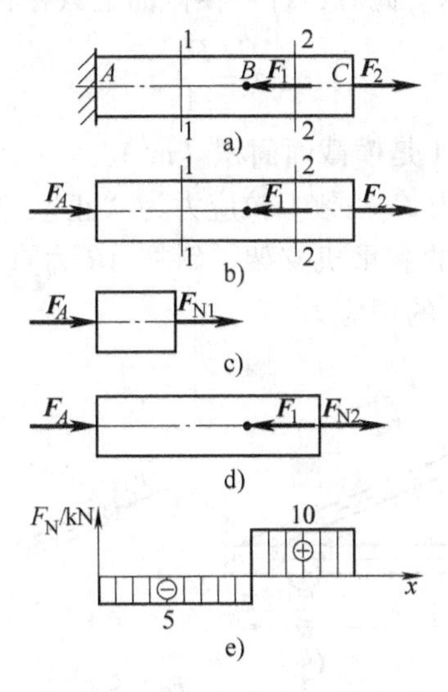

图4-10　直杆的轴力与轴力图

4.3.2　拉（压）杆横截面上的应力

1. 应力的概念

求出轴力后，一般还不能判断杆件是否会破坏。例如，有两根材料相同但粗细不同的杆件，在相同的拉力下，两杆的轴力是相等的。随着拉力的逐渐增大，细杆必定先被拉断。这说明杆件的强度不仅与轴力有关，而且与杆件的截面面积有关，即取决于内力在截面上的分布规律及分布密集程度，所以把内力在截面上的分布密集度称为应力。截面上的应力 p 可以进行分解，其中垂直于截面的应力 σ 称为**正应力**；平行于截面的应力 τ 称为**切应力**，如图4-11所示。

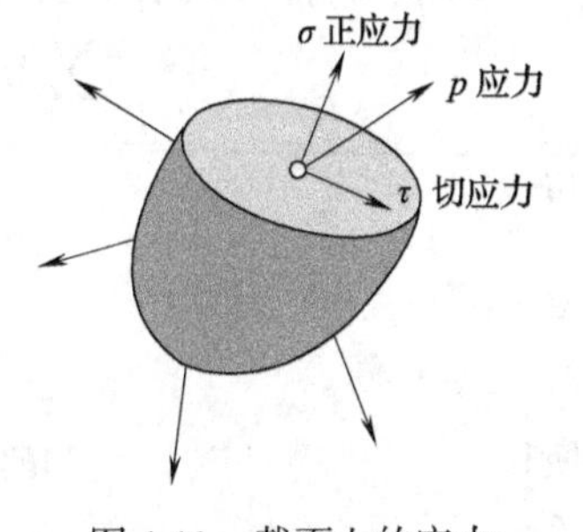

图4-11　截面上的应力

在国际单位制中，应力的单位是牛/米²（N/m^2），又称**帕**

斯卡，简称**帕**（Pa）。在实际应用中这个单位太小，通常使用 N/mm^2 兆帕（MPa）、或吉帕（GPa）。它们的换算关系为：$1N/m^2=1Pa$，$1MPa=10^6Pa$，$1GPa=10^9Pa$。

2. 拉（压）杆横截面上的应力

要确定拉（压）杆横截面上的应力，必须了解其内力系在横截面上的分布规律。由于力与变形有关，因此，首先观察分析杆的变形。设取一等直杆，事先在等直杆的外表面上画垂直于杆轴线的直线 ab 和 cd，如图4-12a 所示。拉伸变形后，发现 ab 和 cd 线平行向外移动并且仍然垂直于轴线。假设在变形过程中，变形前为平面的横截面，变形后仍为平面，仅仅沿轴线方向平移一段距离，这个假设为**平面假设**。

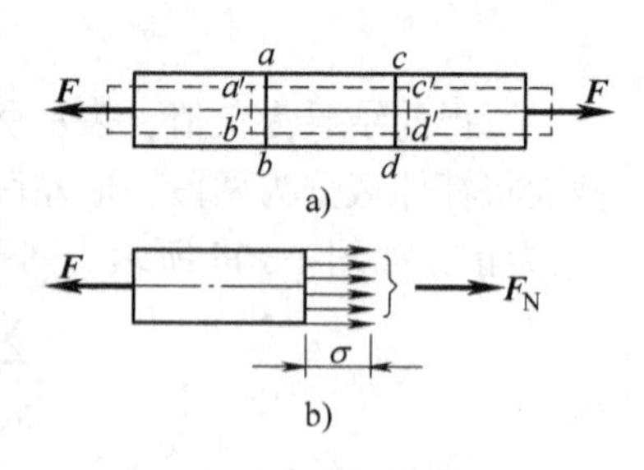

图4-12　平面假设

根据平面假设和上述杆件表面的变形情况，可以推断：当杆件轴向拉伸时，轴力在横截面上是均匀分布的，且方向垂直于横截面，如图4-12b 所示。此时，杆件横截面上只存在正应力 σ，其计算式为

$$\sigma=\frac{F_N}{A} \tag{4-1}$$

式中，F_N是横截面轴力（N）；A 是横截面面积（m^2）。

正应力 σ 的正负规定与轴力 F_N一致。拉应力为“正”，压应力为“负”。

案例4-2　如图4-13a 所示的起重机支架，斜杆 AB 为直径 $d=20mm$ 的钢杆，载荷 $Q=15kN$。求此时斜杆 AB 横截面上的正应力。

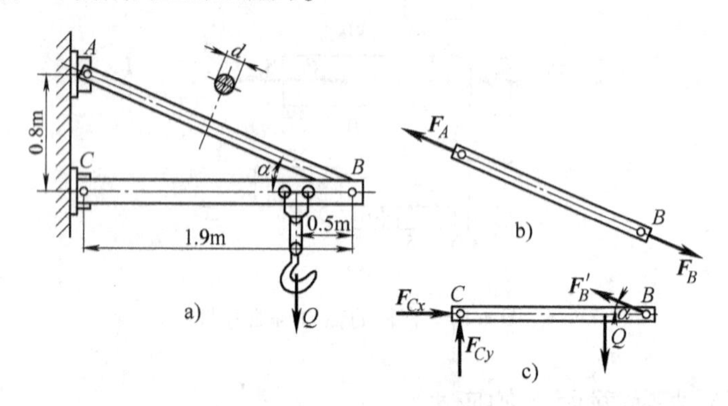

图4-13　起重机支架

分析：1）以斜杆 AB 和杆 BC 为研究对象，分别画出受力图（图4-13b、c）。

2）求斜杆 AB 的内力，取 BC 杆为研究对象，分析其受力图4-13c 可列平衡方程为

$$\sum M_C(\boldsymbol{F})=0 \Rightarrow F'_B\sin\alpha\times1.9-Q\times1.4=0$$

得
$$F'_B=\frac{1.4Q}{1.9\sin\alpha}$$

又
$$\sin\alpha=\frac{0.8}{\sqrt{0.8^2+1.9^2}}=0.388$$

所以
$$F'_B=\frac{1.4Q}{1.9\sin\alpha}=\frac{1.4\times15}{1.9\times0.388}kN=28.49kN$$

因为 $F'_B=-F_B=28.49kN$，所以斜杆 AB 的内力（轴力）为 $F_N=F_B=28.49kN$。

3）求斜杆 AB 横截面上的应力，根据式（4-1）得

$$\sigma = \frac{F_N}{A} = \frac{28.49 \times 10^3}{\frac{\pi}{4} \times 20^2} \text{MPa} = 90.73 \text{MPa}$$

☆想一想　练一练

1）正应力的“正”指的是正负的意思，所以正应力恒大于零，这种说法对吗？为什么？

2）两根材料与尺寸完全相同，承受外力也相同的轴向拉（压）杆，在横截面形状不同的情况下，它们的轴力图是否相同？横截面上的应力是否相同？

4.4　轴向拉伸与压缩杆的变形　胡克定律

1. 拉（压）杆的变形

实验表明，当拉杆沿其轴向伸长时，其横向尺寸将缩小（图4-14a所示）；压杆则沿其轴向缩短时，横向尺寸将增大（图4-14b所示）。

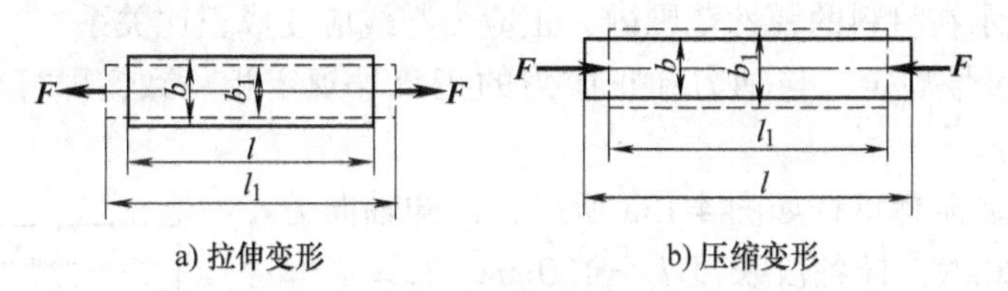

图4-14　拉压杆的变形情况

设 l、b 为直杆变形前的长度与横向尺寸，l_1、b_1 为直杆变形后的长度和横向尺寸，则轴向与横向变形分别为

$$\Delta l = l_1 - l$$

$$\Delta b = b_1 - b$$

Δl 与 Δb 称为**绝对变形**，即总的伸长量或缩短量。

绝对变形的大小不能反映杆的变形程度。如长度分别为1m与1cm的两根橡皮筋，它们的绝对变形均为1mm，显然变形程度不同。因此，为了度量杆的变形程度，还需计算单位长度内的变形量。对于轴力为常量的等直杆，其变形处处相同。可将 Δl 除以杆件的原长 l，Δb 除以 b 表示单位长度的变形量，即

$$\varepsilon = \frac{\Delta l}{l} = \frac{l_1 - l}{l} \tag{4-2}$$

$$\varepsilon' = \frac{\Delta b}{b} = \frac{b_1 - b}{b} \tag{4-3}$$

式中，ε 是轴向应变；ε' 是横向应变。

2. 泊松比

实验表明，当应力未超过某一限度时，横向应变 ε' 与轴向应变 ε 之间成正比关系，即

$$\varepsilon' = -\mu\varepsilon \tag{4-4}$$

式中，μ 称为泊松比，其值与材料有关。

3. 胡克定律

实验表明：杆件所受轴向拉伸或压缩的外力 $\boldsymbol{F}$ 不超过某一限度时，Δl 与外力 $\boldsymbol{F}$ 及杆长 l 成正比，与横截面面积 A 成反比，即

$$\Delta l \propto \frac{Fl}{A}$$

引进比例常数 E，并注意到 $F=F_{\mathrm{N}}$，可将上式改写为

$$\Delta l=\frac{F_{\mathrm{N}}l}{EA} \tag{4-5}$$

式中，E 是材料的拉（压）弹性模量，表明材料的弹性性质，其单位与应力单位相同。

式（4-5）即为**胡克定律**。它表明了在弹性范围内杆件轴力与纵向变形间的线性关系。

各种材料的弹性模量 E 不同，E 值是由实验测定的。EA 是拉（压）杆的横截面积 A 和材料弹性模量 E 的乘积，EA 值越大，杆件的变形 Δl 就越小，拉（压）杆抵抗变形的能力就越强，所以，EA 值表征杆件抵抗轴向拉压变形的能力，称为杆件的**抗拉**（压）**刚度**。

将式（4-1）和式（4-2）代入式（4-5）得到胡克定律的的另一种表达形式，即

$$\sigma=E\varepsilon \tag{4-6}$$

式（4-6）表示在材料的弹性范围内，正应力与线应变成正比关系。

Δl 与 ε 的正负号规定，与轴力和正应力的正负号规定相一致，即杆件伸长时取正号，杆件缩短时取负号。

案例 4-3 钢制阶梯钢杆如图 4-15a 所示，已知轴向力 $F_1=50\mathrm{kN}$，$F_2=20\mathrm{kN}$，杆各段长度 $l_1=120\mathrm{mm}$，$l_2=l_3=100\mathrm{mm}$，杆 AD、DB 段的面积分别是 $A_1=A_2=500\mathrm{mm}^2$ 和 $A_3=250\mathrm{mm}^2$，钢的弹性模量 $E=200\mathrm{GPa}$，试求阶梯杆的轴向总变形和各段线应变。

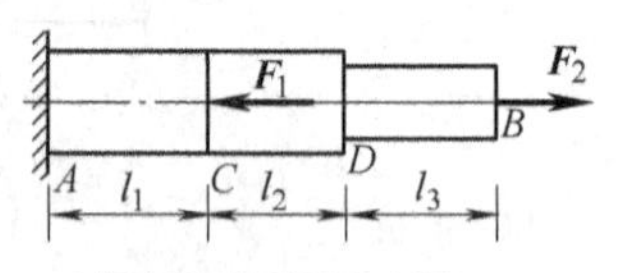

a) 钢制阶梯钢杆受力图

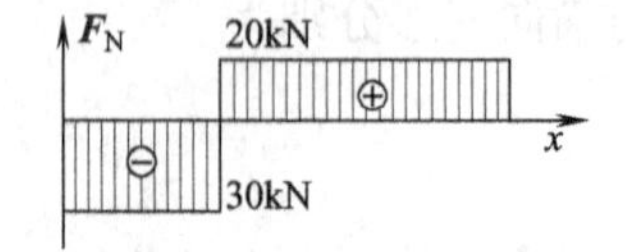

b) 钢制阶梯钢杆轴力图

图 4-15 阶梯钢杆

分析：1）求出各段的轴力，并画出杆件的轴力图，如图 4-15b 所示。

2）求出各段轴向变形量。

AC 段：$$\Delta l_1=\frac{F_{\mathrm{N1}}l_1}{EA_1}=\frac{-30\times10^3\times120}{200\times10^3\times500}\mathrm{mm}=-36\times10^{-3}\mathrm{mm}$$

CD 段：$$\Delta l_2=\frac{F_{\mathrm{N2}}l_2}{EA_2}=\frac{20\times10^3\times100}{200\times10^3\times500}\mathrm{mm}=20\times10^{-3}\mathrm{mm}$$

DB 段：$$\Delta l_3=\frac{F_{\mathrm{N3}}l_3}{EA_3}=\frac{20\times10^3\times100}{200\times10^3\times250}\mathrm{mm}=40\times10^{-3}\mathrm{mm}$$

3）计算总变形。全杆总的变形量等于各段杆变形量的代数和，即

$$\Delta l=(-36+20+40)\times10^{-3}\mathrm{mm}=0.024\mathrm{mm}$$

4）计算各段的线应变。由 $\varepsilon=\dfrac{\Delta l}{l}$ 得

AC 段：$$\varepsilon_1=\frac{\Delta l_1}{l_1}=\frac{-36\times10^{-3}}{120}=-3\times10^{-4}$$

CD 段：　　$\varepsilon_2 = \dfrac{\Delta l_2}{l_2} = \dfrac{20 \times 10^{-3}}{100} = 2 \times 10^{-4}$

DB 段：　　$\varepsilon_3 = \dfrac{\Delta l_3}{l_3} = \dfrac{40 \times 10^{-3}}{100} = 4 \times 10^{-4}$

案例4-4　一板状试样如图4-16所示，已知：$h = 4\text{mm}$，$b = 30\text{mm}$，当施加力 $F = 3\text{kN}$ 的拉力时，测得试样的轴向线应变 $\varepsilon = 120 \times 10^{-6}$，横向线应变 $\varepsilon' = -38 \times 10^{-6}$。试求试样材料的弹性模量 E 和泊松比 μ。

分析：1）计算截面上的正应力。

试件的轴力　$F_N = F = 3\text{kN}$

横截面面积　$A = bh = 120\ \text{mm}^2$

横截面上的应力　$\sigma = \dfrac{F_N}{A} = \dfrac{3 \times 10^3}{120}\text{MPa} = 25\text{MPa}$

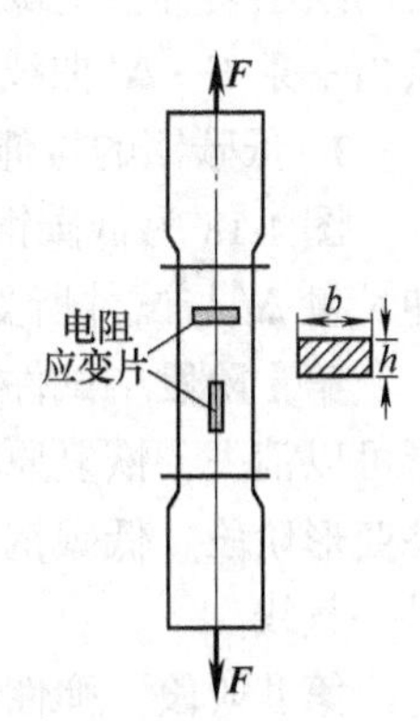

图4-16　拉伸试样

2）计算试样材料的弹性模量 E。

根据胡克定律 $\sigma = E\varepsilon$ 得

$$E = \frac{\sigma}{\varepsilon} = \frac{25}{120 \times 10^{-6}}\text{MPa} = 208.33\text{GPa}$$

3）计算泊松比 μ。

$$\mu = -\frac{\varepsilon'}{\varepsilon} = -\frac{-38 \times 10^{-6}}{120 \times 10^{-6}} = 0.3167$$

4.5　拉伸和压缩时材料的力学性能

材料的力学性能是指材料在外力作用下所表现出来的与变形和破坏有关的性能。材料的力学性能需要通过试验的方法进行测定。测定材料力学性能的试验，须按国家现行标准中规定的方法进行。在材料力学性能的试验中，常温、静载下的拉伸试验是最基本的试验，本节主要以低碳钢及铸铁两种材料为例进行介绍。对某些材料，压缩试验是最基本的试验，因此，本节也会对压缩试验进行简介。

为了便于对试验结果进行比较，试验时首先要把待测试的材料加工成试件（亦称试样）。国家标准GB/T 228—2002《金属材料　室温拉伸试验方法》中规定，拉伸试件截面可采用圆形（如图4-17a）或矩形，长度可根据其截面尺寸按规定比例或不按比例适当选取。按比例选取的试件规定有长、短两种规格。圆截面长试件的工作段长度（也称标距）$l_0 = 10d_0$，短试件 $l_0 = 5d_0$。金属材料的压缩实验，一般采用短圆柱形试件，其高度为直径 d_0 的1.5～3倍，如图4-17b所示。

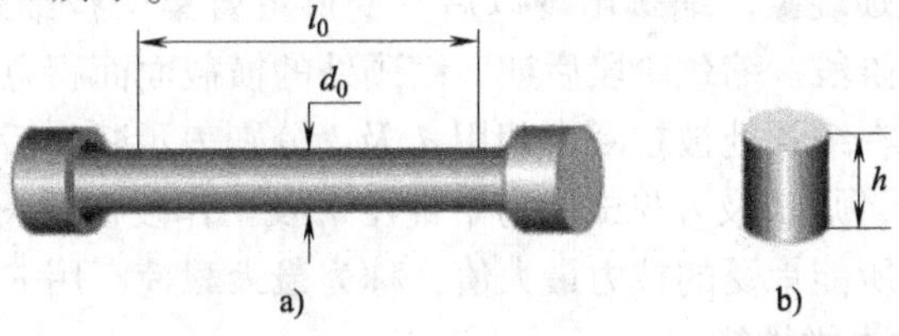

图4-17　标准试样

4.5.1 低碳钢拉伸时的力学性能

碳含量低于0.25%（质量分数）的碳素钢，称为**低碳钢**。低碳钢的力学性能比较典型，工程中使用也比较广泛，因此首先以低碳钢为例，介绍拉伸试验的方法及低碳钢的力学性能。

试验时，将试件装卡在材料试验机上进行常温、静载拉伸试验，直到把试件拉断，试验机的绘图装置会把试件所受的拉力 F 和试件的伸长量 Δl 之间的关系自动记录下来，对应地绘出一条 $F—\Delta l$ 曲线，这种图称为**拉伸图**。

1. 低碳钢的拉伸图

图4-18为低碳钢试件的拉伸图。由图可见，在拉伸试验过程中，低碳钢试件工作段的伸长量 Δl 与试件所受拉力 F 之间的关系，大致可分为以下四个阶段。

第Ⅰ阶段 试件受力以后，长度增加，产生变形，这时如将外力卸去，试件工作段的变形可以消失，恢复原状，外力除去后可以消失的变形称为**弹性变形**，因此，称第Ⅰ阶段为**弹性变形阶段**。低碳钢试件在弹性变形阶段的大部分范围内，外力与变形之间成正比，拉伸图呈一直线。

第Ⅱ阶段 弹性变形阶段以后，试件的伸长显著增加，但外力却滞留在很小的范围内上下波动。这时低碳钢似乎是失去了对变形的抵抗能力，外力不需增加，变形却继续增大，这种现象称为**屈服**或**流动**。因此，第Ⅱ阶段称为**屈服阶段**或**流动阶段**。屈服阶段中拉力波动的最低值称为**屈服载荷**，用 F_s 表示。

第Ⅲ阶段 过了屈服阶段以后，继续增加变形，需要加大外力，试件对变形的抵抗能力又获得增强。因此，第Ⅲ阶段称为**强化阶段**。强化阶段中，力与变形之间不再成正比，呈现着非线性的关系。

超过弹性阶段以后，若将载荷卸去（简称卸载），则在卸载过程中，力与变形按线性规律减少，且其间的比例关系与弹性阶段基本相同。载荷全部卸除以后，试件所产生的变形一部分消失，而另一部分则残留下来，试件不能完全恢复原状。在屈服阶段，试件已经有了明显的塑性变形。因此，过了弹性阶段以后，拉伸图曲线上任一点处对应的变形，都包含着弹性变形 Δl_e 及塑性变形 Δl_p 两部分（见图4-18）。

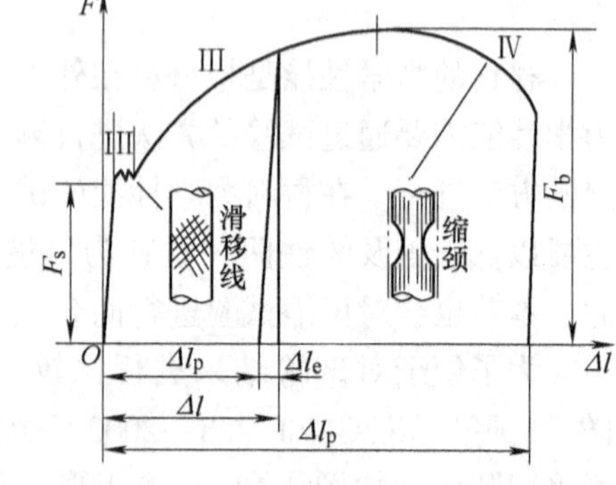

图4-18 低碳钢试件的拉伸图

第Ⅳ阶段 当拉力继续增大达某一确定数值时，可以看到，试件某处突然开始逐渐局部变细，形同细颈，称**缩颈现象**。缩颈出现以后，变形主要集中在细颈附近的局部区域。因此，第Ⅳ阶段称为**缩颈阶段**。缩颈阶段后期，缩颈处的横截面面积急剧减少，试件所能承受的拉力迅速降低，最后在缩颈处被拉断。若用 d_1 及 l_1 分别表示断裂后缩颈处的最小直径及断裂后试件工作段的长度，则 d_1 及 l_1 与试件初始直径 d_0 及工作段初始长度 l_0 相比，均有很大差别。缩颈出现前，试件所能承受的拉力最大值，称为**最大载荷**，用 F_b 表示。

2. 低碳钢拉伸时的力学性能

低碳钢的拉伸图反映了试件的变形及破坏的情况，但还不能代表材料的力学性能。因为随试件尺寸的不同，会使拉伸图在量的方面有所差异。为了消除尺寸的影响，将拉力除以试件横截面的原始面积A_0，得出试件横截面上的正应力$\sigma=\frac{F_N}{A_0}$，再将伸长量Δl除以标距的原始长度l_0，得出试件在工作段内的相对伸长量$\varepsilon=\frac{\Delta l}{l_0}$。以$\sigma$为纵坐标、$\varepsilon$为横坐标绘出的曲线称为**应力-应变图**，如图4-19所示。它表明从加载开始到破坏为止，应力与应变的对应关系，反映了材料的性能。

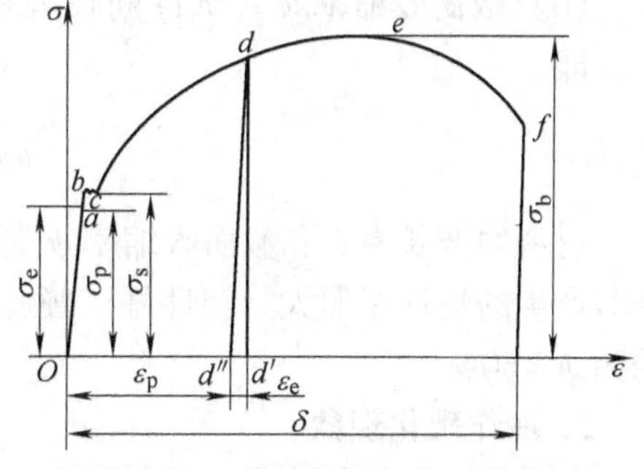

图4-19　低碳钢的应力-应变图

（1）**比例极限σ_p**　试件拉伸开始阶段，其应力与应变成直线（Oa）关系，说明材料符合胡克定律$\sigma=E\varepsilon$。直线Oa最高点a所对应的应力值σ_p，是符合胡克定律的最大应力值，称为材料的**比例极限**。

胡克定律中的比例常数E是反映材料对弹性变形抵抗能力的一个性能指标，称为**弹性模量**，$E=\frac{\sigma}{\varepsilon}$，即直线$Oa$的斜率。不同材料，其比例极限$\sigma_p$和弹性模量$E$也不同。如低碳钢中的普通碳素钢Q235，比例极限约200MPa，弹性模量约200GPa。

（2）**弹性极限σ_e**　在图4-19中b点所对应的应力，是卸载后不产生塑性变形的最大应力，该应力称为**弹性极限**，用σ_e表示。实际上低碳钢的弹性极限σ_e与比例极限σ_p十分接近，因此对低碳钢来说，可以认为$\sigma_e=\sigma_p$。

（3）**屈服极限**（或屈服点）σ_s　屈服阶段的最低应力称为**屈服极限**，用σ_s表示，屈服极限为

$$\sigma_s=\frac{F_s}{A_0} \tag{4-7}$$

应力达到屈服极限时，材料将产生显著的塑性变形。而在工程应用中，零部件都不允许发生过大的塑性变形。当其应力达到材料的屈服极限时，便认为已丧失正常的工作能力。所以屈服极限σ_s是衡量塑性材料强度的重要指标。

（4）**强度极限**（或抗拉强度）σ_b　如图4-19中e点所对应的应力是试件拉断前所能承受的最大应力值，称为**强度极限**，用σ_b表示，强度极限为

$$\sigma_b=\frac{F_b}{A_0} \tag{4-8}$$

当横截面上的应力达强度极限σ_b时，受拉杆件上将开始出现缩颈并随即发生断裂。因此，强度极限σ_b是衡量材料强度的另一重要指标。

普通碳素钢Q235的屈服极限约为$\sigma_s=220\text{MPa}$，强度极限约为$\sigma_b=420\text{MPa}$。

（5）**伸长率δ**　试件拉断后，工作段的残余伸长量$\Delta l=l_0-l_1$与标距长度l_0的比值，代表试件拉断后塑性变形程度，称为材料的**伸长率**，用δ表示。即

$$\delta=\frac{l_1-l_0}{l_0}\times100\% \tag{4-9}$$

材料的伸长率δ是衡量材料塑性变形程度的指标。工程上通常把常温、静载下伸长率大于5%的材料称为**塑性材料**，如钢、铜、铝等；伸长率小于5%的材料称为**脆性材料**，如铸

铁、玻璃、水泥等。

（6）**截面收缩率 ψ** 试件断口处横截面面积的相对变化率称为**截面收缩率**，用 ψ 表示，即

$$\psi = \frac{A_0 - A_1}{A_0} \times 100\% \tag{4-10}$$

材料的伸长率 δ 和截面收缩率 ψ 都是衡量材料塑性性能的指标。δ、ψ 大，说明材料断裂时产生的塑性变形大，塑性好。普通碳素钢 Q235 的伸长率 $\delta = 25\% \sim 27\%$，截面收缩率约为 $\psi = 60\%$。

3. 冷作硬化现象

如果将试件拉伸到强化阶段某点 d 停止加载，并逐步卸载至零。此时，应力和应变将沿着几乎与 Oa 平行的直线 dd''线回到 d''点。若卸载后从 d''点开始继续加载，曲线将首先大体沿 dd''线回至 d 点，然后仍沿未经卸载的曲线 def 变化，直至 f 点发生断裂为止。

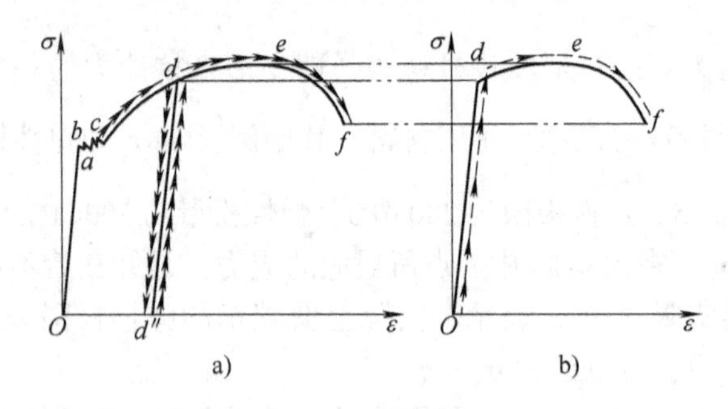

图 4-20 低碳钢的拉伸图

比较图 4-20a、b 所示的两条曲线，可发现在第二次加载时，材料的比例极限得到提高，而塑性变形和伸长率有所降低。在常温下，材料经加载到产生塑性变形后卸载，由于材料经历过强化，从而使其比例极限提高、塑性性能降低的现象称为**冷作硬化**。

冷作硬化可以提高构件在弹性范围内所能承受的载荷，同时也降低了材料继续进行塑性变形的能力。一些弹性元件及操纵钢索等常利用冷作硬化现象进行预加工处理，以使其能承受较大的载荷而不产生残余变形。

☆想一想　练一练

1）有一低碳钢试件，由试验测得其应变 $\varepsilon = 0.002$，已知低碳钢的比例极限 $\sigma_p = 200\text{MPa}$，弹性模量 $E = 200\text{GPa}$，问能否利用拉（压）胡克定律 $\sigma = E\varepsilon$ 计算其正应力？为什么？

2）三种材料的 σ—ε 曲线如图 4-21 所示，试说明哪种材料的强度高？哪种材料的塑性好？哪种材料在弹性范围内的刚度大？

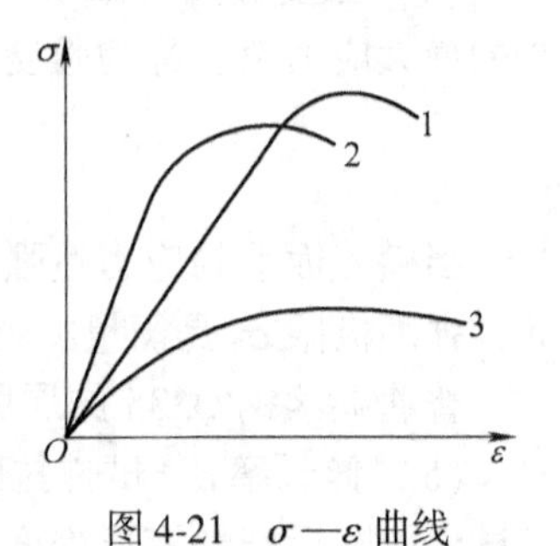

图 4-21 σ—ε 曲线

4.5.2 其他几种材料在拉伸时的力学性能

1. 条件屈服极限

由图 4-22 可见其他几种塑性材料的 σ—ε 曲线，它们的应力应变图中没有明显的屈服阶段。对于没有明显屈服阶段的塑性材料，通常人为地规定，把产生 0.2% 残余应变时所对应

的应力作为条件屈服极限，又称**名义屈服极限**，并用$\sigma_{0.2}$表示（见图4-23）。

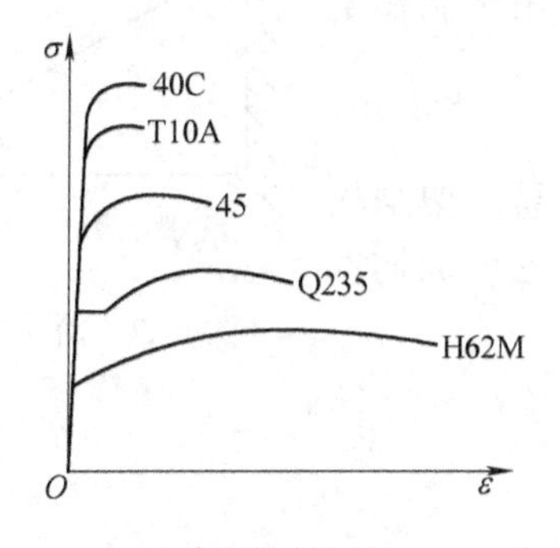

4-22 几种塑性材料的σ—ε曲线

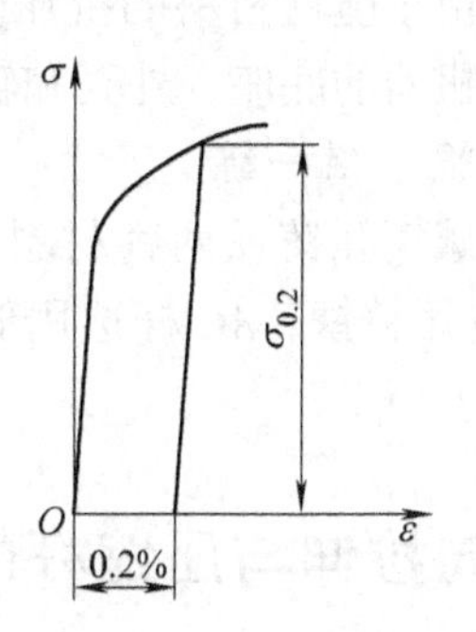

图4-23 条件屈服极限

通常对于没有明显屈服阶段的材料，手册中列出的σ_s指的即是条件屈服极限$\sigma_{0.2}$。

2. 铸铁在拉伸时的力学性能

铸铁是工程上广泛应用的脆性材料，图4-24所示是铸铁在拉伸时的σ—ε曲线，是一段微弯的曲线。由图可看出，应力与应变的关系没有明显的直线部分，不符合胡克定律，没有屈服阶段；由断后的试件可看出无缩颈现象，断裂是突然出现。但在应力较小时，也符合胡克定律，且有不变的弹性模量E。因此，强度极限σ_b是衡量铸铁强度的惟一指标。

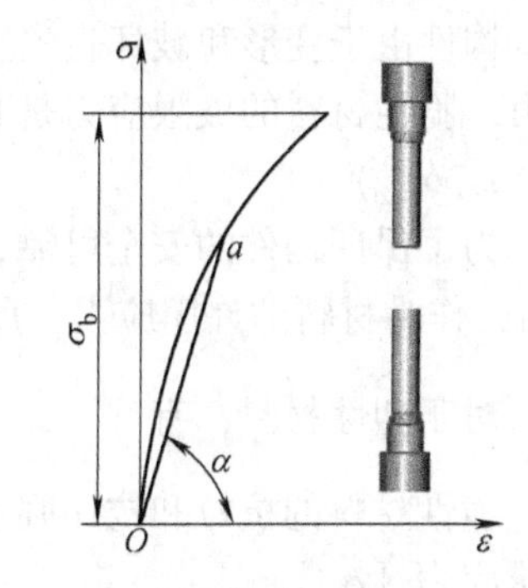

图4-24 铸铁拉伸时的σ—ε曲线

4.5.3 材料压缩时的力学性能

1. 低碳钢

图4-25所示曲线1为低碳钢试件在压缩时的σ—ε曲线，将此图与低碳钢拉伸时的σ—ε曲线（图4-25所示曲线2）比较，可以看出：在屈服阶段以前，两个图形曲线基本重合，即低碳钢压缩时，弹性模量E、屈服极限σ_s均与拉伸时大致相同。过了屈服阶段，继续压缩时，试件的长度愈压愈扁，试件的横截面积也不断地增大，试件不会断裂，所以低碳钢不存在抗压强度。

2. 铸铁

铸铁压缩时的σ—ε曲线（图4-26曲线2）与其拉伸时的σ—ε曲线（图4-26曲线1）相比，受压时的强度极限σ_{bc}比拉伸时强度极限σ_b高4～5倍。铸铁试件受压断裂时，其破

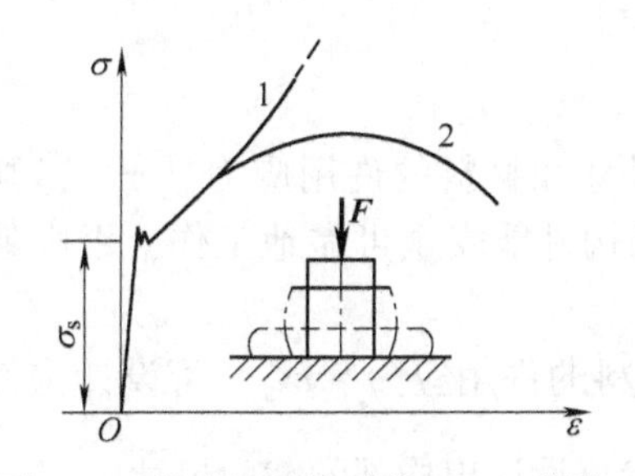

图4-25 低碳钢压缩时的σ—ε曲线

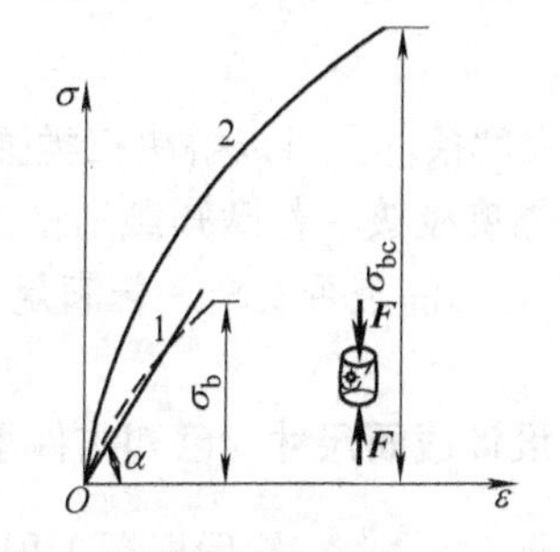

图4-26 铸铁压缩时的σ—ε曲线

坏截面与轴线大致成45°的倾角，表明铸铁压缩时沿斜截面相对错动而断裂。由于脆性材料的抗压强度极限 σ_{bc} 很高，常用于制作承压构件，如机器的底座、外壳和轴承座等受压零部件。

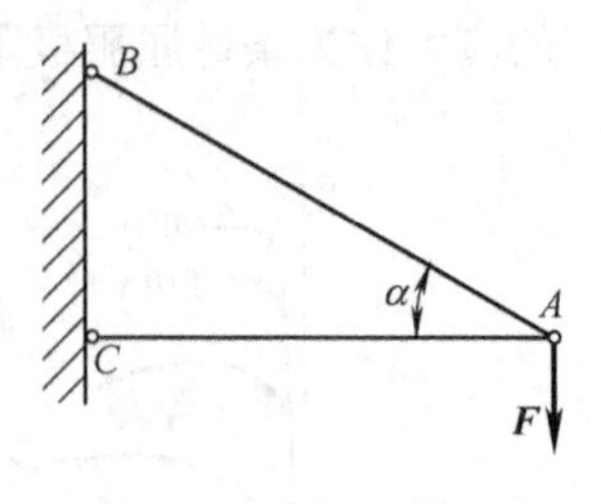

图 4-27　简易支架

☆想一想　练一练

现有低碳钢和铸铁两种材料，在图 4-27 所示的简易支架结构中，*AB* 杆选用铸铁，*AC* 杆选用低碳钢是否合理？为什么？如何选材才最合理？

4.6　轴向拉伸与压缩杆的强度计算

4.6.1　极限应力、许用应力与安全系数

构件由于变形和破坏丧失正常工作能力称为**失效**，材料丧失工作能力时的应力称为**极限应力**。脆性材料的极限应力是其强度极限 σ_b（或 σ_{bc}）；塑性材料的极限应力是其屈服极限 σ_s（或 $\sigma_{0.2}$）

为了保证构件的安全可靠，需有一定的强度储备，应将材料的极限应力除于大于 1 的系数 n，作为材料的许用应力，用 $[\sigma]$ 表示。

对于塑性材料，有
$$[\sigma]=\frac{\sigma_s}{n_s}\text{ 或 }[\sigma]=\frac{\sigma_{0.2}}{n_s} \tag{4-11}$$

脆性材料的抗拉和抗压强度极限一般不同，故许用应力分别为许用拉应力 $[\sigma_t]$ 与许用压应力 $[\sigma_c]$。

$$[\sigma_t]=\frac{\sigma_b}{n_b}\text{或 }[\sigma_c]=\frac{\sigma_{bc}}{n_b} \tag{4-12}$$

式中，n_s、n_b是与屈服极限或抗拉强度相对应的安全系数。

目前一般机械制造中，常温、静载情况下，对塑性材料，取 $n_s=1.5\sim2.5$；对于脆性材料，由于材料均匀性较差，且易突然破坏，有更大的危险性，所以取 $n_b=2.0\sim3.5$。工程中对不同的构件选取安全系数时可查阅有关设计手册。

4.6.2　拉（压）杆的强度计算

为了保证拉（压）杆安全可靠地工作，必须使杆内的最大工作应力不超过材料的许用应力。于是，得到构件轴向拉伸或压缩时的强度条件

$$\sigma_{max}=\frac{F_N}{A}\leqslant[\sigma] \tag{4-13}$$

根据强度条件，可以解决**三类强度计算问题**：

（1）**强度校核**　若已知载荷的大小、横截面尺寸和材料的许用应力 $[\sigma]$，则可用式（4-13）验算构件是否安全。若满足 $\sigma_{max}\leqslant[\sigma]$，则构件能安全可靠地工作，否则就不能可靠地工作。

（2）**设计截面尺寸**　已知构件承受的载荷和材料的许用应力 $[\sigma]$，可设计构件的横截面尺寸，即 $A\geqslant\frac{F_N}{[\sigma]}$，然后根据工程要求的截面形状，设计出构件的截面尺寸。

（3）**确定许可载荷** 已知构件的截面尺寸以及材料的许用应力 $[\sigma]$，由强度条件可求得构件所能承受的最大轴力，即 $F_{\mathrm{Nmax}} \leqslant A[\sigma]$。计算出构件所能承受的最大内力 F_{Nmax}，再根据内力与外力的关系，确定出构件允许的许可载荷值 $[F]$。

强度计算一般可按以下步骤进行：

（1）**外力分析** 分析构件所受全部的外力，明确构件的受力特点（例如，是否为轴向拉伸或压缩），求解所有外力大小，作为分析计算的依据。

（2）**内力计算** 用截面法求解构件横截面上的内力，并用平衡条件确定内力的大小和方向。

（3）**强度计算** 利用强度条件，进行强度校核、设计横截面尺寸，或确定许可载荷。

4.6.3 拉（压）杆的强度条件的应用

案例4-5 三角形结构尺寸及受力如图4-28a所示，*AB* 可视为刚体，*CD* 为圆截面钢杆，直径为 $d=30\mathrm{mm}$，材料为Q235钢，许用应力为 $[\sigma]=160\mathrm{MPa}$，若载荷 $F=50\mathrm{kN}$，试校核 *CD* 杆的强度。

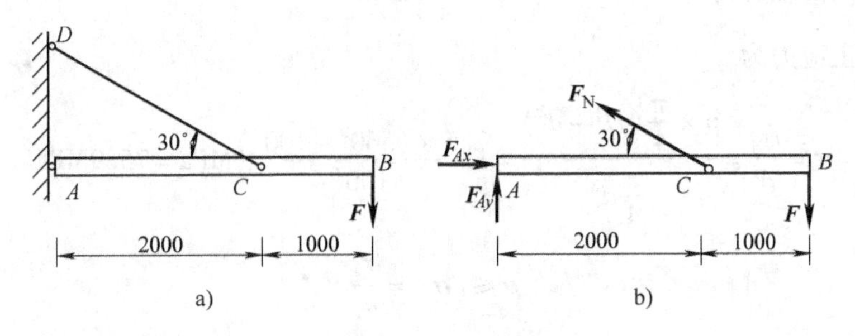

图4-28 三角形结构

分析：1）*ACB* 杆受力如图4-28b所示，列平衡方程为

$$\sum M_A = 0 \Rightarrow F_N \sin 30° \times 2000 - F \times 3000 = 0$$

将 $F=50\mathrm{kN}$ 代入，解得 $F_N = 150\mathrm{kN}$

则由式（4-13）得 *CD* 杆横截面上的应力为

$$\sigma = \frac{F_N}{A} = \frac{F_N}{\frac{\pi d^2}{4}} = \frac{4\times 150\times 10^3}{\pi \times 30^2}\mathrm{MPa} = 212.3\mathrm{MPa}$$

由计算结果知，$\sigma = 212.3\mathrm{MPa} > [\sigma] = 160\mathrm{MPa}$，故杆 *CD* 的强度不足，不安全。

案例4-6 由上题知，杆 *CD* 横截面上的应力超过了许用应力，试重新设计杆 *CD* 的截面。

分析：根据强度条件式（4-13），设计杆 *CD* 的截面为

$$A = \frac{\pi d_1^2}{4} \geqslant \frac{F_N}{[\sigma]}$$

$$d_1 \geqslant \sqrt{\frac{4F_N}{\pi[\sigma]}} = \sqrt{\frac{4\times 150\times 10^3}{\pi \times 160}}\mathrm{mm} = 34.56\mathrm{mm}$$

所以圆整化取杆的直径 $d=35\mathrm{mm}$。

案例 4-7 蒸汽机的汽缸如图 4-29 所示，汽缸内径 $D=560\text{mm}$，内压强 $p=2.5\text{MPa}$，活塞杆直径 $d=100\text{mm}$，所用材料的屈服极限 $\sigma_s=300\text{MPa}$。试求：1）活塞杆的正应力及工作安全系数；2）若连接汽缸和汽缸盖的螺栓直径为 30mm，其许用应力 $[\sigma]=60\text{MPa}$，求连接汽缸盖所需的螺栓数。

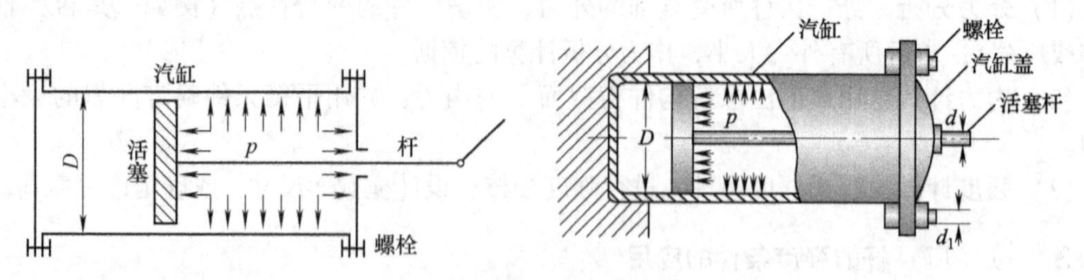

图 4-29 蒸汽机汽缸示意图

分析：1）求活塞杆的正应力及工作安全系数。

活塞杆受到的轴力为 $F_N=p\times\frac{\pi}{4}(D^2-d^2)$

活塞杆的正应力为

$$\sigma=\frac{F_N}{A}=\frac{p\times\frac{\pi}{4}(D^2-d^2)}{\frac{\pi}{4}d^2}=\frac{2.5\times(560^2-100^2)}{100^2}\text{MPa}=75.9\text{MPa}$$

因为
$$\sigma\leqslant[\sigma]=\frac{\sigma_s}{n_s}$$

所以
$$n_s\leqslant\frac{\sigma_s}{\sigma}=\frac{300}{75.9}=3.95$$

2）设所需螺栓数为 n，由抗拉强度条件得

$$\sigma_{max}=\frac{p\times\frac{\pi}{4}(D^2-d^2)}{n\times\frac{\pi}{4}d_1^2}\leqslant[\sigma]$$

$$\Rightarrow n\geqslant\frac{2.5\times(560^2-100^2)}{60\times30^2}=14.05$$

所以，根据对称性原则取 $n=16$ 个。

4.7 应力集中的概念

实际工程构件中，如果杆件某处出现横截面面积有突变，如圆杆上存在阶梯（图 4-30a）、圆杆上有环形槽（图 4-30b）、条状杆件存在圆孔（图 4-30c）或带有切口时，在横截面发生突变的区域，局部应力的数值将剧烈增加，而在离开这一区域稍远的地方，应力又迅速降低而趋于均匀。这种现象称为**应力集中**。截面尺寸变化越急剧，孔越小，角越尖，应力集中的程度就越严重，局部出现的最大应力 σ_{max} 就越大，往往在平均应力还大大低于材料强度极限的条件下，该局部即先行开裂，进而由此延伸而导致整个零件的破坏。因此，在设

计中应尽可能避免或降低应力集中的影响。如将图4-31所示左上方三种应力集中严重的零件结构，改为图4-31所示右下方结构，应力集中现象可明显缓解，结构改变体现在：将阶梯轴直径突变处改为有圆角过渡的轴肩；把轴上直角环形槽改为圆弧过渡的环形槽；在条板状杆件上的小圆孔两侧各开一个较小的“卸载孔”。

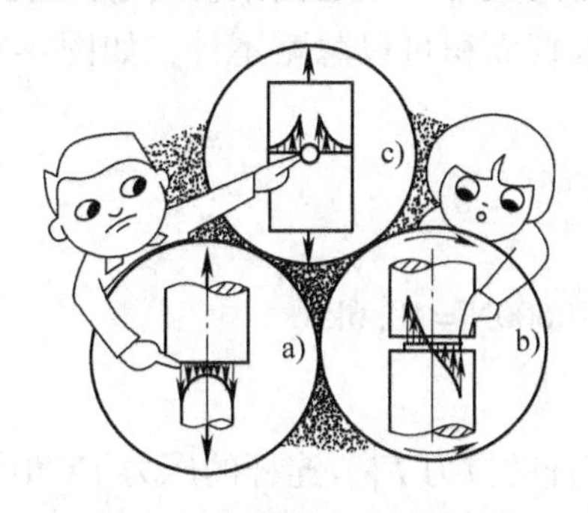

图4-30　应力集中出现的部位

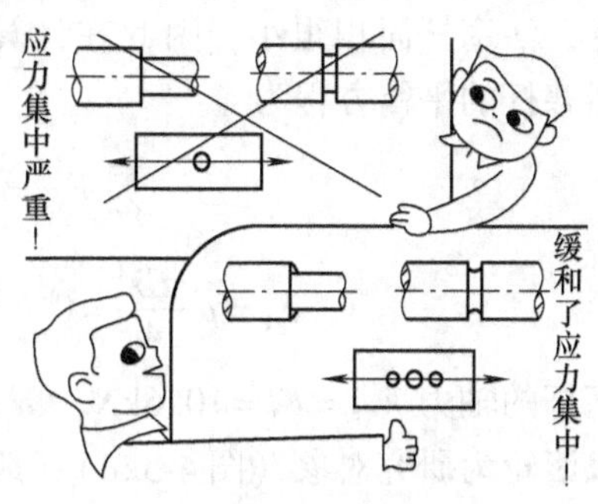

图4-31　缓解应力集中的方法

需要指出的是，除了改善零部件的结构外，采用不同的材料也可缓解应力集中现象。如采用良好塑性变形能力的材料也可以缓和应力集中峰值。

☆综合案例分析

图4-32所示为气动连杆夹具，已知汽缸内径 $D=150\text{mm}$，缸内气体的压强 $p=0.6\text{MPa}$，活塞杆及连杆材料为20钢，许用应力 $[\sigma]=80\text{MPa}$，连杆的倾角 $\alpha=10°$。试利用所学知识：1）分析活塞杆、滚轮 A 及连杆 AB 的受力情况，并绘制出它们的受力图；2）设计活塞杆的直径 d 及连杆的横截面尺寸（$h/b=2$）。

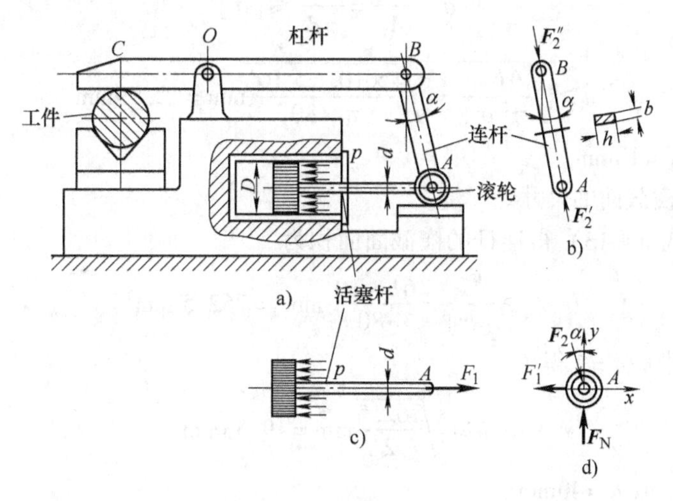

图4-32　气动连杆夹具

分析：1）分析活塞杆、滚轮 A 及连杆 AB 的受力情况。

气动连杆夹具的工作过程，如图4-32a所示，承受气体压力的活塞，通过活塞杆使滚轮 A 沿固定平面向左移动，连杆 AB 则推动杠杆 BC 绕点 O 转动，从而在 C 点压紧工件。

由气动连杆夹具的工作过程可分析出，该机构中的连杆在图示位置承受轴向压缩变形

(图4-32b)，活塞杆在图示位置受轴向拉伸变形（图4-32c)，滚轮的受力图如图4-32d所示。

2）计算活塞杆和连杆的轴力。

以活塞杆为研究对象，活塞上总的气体压力可由活塞面积与压强的乘积确定，与活塞面积相比，活塞杆面积很小，因此在计算总压力时活塞杆面积可以忽略不计，如图4-32c所示，活塞杆的平衡方程为

$$\sum F_x = 0 \qquad F_1 - p\frac{\pi D^2}{4} = 0$$

得

$$F_1 = p\frac{\pi D^2}{4} = 0.6 \times \frac{\pi \times 150^2}{4}\text{N} = 10600\text{N} = 10.6\text{kN}$$

故活塞杆的轴力 $F_{N1} = F_1 = 10.6\text{kN}$。

以滚轮为研究对象（图4-32d)：其上作用有活塞杆的拉力 F'_1、连杆的压力 F_2 和床身对滚轮的约束力 F_N，根据作用力与反作用力公理得：$F_1 = F'_1 = 10.6\text{kN}$，$F_2 = F'_2 = F''_2$，滚轮按汇交力系列平衡方程为

$$\sum F_x = 0 \qquad F_2\sin\alpha - F'_1 = 0$$

得

$$F_2 = \frac{F'_1}{\sin\alpha} = \frac{10.6}{\sin 10°}\text{kN} = 61\text{kN}$$

由于 $F_2 = F'_2 = F''_2 = 61\text{kN}$，所以连杆的轴力 $F_{N2} = F_2 = 61\text{kN}$。

3）计算活塞杆和连杆的尺寸。

① 确定活塞杆的直径，由强度计算式（4-13）得

$$\sigma = \frac{F_{N1}}{A_1} = \frac{4F_{N1}}{\pi d^2} \leqslant [\sigma]$$

故

$$d \geqslant \sqrt{\frac{4F_{N1}}{\pi[\sigma]}} = \sqrt{\frac{4 \times 10.6 \times 10^3}{\pi \times 80}}\text{mm} = 12.99\text{mm}$$

取活塞杆的直径 $d = 13\text{mm}$。

② 确定连杆横截面的尺寸。

由强度计算式（4-13）得连杆的横截面面积为

$$A_2 \geqslant \frac{F_{N2}}{[\sigma]} = \frac{61 \times 10^3}{80}\text{mm}^2 = 762.5\ \text{mm}^2$$

根据已知条件 $h/b = 2$ 得

$$b \geqslant \sqrt{\frac{762.5}{2}}\text{mm} = 19.53\text{mm}$$

取 $b = 20\text{mm}$，故 $h = 40\text{mm}$。

习 题 4

4-1 试用截面法计算图4-33所示杆件各段的轴力，并作轴力图。

4-2 图4-34所示杆 AB 用三根杆1、2、3支撑，在 B 端受一力作用。试求三根杆的内力各是多少？并判断它们是受拉还是受压。

4-3 求图4-35所示阶梯状直杆横截面1-1、2-2和3-3的轴力，并作轴力图。若杆各段的横截面面

积 $A_1=200\text{mm}^2$、$A_2=300\text{mm}^2$、$A_3=400\text{mm}^2$，求各横截面上的应力。

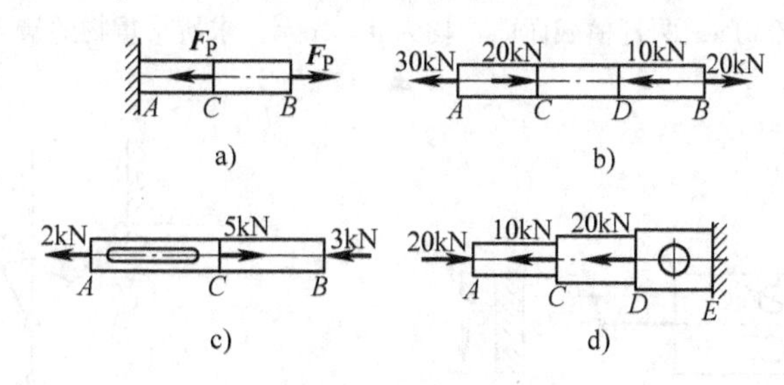

图 4-33　题 4-1 图

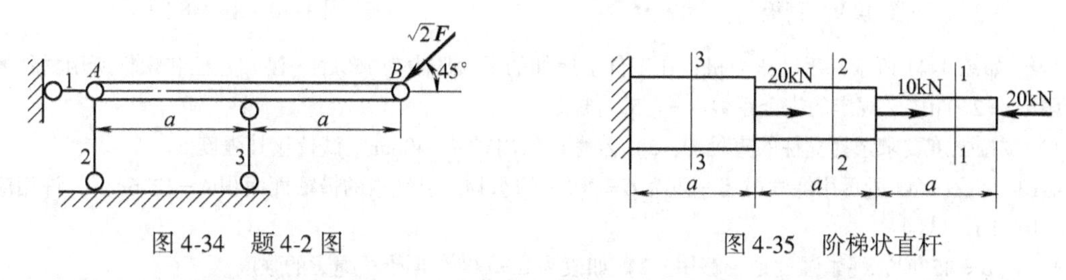

图 4-34　题 4-2 图　　　　图 4-35　阶梯状直杆

4-4　图 4-36 所示圆钢杆上有一槽。已知钢杆受拉力 $F=15\text{kN}$ 作用，钢杆直径 $d=20\text{mm}$。试求 1-1 和 2-2 截面上的应力（槽的面积可近似看成矩形，不考虑应力集中）。

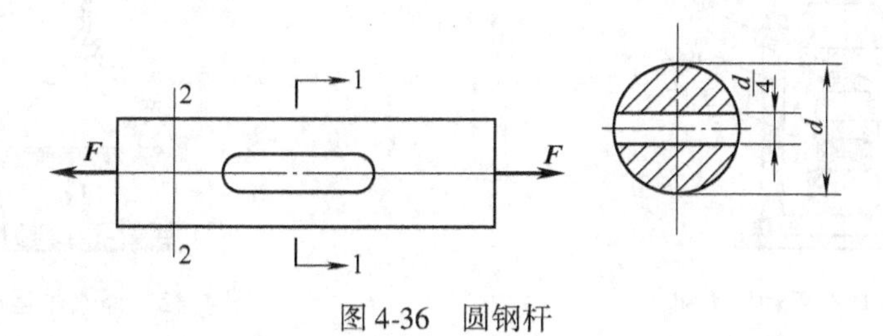

图 4-36　圆钢杆

4-5　一木柱受力如图 4-37 所示。木柱的横截面为边长 200mm 的正方形，材料可认为符合胡克定律，其弹性模量 $E=100\text{GPa}$。如不计木柱的自重，试求下列各项：

1）作轴力图；2）各段木柱横截面上的应力；3）各段木柱的纵向线应变；4）木柱的总变形。

4-6　悬臂吊车的尺寸和载荷情况如图 4-38 所示。斜杆 BC 由两等边角钢组成，载荷 $Q=25\text{kN}$。设材料的许用应力 $[\sigma]=140\text{MPa}$，试选择角钢的型号。

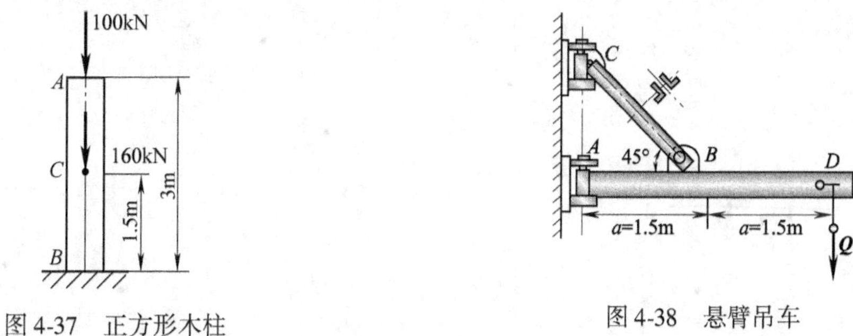

图 4-37　正方形木柱　　　　图 4-38　悬臂吊车

4-7　如图 4-39 所示的一块厚 10mm、宽 200mm 的旧钢板，其截面被直径 $d=20\text{mm}$ 的圆孔所削弱，圆孔的排列对称于杆的轴线。钢板承受轴向拉力 $F=200\text{kN}$。材料的许用应力 $[\sigma]=170\text{MPa}$，若不考虑应力集中的影响，试校核钢板的强度。

4-8 如图4-40所示的AC和BC两杆铰接于C点，并吊重物G。已知杆BC许用应力$[\sigma]_1=160\text{MPa}$，杆AC许用应力$[\sigma]_2=100\text{MPa}$，两杆横截面面积均为$A=2\text{cm}^2$。求所吊重物的最大重量。

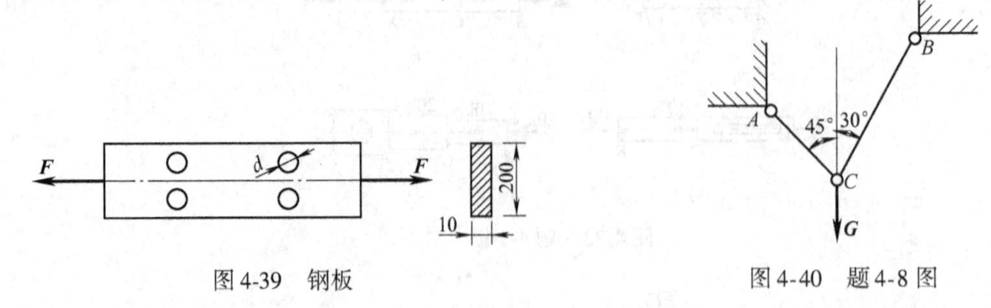

图4-39 钢板　　　　图4-40 题4-8图

4-9 如图4-41所示一手动压力机，在工件上所加的最大压力为150kN。已知立柱和螺杆所用材料的屈服极限$\sigma_s=240\text{MPa}$，规定的安全系数$n=1.5$。试求：

1）试按强度要求选择立柱的直径D；2）若螺杆的内径$d=40\text{mm}$，试校核其强度。

4-10 如图4-42所示用绳索吊运一重为$G=20\text{kN}$的重物。设绳索的横截面面积$A=12.6\text{cm}^2$，许用应力$[\sigma]=10\text{MPa}$，试问：

1）当$\alpha=45°$时，绳索强度是否够用？2）如改为$\alpha=60°$，再校核绳索的强度。

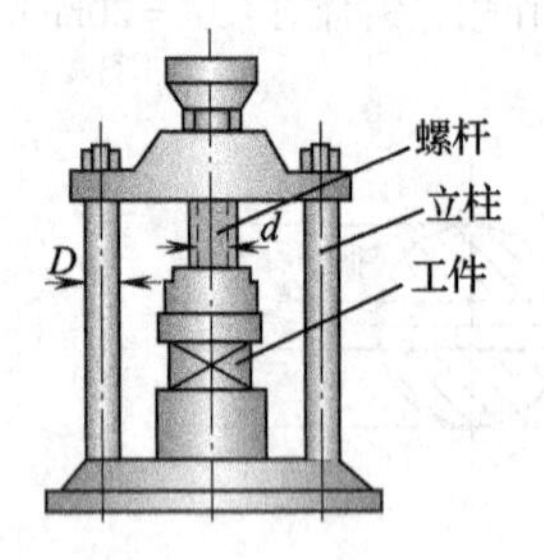

图4-41 手动压力机

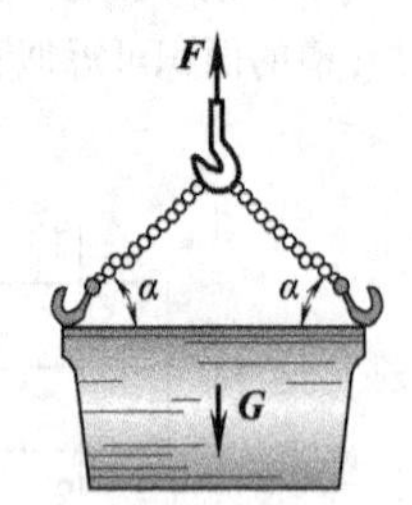

图4-42 绳索吊运吊重物

第5单元　剪切与挤压

【学习目标】

理解工程实用计算法的意义，能正确判定剪切面、挤压面的位置。

掌握挤压与压缩的区别；正确计算剪切面积和挤压面积。

熟练应用剪切和挤压的实用计算公式进行强度的三类计算。

【学习重点和难点】

挤压与压缩的区别，剪切面积和挤压面积计算。

剪切与挤压强度的三类计算。

【案例导入】

工程上常用销钉、铆钉、耳片和平键等联接件将构件与构件之间联接起来，实现运动和动力的传递。

图5-1a所示是利用凸缘联轴器和螺栓组将汽轮机轴和发电机轴联接起来，图5-1b所示凸缘联轴器在直径D_0的圆周上共用8个螺栓联接。当机器工作时，汽轮机轴通过螺栓组将转矩传递给发电机轴，从而实现两轴同步运转。螺栓的直径为多少时，才能保证8个螺栓在不发生破坏的情况下，汽轮机轴将功率P传递给发电机轴。通过学习剪切与挤压变形的相关知识后，将可以解决类似的工程实际问题。

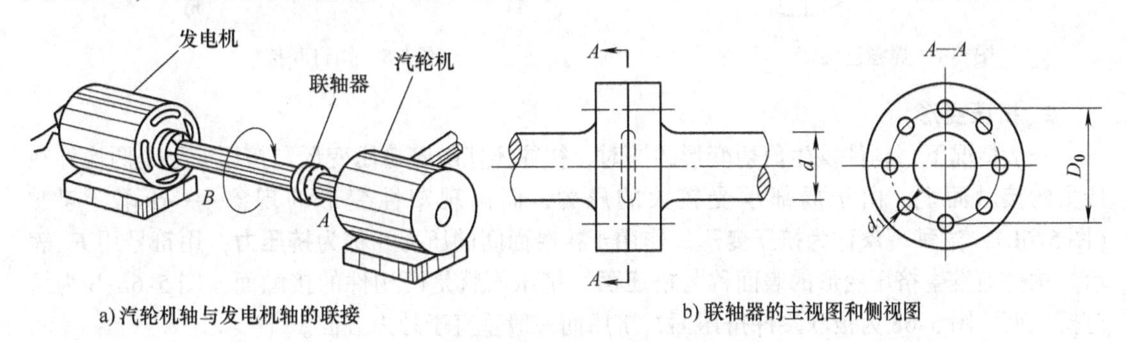

图5-1　联轴器应用实例

5.1　剪切与挤压的概念

1. 剪切变形

图5-2所示为用一个铆钉联接两块受拉钢板的情况。通过观察，我们发现当两块钢板受到轴向拉力$\boldsymbol{F}$作用时，钢板将产生轴向拉伸变形，随着轴向拉力$\boldsymbol{F}$增大，铆钉的上半部沿力的方向向左移动，下半部将沿力的方向向右移动，当外力足够大时，将使铆钉沿两块钢板的接触面切线方向剪断（见图5-2所示）。

在外力的作用下，两个作用力之间的截面沿着力的方向产生相对错动的变形，称为**剪切变形**，而产生相对错动的截面称为**剪切面**。

受力特点：杆件两侧作用有一对大小相等、方向相反、作用线平行且相距很近的外力。

变形特点：夹在两外力作用线之间的剪切面发生了相对错动。

工程中产生剪切变形的构件通常是一些起联接作用的部件，如联接钢板的铆钉或销钉（图5-2 和图5-5），联接齿轮和轴的键（图5-3），焊接中的侧焊缝（图5-4）等。

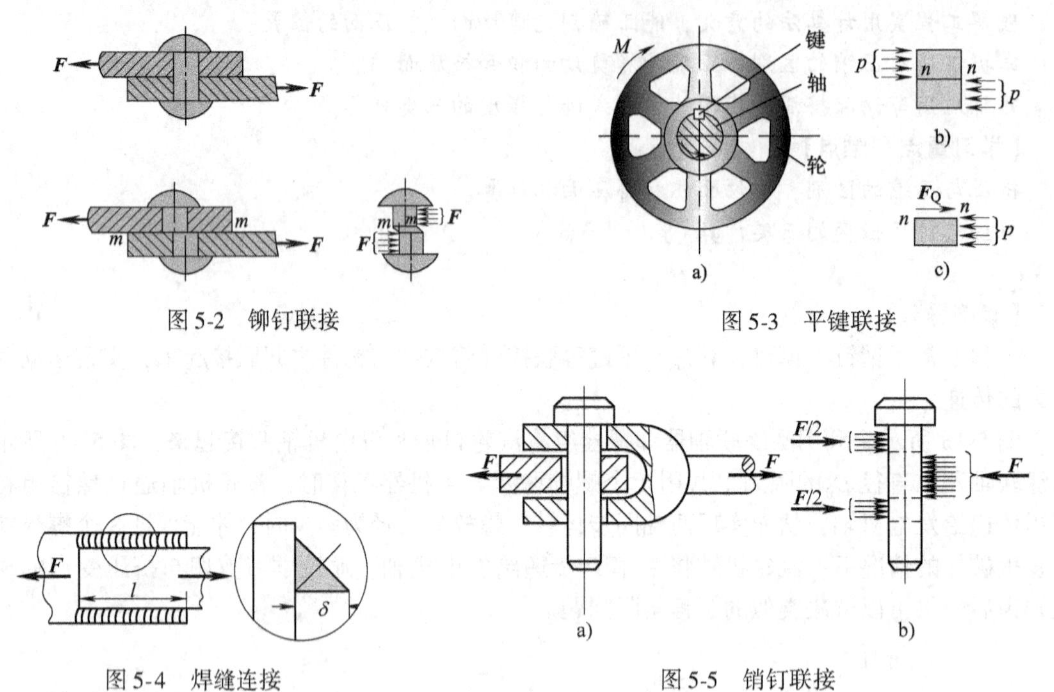

图5-2 铆钉联接

图5-3 平键联接

图5-4 焊缝连接

图5-5 销钉联接

2. 挤压变形

一般情况下，构件发生剪切变形的同时，往往还伴随着挤压变形。挤压变形是两构件在传力的接触面上，由于局部承受较大的压力，而出现塑性变形的现象——压陷、起皱（图5-6b）。这种现象称为**挤压变形**。作用于接触面间的压力，称为**挤压力**，用符号用 F_{bs} 表示。构件上发生挤压变形的表面称为**挤压面**。挤压面就是两构件的接触面，图5-6a、b 为铆钉挤压面，图5-6c 为被联接件挤压面，挤压面一般垂直于外力方向。

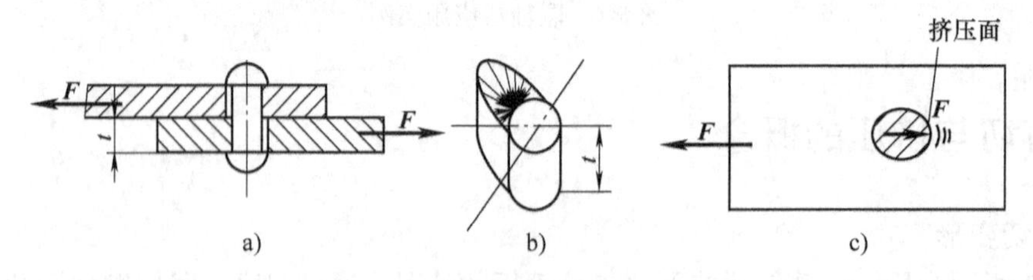

图5-6 铆钉联接的挤压变形

通常情况下，联接件的受力和变形都比较复杂，在实际工程中常采用以实验及经验为基础的实用计算法。

5.2 剪切的实用计算

1. 剪力

图5-7a为两构件用铆钉联接示意图，铆钉分为两段如图5-7b所示，取任一段为研究对象。由平衡条件可知，剪切面上内力的作用线与外力平行，沿截面作用。沿截面作用的内力，称为**剪力**，常用符号F_Q表示。

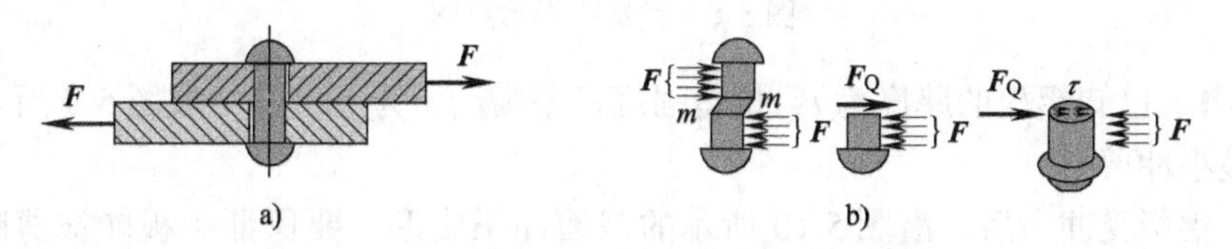

图5-7　铆钉受剪时剪切面上的剪力和应力

剪力F_Q的大小，由$\sum F_x = 0$得

$$F - F_Q = 0$$

所以

$$F_Q = F$$

构件只有一个剪切面的情况，称为**单剪切**。图5-5所示有两个剪切面，称为**双剪切**。

2. 切应力

与剪力F_Q对应，剪切面上有切应力τ（图5-7b），切应力在剪切面上的分布规律较复杂。在剪切的实用计算中，假定切应力τ在剪切面上是均匀分布的，则切应力的实用计算公式为

$$\tau = \frac{F_Q}{A} \tag{5-1}$$

式中，F_Q是切面上的剪力；A是剪切面面积（受剪面积）。

3. 抗剪强度计算

为了保证构件安全、可靠地工作，要求剪切面上的工作切应力不得超过材料的许用切应力，即

$$\tau = \frac{F_Q}{A} \leqslant [\tau] \tag{5-2}$$

式中，$[\tau]$是材料的许用切应力。

工程中常用材料的许用切应力，可从有关规范中查得。在一般情况下，材料的许用切应力$[\tau]$与许用拉应力$[\sigma]$之间有以下近似关系：

塑性材料　$[\tau] = (0.6 \sim 0.8)[\sigma]$

脆性材料　$[\tau] = (0.8 \sim 1.0)[\sigma_t]$

式（5-2）就是剪切实用计算中的强度条件。与轴向拉伸和压缩的强度条件一样，抗剪强度条件也可用来解决三类问题，即校核强度、设计截面尺寸和确定许可载荷。

☆想一想　练一练

图5-8所示为两块钢板用焊接法连接，焊缝的长度为l，钢板的厚度为δ，试分析钢板在外力$\boldsymbol{F}$作用下，焊缝的最小剪切面积。

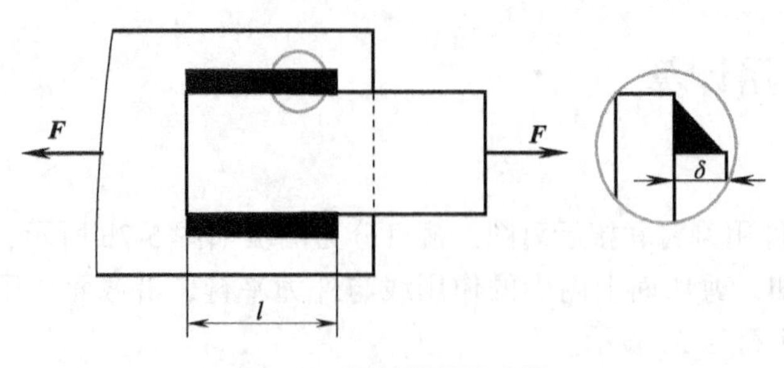

图 5-8　钢板搭焊示意图

案例 5-1　已知铝板的厚度为 t，抗剪强度极限为 τ_b。为了将其冲成图 5-9 所示形状，试求冲床的最小冲剪力。

分析：铝板受冲力后，沿图 5-10 所示的截面冲压成形，要保证铝板能被剪断，其最小冲力应由抗剪强度条件来确定，即

$$\tau=\frac{F_Q}{A}\geqslant\tau_b$$

得

$$F_Q\geqslant\tau_b A=\tau_b(6+4\sqrt{2})at$$

冲床的最小冲剪力　　$F_{min}=F_{Qmin}=\tau_b(6+4\sqrt{2})at$

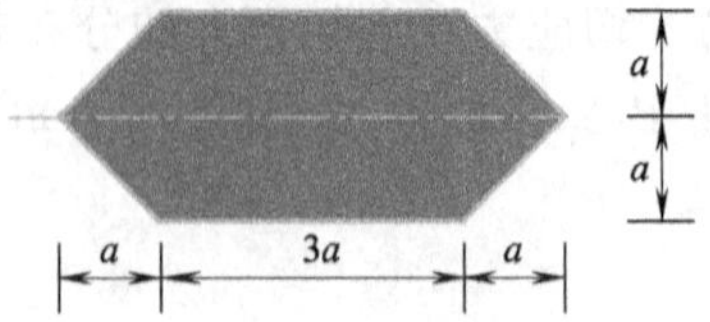

图 5-9　冲压零件形状

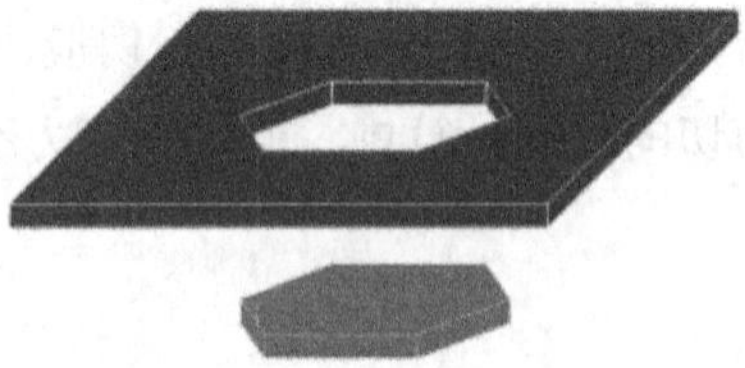

图 5-10　冲压成形

5.3　挤压的实用计算

1. 挤压应力

挤压面上由挤压力引起的应力称为**挤压应力**，用符号 σ_{bs} 表示，如图 5-11 所示。

挤压应力与直杆压缩中的压应力不同：压应力在横截面上是均匀分布的；而挤压应力只局限于接触面附近的区域，在挤压面上分布也很复杂。为简化计算，在挤压实用计算中，假设挤压应力在挤压计算面积上均匀分布，则

$$\sigma_{bs}=\frac{F_{bs}}{A_{bs}}\tag{5-3}$$

式中，σ_{bs} 是挤压面上的挤压应力；F_{bs} 是挤压面上的挤压力；A_{bs} 是挤压面面积（正投影面面积）。

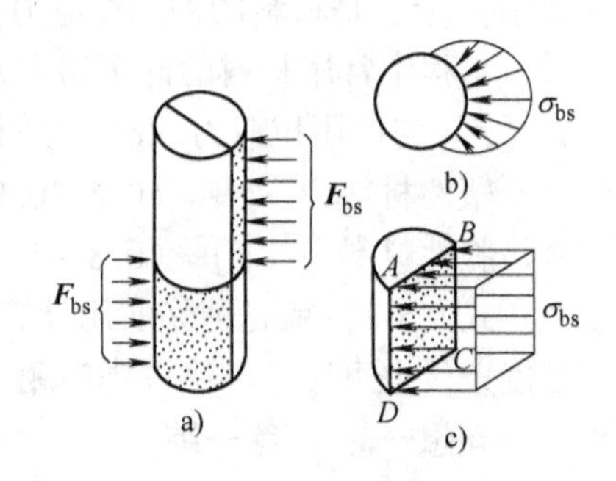

图 5-11　圆柱面挤压应力

2. 挤压面积的计算

若接触面为平面，则挤压面面积为有效接触面积，如图5-12a所示的平键，$A_{bs}=hl/2$；若接触面是圆柱形曲面，如铆钉、销钉、螺栓等圆柱形联接件，其接触面近似为半圆柱面（图5-12b）。按照挤压应力均布于半圆柱面上的假设，挤压面积为半圆柱的正投影面积，即$A_{bs}=d\delta$，d为铆钉、销的直径，δ为铆钉、销等与孔的接触长度。

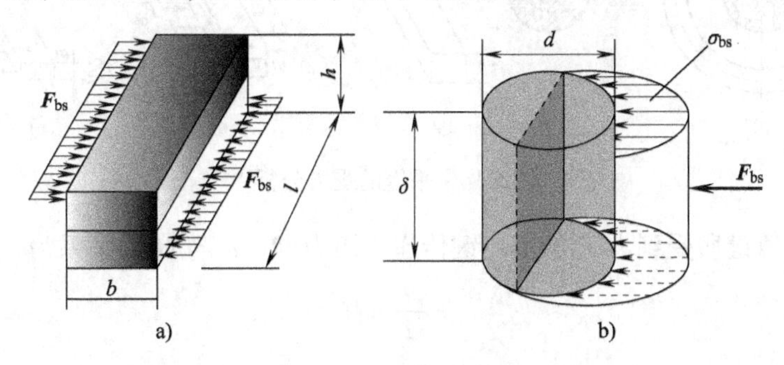

图5-12　挤压面面积

3. 挤压强度条件

为保证构件不产生局部挤压塑性变形，要求工作挤压应力不超过许用挤压应力，即挤压强度条件为

$$\sigma_{bs}=\frac{F_{bs}}{A_{bs}}\leqslant[\sigma_{bs}] \tag{5-4}$$

式中，$[\sigma_{bs}]$是材料的许用挤压应力。

必须注意：如果两个接触构件的材料不同，$[\sigma_{bs}]$应按抵抗挤压能力较弱者选取，即应对抗挤压强度较小的构件进行计算。

许用挤压应力$[\sigma_{bs}]$的数值可由实验获得。常用材料的$[\sigma_{bs}]$可从有关手册中查得，对于金属材料，许用挤压应力$[\sigma_{bs}]$与许用拉应力$[\sigma]$之间有如下关系：

塑性材料　$[\sigma_{bs}]=(1.7\sim2.0)[\sigma]$

脆性材料　$[\sigma_{bs}]=(0.9\sim1.5)[\sigma]$

☆想一想　练一练

1）挤压应力与一般的压应力有何区别？

2）图5-13a所示为受拉力作用下的螺栓，试在图5-13b中指出螺栓的剪切面和挤压面。

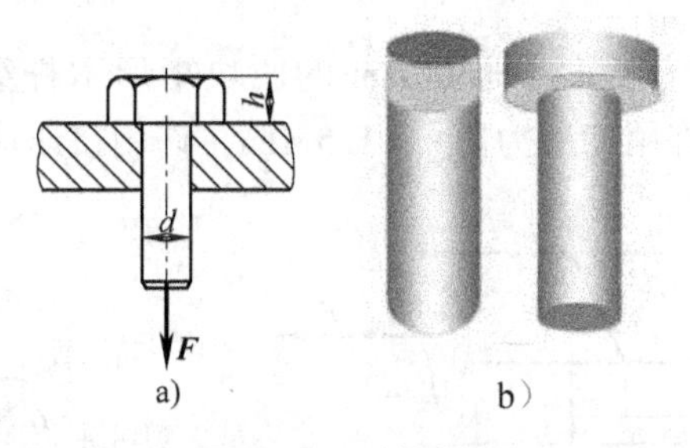

图5-13　受拉螺栓

案例5-2　图5-14所示为轮毂与轮轴的键联接，该联接传递的力偶矩为M。已知：

$M=2\text{kN}\cdot\text{m}$,键的尺寸 $b=16\text{mm}$、$h=12\text{mm}$，轴的直径 $d=80\text{mm}$，键材料的许用应力 $[\tau]=80\text{MPa}$，许用挤压应力 $[\sigma_{bs}]=120\text{MPa}$。试按强度要求计算键长 l 应等于多少？

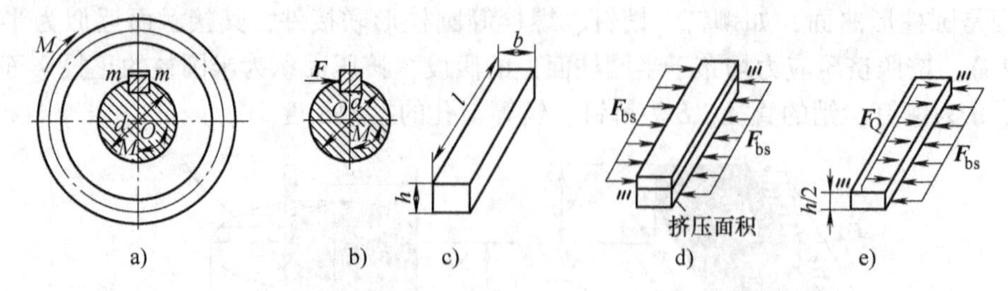

图 5-14　平键的受力分析

分析：先计算键所受到力 $\boldsymbol{F}$ 的值。键传递力矩为 M，F 与 M 的关系为

$$F\frac{d}{2}=M$$

由此求得

$$F=\frac{2M}{d}=\frac{2\times2}{80\times10^{-3}}\text{kN}=50\text{kN}$$

$$F_{bs}=F_Q=F=50\text{kN}$$

如图 5-14d 所示，键受 F_{bs} 力后，沿截面 $m-m$ 发生剪切变形，侧面发生挤压变形。键的长度由抗剪强度条件和挤压强度条件来确定。根据抗剪强度条件有

$$\tau=\frac{F_Q}{A}=\frac{F}{bl}\leqslant[\tau]$$

得

$$l\geqslant\frac{F_{bs}}{b[\tau]}=\frac{50000}{16\times80}\text{mm}=39\text{mm}$$

根据挤压强度条件有

$$\sigma_{bs}=\frac{F_{bs}}{\frac{h}{2}l}\leqslant[\sigma_{bs}]$$

得

$$l\geqslant\frac{2F}{h[\sigma_{bs}]}=\frac{2\times50000}{12\times120}\text{mm}=69.4\text{mm}$$

综合考虑键长 l 应取 70mm。

案例 5-3　图 5-15 所示为宽度 $b=300\text{mm}$ 的两块矩形木杆组成的木榫结构。已知 $l=200\text{mm}$，$a=30\text{mm}$，木材的许用切应力 $[\tau]=1.5\text{MPa}$，许用挤压应力 $[\sigma_{bs}]=12\text{MPa}$。试求许可载荷 $[F]$。

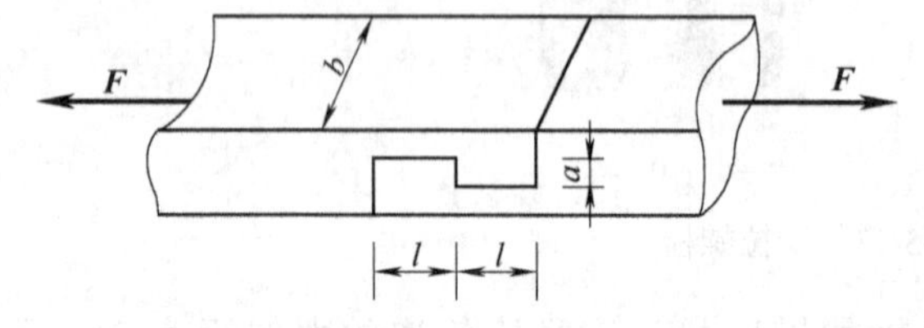

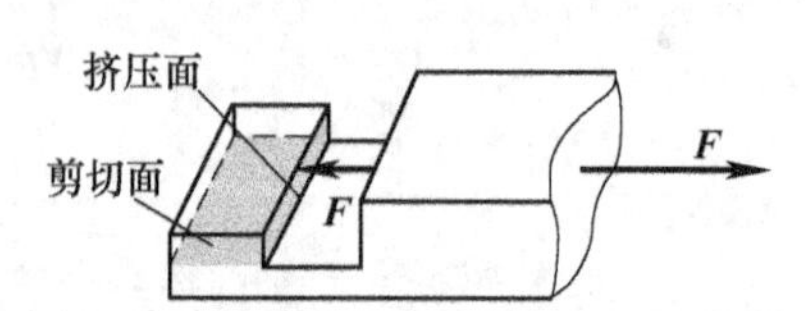

图 5-15　木榫结构

分析：当木杆受到拉力作用时，挤压面和剪切面如图5-15所示。

1）按抗剪强度计算许可载荷：

剪切面上的剪力 $$F_Q = F$$

剪切面面积 $$A = bl$$

根据抗剪强度条件 $$\tau = \frac{F_Q}{A} = \frac{F}{bl} \leqslant [\tau]$$

得 $$F_Q \leqslant [\tau]bl = 1.5 \times 300 \times 200\text{N} = 9 \times 10^4\text{N} = 90\text{kN}$$

所以，木杆在不发生剪切破坏时的许可载荷$[F] = 90\text{kN}$。

2）按挤压强度条件计算许可载荷：

挤压面上的挤压力 $$F_{bs} = F$$

挤压面为平面，计算挤压面与接触面相等，其面积为

$$A_{bs} = ab$$

根据挤压强度条件 $$\sigma_{bs} = \frac{F_{bs}}{A_{bs}} = \frac{F}{ab} \leqslant [\sigma_{bs}]$$

得 $$F \leqslant [\sigma_{bs}]ab = 12 \times 30 \times 300\text{N} = 10.8 \times 10^4\text{N} = 108\text{kN}$$

所以，木杆在不发生挤压破坏时的许可载荷$[F] = 108\text{kN}$。

综合考虑剪切和挤压强度，该木杆的许可载荷取满足抗剪强度和挤压强度时较小值，即$[F] = 90\text{kN}$。

案例5-4　如图5-16所示，两直径$d = 100\text{mm}$的圆轴由凸缘联轴器和螺栓联接，凸缘联轴器$D_0 = 200\text{mm}$的圆周上均匀分布8个螺栓。已知轴传递的外力偶矩$M = 14\text{kN·m}$，螺栓的许用切应力$[\tau] = 60\text{MPa}$，试求螺栓所需的直径d_1。

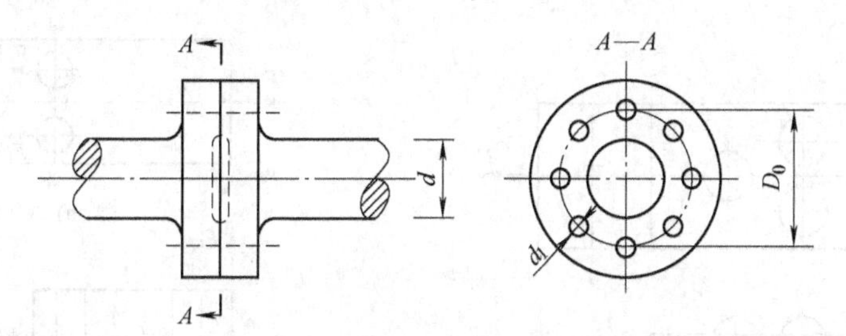

图5-16　联轴器的主视图和侧视图

分析：1）计算单个螺栓受到的剪力。

由平衡条件可知 $$F_Q \times \frac{D_0}{2} \times 8 = M$$

得 $$F_Q = 17.5\text{kN}$$

2）求所需螺栓的直径。

根据抗剪强度条件得

$$d_1 \geqslant \sqrt{\frac{4F_Q}{[\tau]\pi}} = \sqrt{\frac{4 \times 17.5 \times 10^3}{60 \times \pi}}\text{mm} = 19.3\text{mm}$$

取螺栓的直径$d_1 = 20\text{mm}$。

☆综合案例分析

如图 5-17 所示接头，由两块钢板用三个直径相同的钢铆钉搭接而成。已知载荷 $F=54\text{kN}$，板宽 $b=80\text{mm}$，板厚 $\delta=8\text{mm}$，铆钉直径 $d=16\text{mm}$，许用切应力 $[\tau]=100\text{MPa}$，许用挤压应力 $[\sigma_{bs}]=300\text{MPa}$，许用拉应力 $[\sigma]=160\text{MPa}$。试校核接头的强度。

分析：1）铆钉的抗剪强度校核 。

对铆钉群，当各铆钉的材料与直径均相同，且外力作用线通过铆钉群的形心时，各铆钉剪切面上的剪力相等。因此，对于图 5-17 所示的铆钉群，各铆钉剪切面上的剪力为

$$F_Q=\frac{F}{3}=18\text{kN}$$

应用式（5-2）校核铆钉的抗剪强度

$$\tau=\frac{F_Q}{A}=\frac{F_Q}{\frac{\pi d^2}{4}}=\frac{4\times18\times10^3}{\pi\times16^2}\text{MPa}=89.6\text{MPa}<[\tau]$$

2）铆钉的挤压强度校核。

由铆钉的受力知，铆钉所受的挤压力 F_{bs} 与剪力 F_Q 相等。则挤压应力为

$$\sigma_{bs}=\frac{F_{bs}}{A_{bs}}=\frac{F_Q}{d\delta}=\frac{18\times10^3}{16\times8}\text{MPa}=140.6\text{MPa}<[\sigma_{bs}]$$

3）校核钢板的抗拉强度。

上面板的受力如图 5-18a 所示，用截面法求出横截面 1－1，2－2 的轴力，轴力图如图 5-18b所示。由分析可知，截面 2－2 的轴力最大，因此，只需对 2－2 截面进行强度校核。

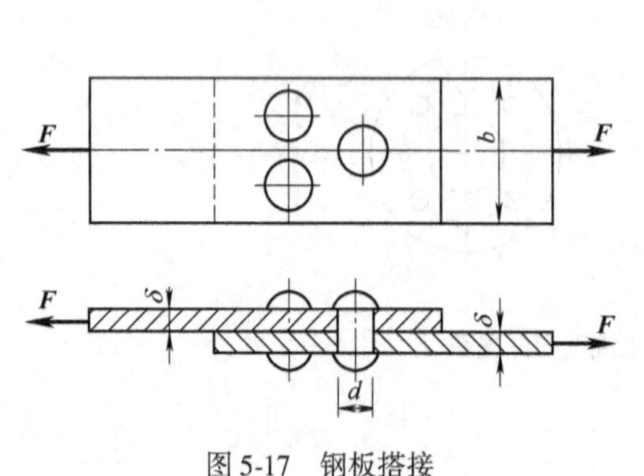

图 5-17 钢板搭接

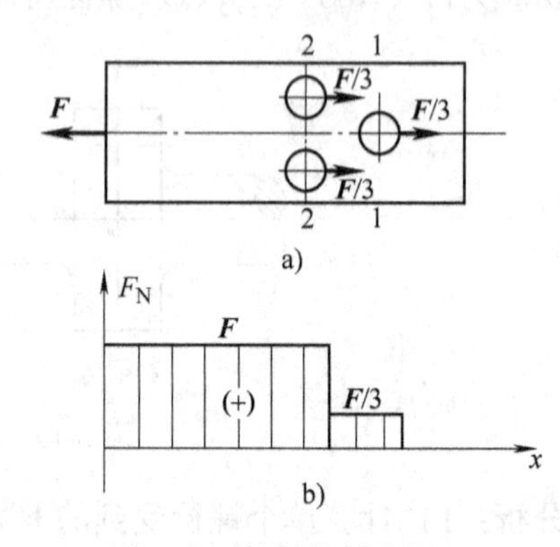

图 5-18 钢板的轴力图

截面 2－2 的拉应力为

$$\sigma=\frac{F_N}{A}=\frac{F}{(b-2d)\delta}=\frac{54\times10^3}{(80-2\times16)\times8}\text{MPa}=140.6\text{MPa}<[\sigma]$$

即钢板的抗拉强度也符合要求。

习 题 5

5-1 分析联接件在结构承受如图 5-19 所示载荷作用下，工作时的剪切面和挤压面面积，剪切面和挤压面上的剪力及挤压力。

5-2　如图5-20所示销钉联接，已知 $F=18\text{kN}$，板厚分别为 $\delta_1=5\text{mm}$，$\delta_2=8\text{mm}$，销钉与板的材料相同，许用切应力$[\tau]=60\text{MPa}$，许用挤压应力$[\sigma_{bs}]=200\text{MPa}$，试设计销钉的直径 d。

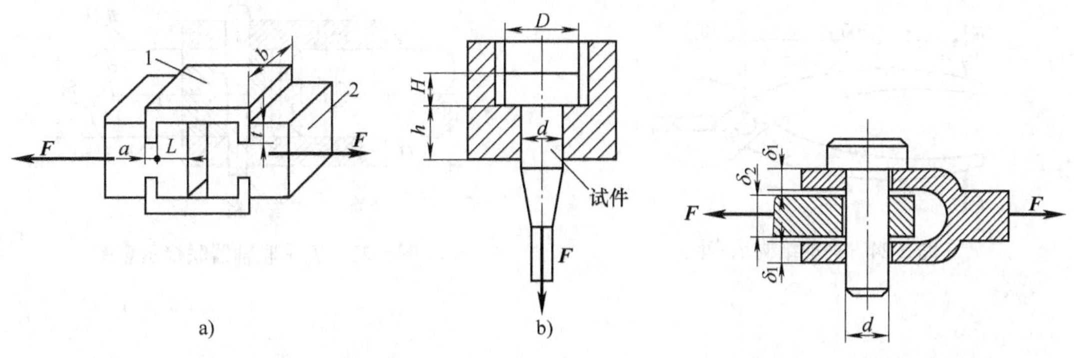

图5-19　联接件的结构图

图5-20　销钉联接示意图

5-3　图5-21所示为冲床的冲头。在力 F 作用下，冲剪钢板，设钢板厚 $t=10\text{mm}$，钢板材料的抗剪强度极限$\tau_b=360\text{MPa}$，现需冲剪一个直径 $d=20\text{mm}$ 的圆孔，试计算所需的冲力 F 等于多少?

5-4　图5-22所示为一螺栓将拉杆与厚为8mm的两块盖板相联接。各零件材料相同，许用应力均为$[\sigma]=80\text{MPa}$，$[\tau]=60\text{MPa}$，$[\sigma_{bs}]=160\text{MPa}$。若拉杆的厚度 $t=15\text{mm}$，拉力 $F=120\text{kN}$，试设计螺栓直径 d 及拉杆宽度 b。

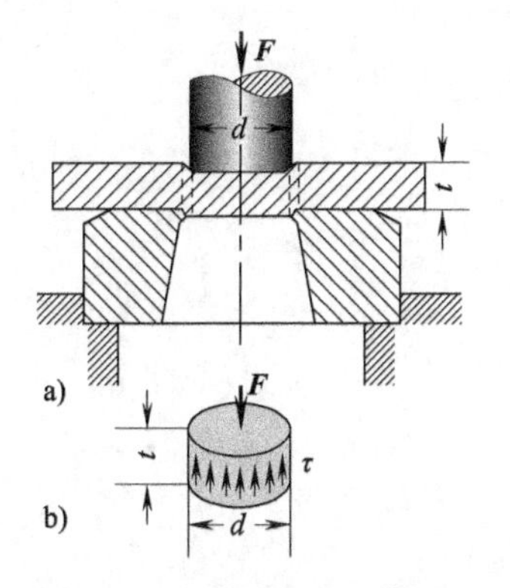

图5-21　冲剪钢板示意图

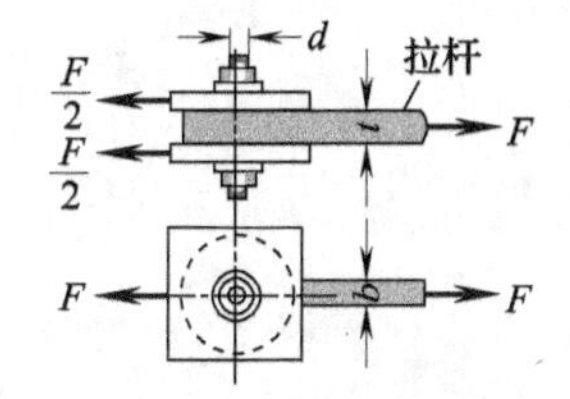

图5-22　拉杆联接示意图

5-5　图5-23所示为一牙嵌式离合器，传递外力偶矩 $M_e=20\text{kN}\cdot\text{m}$。已知 $d_1=100\text{mm}$，$D_2=120\text{mm}$，$d_2=80\text{mm}$，牙齿长度为20mm，牙齿许用切应力 $[\tau]=60\text{MPa}$，许用挤压应力 $[\sigma_{bs}]=120\text{MPa}$。试对牙齿作强度校核。

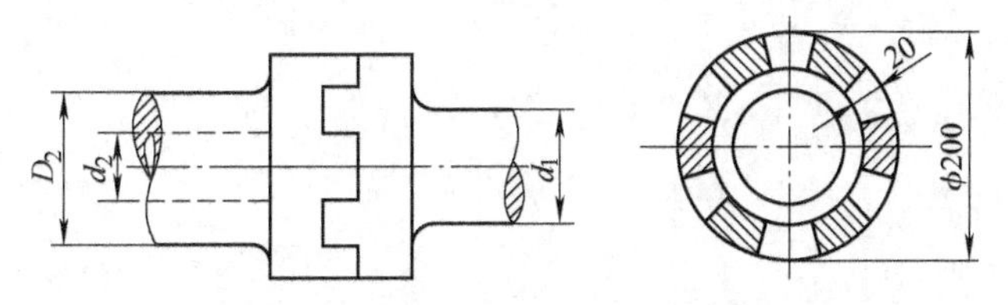

图5-23　牙嵌式离合器联接示意图

5-6　如图5-24所示，用夹剪剪断直径为3mm的铅丝，若铅丝的抗剪强度极限为100MPa，问：需要多大的力？若其他条件不变，销钉 B 的直径为8mm，求销钉内的切应力。

5-7 如图5-25所示，车床的传动光杆装有安全联轴器，当超过一定载荷时，安全销即被剪断。已知安全销的平均直径为5mm，材料为45钢，其抗剪强度极限$\tau_b=370MPa$，求安全联轴器所能传递的力偶矩m。

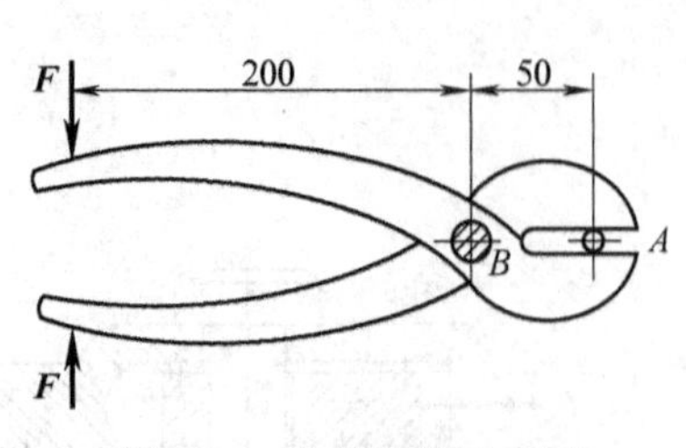

图5-24 夹剪结构示意图

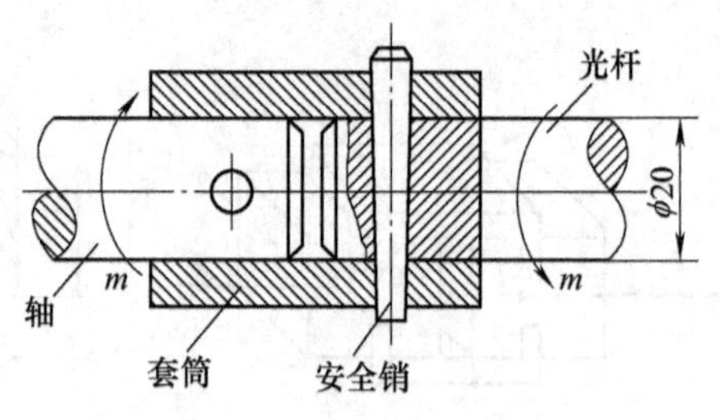

图5-25 安全联轴器联接示意图

第6单元 圆 轴 扭 转

【学习目标】

正确理解圆轴扭转时的受力和变形特点。

掌握外力偶矩的计算及圆轴扭转时扭矩图的绘制。

掌握圆轴扭转时横截面上的应力分布规律。

熟练应用扭转的强度和刚度条件进行三类计算。

【学习重点和难点】

圆轴扭转时扭矩图的绘制。

利用圆轴扭转的强度条件和刚度条件，进行三类计算。

【案例导入】

如图6-1所示，汽车发动机将功率通过主传动轴*AB*传递给后桥，驱动车轮行驶。如果已知主传动轴所承受的外力偶矩、主传动轴的材料及尺寸，请：1）确定主传动轴承受的外载荷。2）已知主传动轴承受的外载荷和截面尺寸的情况下确定强度是否足够。3）如果主传动轴采用空心和实心轴，它们的重量比是多少？问题1）可以利用第三单元的相关知识求解；问题2）、3）在学完圆轴扭转横截面上的应力分布规律、圆轴扭转的强度计算等知识就可以获得答案。

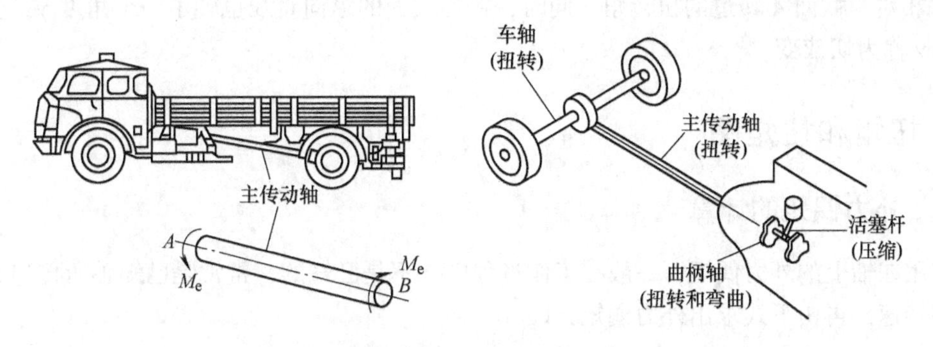

图6-1 汽车的主传动轴

6.1 圆轴扭转的概念

工程上传递功率的轴，大多数为圆轴，这些传递功率的圆轴承受绕轴线转动的外力偶矩作用时，其横截面将产生绕轴线的相互转动，这种变形称为**扭转变形**。

在工程中，以扭转变形为主的杆件是很多的。如汽车方向盘的操纵杆（图6-2）、钻探机的钻杆（图6-3）和火力发电厂汽轮机带动发电机转动的传动轴（图6-4）等。

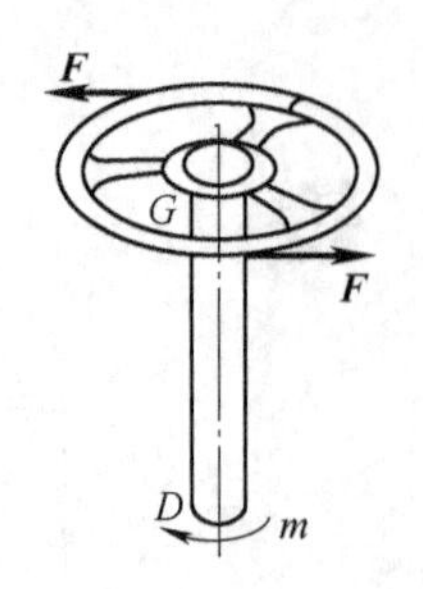

图 6-2　方向盘操纵杆

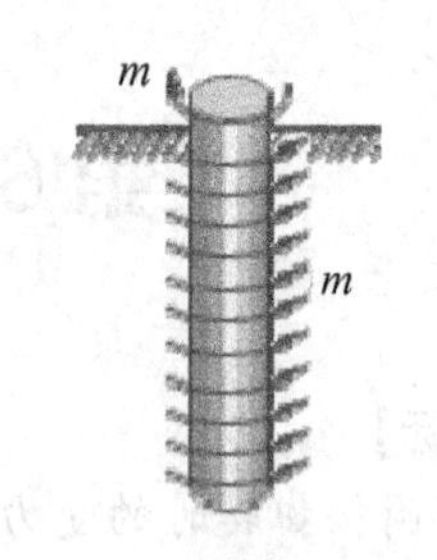

图 6-3　钻探机钻杆

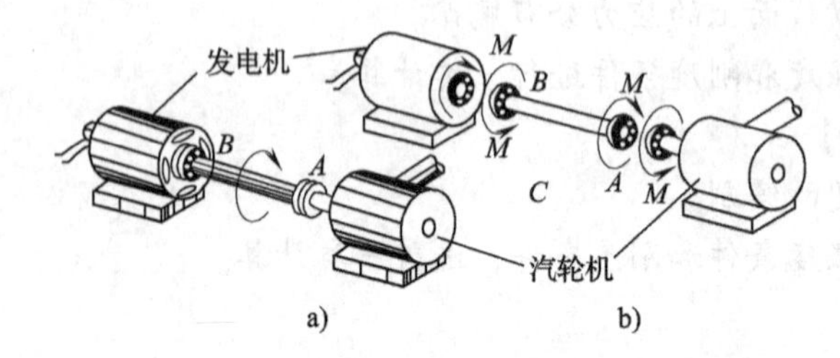

图 6-4　汽轮机带动发电机转动的结构简图

经过上述工程实例的分析发现，**扭转变形的受力特点**是：承受两个大小相等、方向相反、作用面垂直于杆轴线的力偶（图 6-5）。**圆轴扭转变形的特点**是：两外力偶作用面之间的任意两个横截面将绕轴线产生相对转动。其中杆件任意两截面间相对转动的角度称为**扭转角**，用 φ 表示。如图 6-5 中的 φ 角就是截面 B 相对于截面 A 转过的扭转角。同时，杆件表面的纵向直线也转了一个角度 γ，变为螺旋线，γ 称为**切应变**。

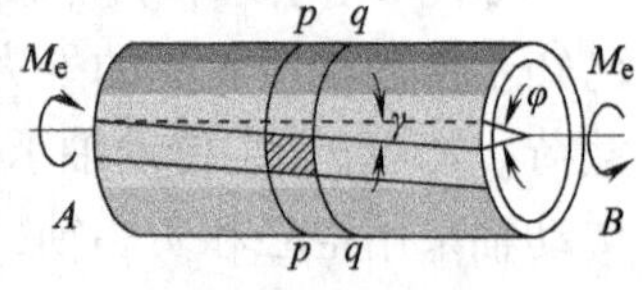

图 6-5　圆轴扭转

6.2　扭矩和扭矩图

6.2.1　外力偶矩的计算

作用在轴上的外力偶矩，一般在工作过程中并不是已知的，常常是已知轴所传递的功率和轴的转速，再由下式求出外力偶矩，即

$$M_e = 9550\frac{P}{n} \tag{6-1}$$

式中，M_e 是轴上的外力偶矩（N·m）；P 是轴传递的功率（kW）；n 是轴的转速（r/min）。

应当注意，在确定外力偶的转向时，输入功率所产生的外力偶为主动力偶，其转向与轴的转向相同；而从动轮的输出功率所产生的外力偶为阻力偶，其转向与轴的转向相反。

☆**想一想　练一练**

减速箱中，高速轴与低速轴哪个直径较大？为什么？

6.2.2　圆轴扭转时横截面上的内力——扭矩

要研究受扭杆件的应力和变形，首先要计算内力。圆轴横截面上的内力仍通过截面法来进行分析。下面以图6-6a所示两端承受外力偶矩 M_e 作用的圆轴为例，说明求任意横截面 $m-m$ 上内力的方法。

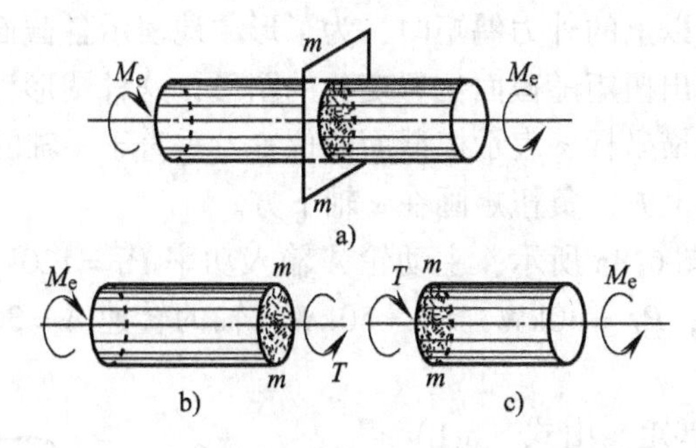

图6-6 截面法确定圆轴横截面上的扭矩

用假想截面沿截面 $m-m$ 将轴截开，任取一段（如左段），如图6-6b所示。由于圆轴是平衡的，因此截取部分也处于平衡状态，根据力偶的性质，横截面 $m-m$ 上必有一个内力偶矩与外力偶矩 M_e 平衡，我们把这个内力偶矩称为**扭矩**，用符号T表示，单位为N·m或kN·m。由平衡条件 $\sum M=0$ 得

$$T-M_e=0 \tag{a}$$

所以

$$T=M_e$$

若取右段为研究对象，如图6-6c所示，由平衡条件 $\sum M=0$ 得

$$M_e-T=0 \tag{b}$$

所以

$$T=M_e$$

与取左段为研究对象结果相同。式（a）、（b）表明，扭转时，任一截面上扭矩的大小可由下式确定：

T = 截面一侧（左或右）所有外力偶矩的代数和

扭矩的正负号规定也是根据变形规定的，即同一截面上的扭矩具有相同的正号或负号。**扭矩正负号规定如下**：按“右手螺旋法则”确定扭矩的正负，用四指表示扭矩的转向，大拇指的指向与该截面的外法线方向相同时，该扭矩为正（图6-7a、b），反之为负（图6-7c、d）。当横截面上扭矩的实际转向未知时，一般先假设扭矩为正。若求得的结果为正，表示扭矩实际转向与假设相同；若求得的结果为负，则表示扭矩实际转向与假设相反。

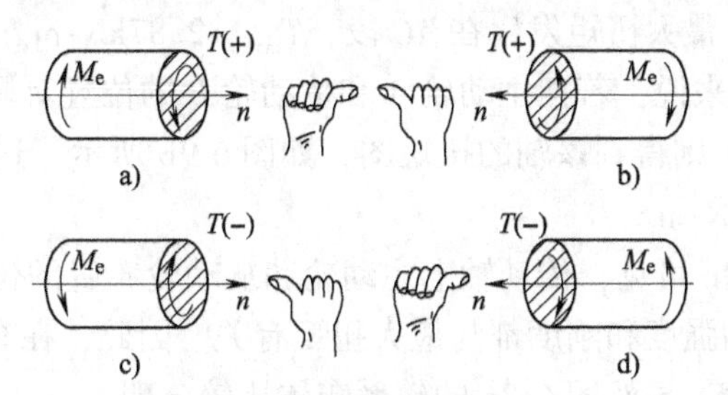

图6-7 扭矩正负规定

当轴上作用有多个外力偶时，须按外力偶所在的截面将轴分成数段，逐段求出其扭矩。

6.2.3 扭矩图

当轴上同时作用两个以上的外力偶矩时，为了形象地表示各截面扭矩的大小和正负，以便分析危险截面，常需画出扭矩随截面位置变化的图形，这种图形称为**扭矩图**。其画法与轴力图类似。取平行于轴线横坐标 x 表示横截面的位置，垂直于 x 轴的纵坐标 T 表示横截面上的扭矩，正扭矩画在 x 轴上方，负扭矩画在 x 轴下方。

案例 6-1 传动轴如图 6-8a 所示，主动轮 A 输入功率 $P_A = 120\text{kW}$，从动轮 B、C、D 输出功率分别为 $P_B = 30\text{kW}$，$P_C = 40\text{kW}$，$P_D = 50\text{kW}$，轴的转速 $n = 300\text{r/min}$。试作出该轴的扭矩图。

分析：1）计算外力偶矩。由式（6-1）得

$$M_{eA} = 9550\frac{P_A}{n} = 9550 \times \frac{120}{300}\text{N}\cdot\text{m} = 3.82\text{kN}\cdot\text{m}$$

同理可得

$$M_{eB} = 9550\frac{P_B}{n} = 9550 \times \frac{30}{300}\text{N}\cdot\text{m} = 0.95\text{kN}\cdot\text{m}$$

$$M_{eC} = 9550\frac{P_C}{n} = 9550 \times \frac{40}{300}\text{N}\cdot\text{m} = 1.28\text{kN}\cdot\text{m}$$

$$M_{eD} = 9550\frac{P_D}{n} = 9550 \times \frac{50}{300}\text{N}\cdot\text{m} = 1.59\text{kN}\cdot\text{m}$$

2）计算扭矩。根据作用在轴上的外力偶矩，将轴分成 BA、AC、CD 三段，用截面法分别计算各段的扭矩，如图 6-8b、c、d 所示。

BA 段：$T_1 = -M_{eB} = -0.95\text{kN}\cdot\text{m}$

AC 段：$T_2 = M_{eA} - M_{eB} = 2.87\text{kN}\cdot\text{m}$

CD 段：$T_3 = M_{eD} = 1.59\text{kN}\cdot\text{m}$

3）作扭矩图。根据以上数据，按比例绘制扭矩图，如图 6-8e 所示。

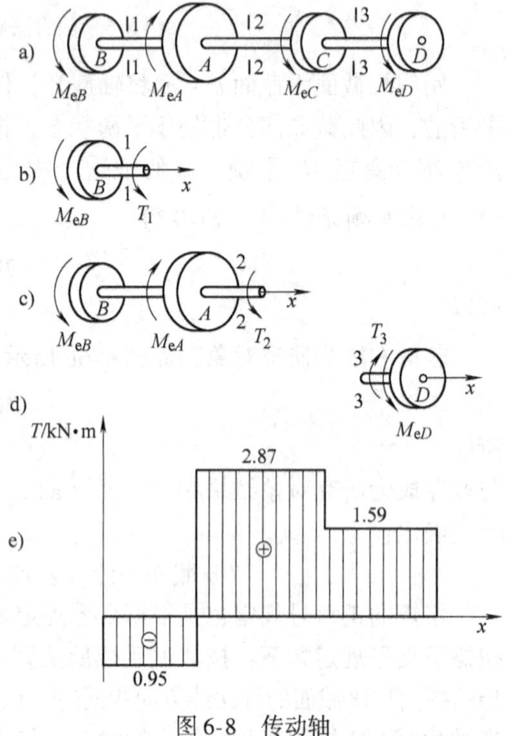

图 6-8 传动轴

从扭矩图可以看出，在集中力偶作用处，其左右截面扭矩不同，此处发生突变，突变值等于集中力偶矩的大小；最大扭矩发生在 AC 段，$T_{max} = 2.87\text{kN}\cdot\text{m}$。

讨论 1 对同一根轴来说，若把主动轮 A 和从动轮 B 的位置对调，即把主动轮布置于轴的左端，如图 6-9a 所示，则得到该轴的扭矩图，如图 6-9b 所示。这时轴的最大扭矩发生在 AB 段内，且 $T_{max} = 3.82\text{kN}\cdot\text{m}$。

比较图 6-8e 和图 6-9b 可见，传动轴上主动轮和从动轮布置的位置不同，轴所承受的最大扭矩也随之改变。轴的强度和刚度都与最大扭矩有关。因此，在布置轮子位置时，要尽可能降低轴内的最大扭矩值。显然图 6-8a 的轮系布置比较合理。

讨论 2 扭矩图的简捷画法。对于扭矩图，可以从左端开始向右作图，x 轴正向如图 6-10b所示，图中 M_{eB}的箭头向下，扭矩图也向下画至 $-0.95\text{kN}\cdot\text{m}$，$BA$ 段无外力偶矩作用，画水平线；A 处 M_{eA}的箭头向上，扭矩图则从 $-0.95\text{kN}\cdot\text{m}$ 向上行3.82kN·m 至2.87kN·m，

AC 段无外力偶矩作用，画水平线；C 处 M_{eC} 的箭头向下，扭矩图则从 2.87kN·m 向下行 1.27kN·m 至1.59kN·m，CD 段无外力偶矩作用，画水平线；D 处 M_{eD} 的箭头向下，扭矩图则从 1.59kN·m 向下行1.59kN·m 回至零，图形封闭，满足平衡条件 $\sum M=0$。这样得到的结果必然与截面法是一致的。

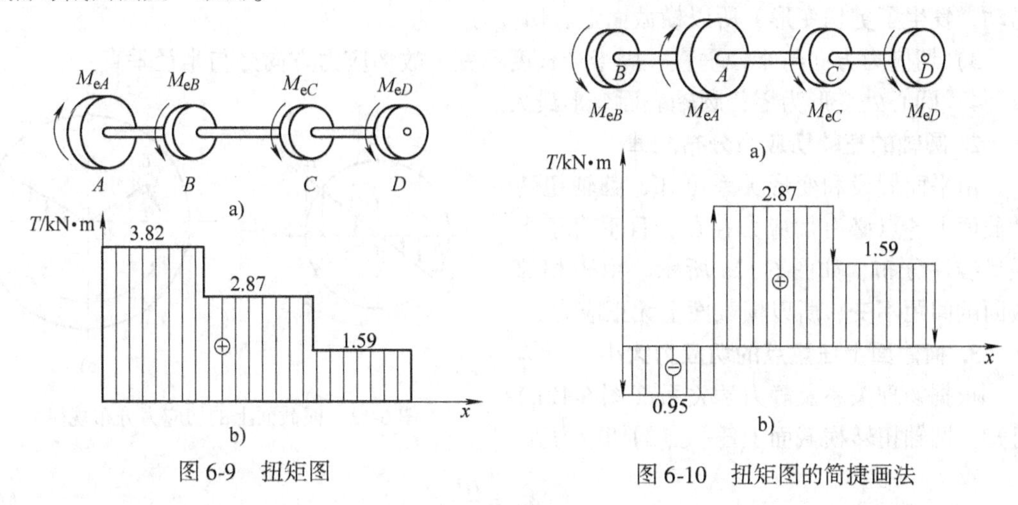

图 6-9　扭矩图　　　　图 6-10　扭矩图的简捷画法

☆想一想　练一练

若两轴上的外力偶矩及各段轴长相等，而截面尺寸不同，其扭矩图相同吗？

6.3　圆轴扭转时横截面上的应力

应用截面法，可以求得扭转时圆轴横截面上的内力——扭矩，但扭矩是整个横截面上分布内力系的合力偶矩，而不能确定横截面上的应力。为了求得圆轴扭转时横截面上的应力，可以通过圆轴扭转试验出现的现象，分析应力在截面上的分布规律。

6.3.1　圆轴扭转时横截面上的切应力

1. 平面假设

取一圆轴进行扭转试验，试验前在圆轴表面作出若干等距的圆周线和纵向线，如图 6-11a所示，圆轴扭转时，发现其圆截面的形状、大小及圆截面的间距均保持不变，只是绕圆轴的轴线发生刚性转动；所有纵向线都倾斜了相同的角度 γ，原来轴上的矩形变成平行四边形。根据观察到的现象，可以假设：圆轴的横截面变形后仍为平面，其形状和大小不变，仅绕轴线发生相对转动（无轴向移动），这一假设称为**圆轴扭转时的平面假设**。

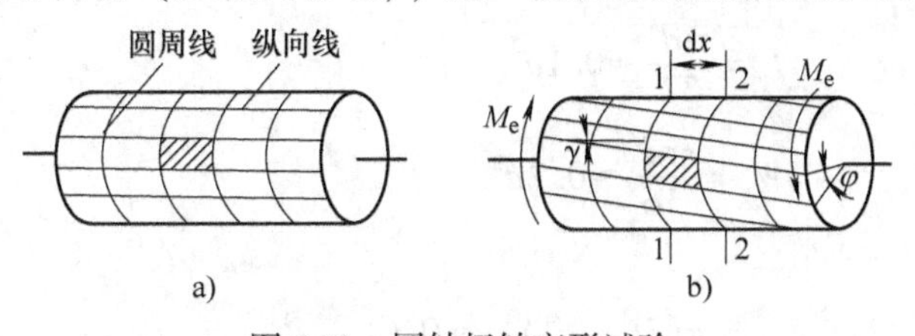

图 6-11　圆轴扭转变形试验

按照平面假设，可得如下推论：

1）横截面上无正应力。因扭转变形时，圆轴相邻横截面间距不变，即圆轴没有纵向变形发生，所以横截面上没有正应力。

2）横截面上有切应力。因扭转变形时，相邻横截面间发生相对转动，截面上各点相对错动，发生了剪切变形，所以横截面上有切应力。

3）切应力方向与半径垂直。因半径长度不变，故切应力方向必与半径垂直；

4）圆心处变形为零，圆轴表面变形最大。

2. 圆轴的扭转切应力分布规律

由平面假设和变形关系可知，圆轴扭转横截面上各点必有切应力存在，且垂直于半径呈线性分布，如图6-12a所示。由于相邻截面的间距不变，所以横截面上无正应力。

3. 横截面上任意点的切应力大小

根据物理关系及静力学关系（图6-12b）可知，圆轴扭转横截面上任一点的切应力为

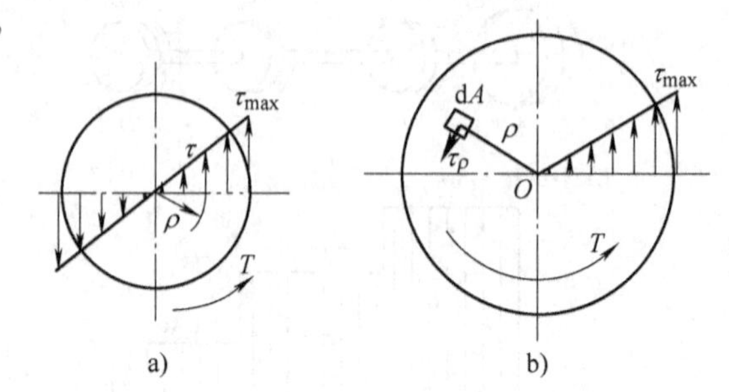

图6-12 横截面上的切应力分布规律

$$\tau_{\rho}=\frac{T\rho}{I_{p}} \tag{6-2}$$

式中，T是横截面上的扭矩；ρ是所求点到圆心的距离；I_p是该截面对圆心的**极惯性矩**（m^4或mm^4），是与截面尺寸有关的参数。

式（6-2）即为圆轴扭转时横截面上任一点切应力的计算公式。

显然，当$\rho=0$时，$\tau=0$；当$\rho=R$时，切应力最大，$\tau_{max}=\frac{TR}{I_p}$。

令

$$W_p=\frac{I_p}{R}, \tag{6-3}$$

则上式可改写为

$$\tau_{max}=\frac{T}{W_p} \tag{6-4}$$

式中，W_p称为圆截面的**抗扭截面系数**，常用单位为m^3或mm^3。

必须指出，式（6-2）、式（6-3）及式（6-4）只适用于弹性范围内圆截面轴，横截面上的τ_{max}不允许超过材料的剪切比例极限。

6.3.2 极惯性矩I_p和抗扭截面系数W_p

1. 圆形截面

极惯性矩 $I_p=\frac{\pi d^4}{32}\approx 0.1d^4$

抗扭截面系数 $W_p=\frac{\pi d^3}{16}\approx 0.2d^3$

2. 空心圆截面

极惯性矩 $I_p=\frac{\pi(D^4-d^4)}{32}=\frac{\pi D^4(1-\alpha^4)}{32}\approx 0.1D^4(1-\alpha^4)$

抗扭截面系数 $$W_p=\frac{I_P}{\frac{D}{2}}=\frac{\pi D^3(1-\alpha^4)}{16}\approx 0.2D^3(1-\alpha^4)$$

式中，D、d 分别为空心圆截面的外径和内径，内外径之比 $\alpha=\frac{d}{D}$。

案例 6-2 如图 6-13 所示，汽车发动机将功率通过主传动轴 AB 传递给后桥，驱动车轮行驶。设主传动轴所承受的最大外力偶矩为 $M_e=1.5\text{kN}\cdot\text{m}$，轴的直径 $d=53\text{mm}$，试求主传动轴的最大切应力。

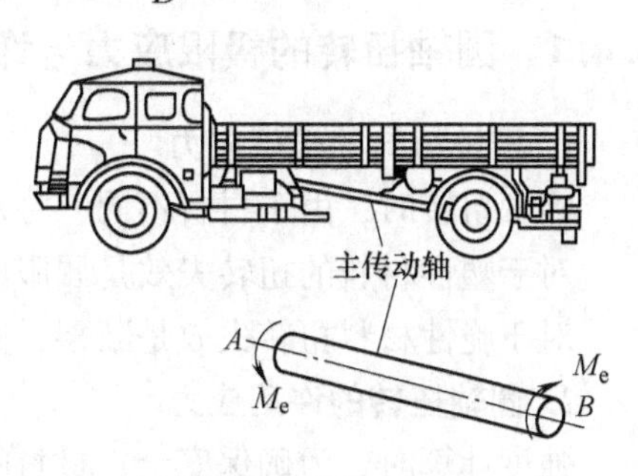

图 6-13 汽车传动轴

分析： 1）求扭矩。根据平衡条件得

$$T=M_e=1.5\text{kN}\cdot\text{m}$$

2）求该轴的最大切应力。

$$\tau_{max}=\frac{T}{W_P}$$

计算式中的抗扭截面系数

$$W_P=\frac{\pi d^3}{16}=2.92\times10^4\ \text{mm}^3$$

则有

$$\tau_{max}=\frac{T}{W_P}=\frac{1.5\times10^6}{2.92\times10^4}\text{MPa}=51.4\text{MPa}$$

案例 6-3 如图 6-14a 所示圆轴，AB 段直径 $d_1=120\text{mm}$，BC 段直径 $d_2=100\text{mm}$，外力偶矩 $M_{eA}=22\text{kN}\cdot\text{m}$，$M_{eB}=36\text{kN}\cdot\text{m}$，$M_{eC}=14\text{kN}\cdot\text{m}$。试求该轴的最大切应力。

分析： 1）作扭矩图。用简便画法作出扭矩图，如图 6-14b 所示，从图中得

$$T_1=22\text{kN}\cdot\text{m}\qquad T_2=-14\text{kN}\cdot\text{m}$$

2）计算最大切应力。由扭矩图可知，AB 段的扭矩较 BC 段的扭矩大，但因 BC 段直径较小，所以需要分别计算各段轴横截面上的最大切应力。由式（6-4）得

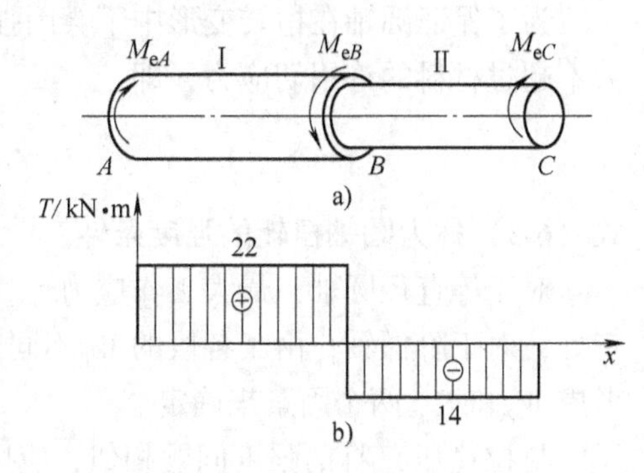

图 6-14 传动轴及其扭矩图

AB 段 $$\tau_{max1}=\frac{T_1}{W_{P1}}=\frac{22\times10^6}{\frac{\pi}{16}\times120^3}\text{MPa}=64.87\text{MPa}$$

BC 段 $$\tau_{max2}=\frac{T_2}{W_{P2}}=\frac{14\times10^6}{\frac{\pi}{16}\times100^3}\text{MPa}=71.34\text{MPa}$$

比较上述结果，该轴最大切应力位于 BC 段内任一截面的边缘各点处，即该轴最大切应力为

$$\tau_{max}=71.34\text{MPa}$$

6.4 圆轴扭转的强度计算

要进行受扭圆轴的强度计算，需先通过扭转试验确定其失效形式与相应的极限应力。

6.4.1 圆轴扭转的极限应力与许用应力

1. 圆轴扭转的极限应力

圆轴扭转时，由于材料不同，将发生两种形式的失效：屈服和断裂。

对于塑性材料的扭转失效是屈服破坏，其屈服应力τ_s为极限应力，即$\tau^o=\tau_s$；

对于脆性材料扭转失效是断裂，其强度极限τ_b为极限应力，即$\tau^o=\tau_b$。

2. 圆轴扭转的许用应力

强度计算时，为确保安全，材料的强度要有一定的储备。一般把极限应力除以大于1的安全系数n，所得结果称为许用切应力，用［τ］表示，即

$$[\tau]=\frac{\tau^{\circ}}{n}$$

各种材料的许用切应力可从有关手册中查得。在常温静载下，材料的扭转许用切应力与拉伸许用正应力之间有如下关系：

对于塑性材料，有 $[\tau]=(0.5\sim0.577)[\sigma]$

对于脆性材料，有 $[\tau]=[\sigma]$

6.4.2 圆轴扭转的强度条件

为了保证圆轴在扭转变形中不会因强度不足而发生破坏，应使圆轴横截面上的最大切应力不超过材料的许用切应力，即

$$\tau_{\max}=\frac{T}{W_p}\leqslant[\tau] \tag{6-5}$$

式（6-5）称为**圆轴扭转的强度条件**。

对于等直径圆轴，最大工作应力$\tau_{\max}$发生在最大扭矩$T_{\max}$所在横截面（危险截面）边缘点处；对于阶梯轴，由于各段的W_P不同，$\tau_{\max}$不一定发生在$|T_{\max}|$所在的截面上，必须综合考虑W_P和$T_{\max}$两个因素来确定。

与拉（压）杆的强度问题相似，应用式（6-5）可以解决圆轴扭转的三类强度问题，即进行抗扭强度校核、圆轴截面尺寸设计及确定许用载荷。

案例6-4 如图6-13所示，汽车发动机将动力通过主传动轴AB传递给后桥，驱动车轮行驶。主传动轴采用45钢制成，轴径$d=53\text{mm}$，$[\tau]=60\text{MPa}$，当主传动轴承受的最大外力偶矩为时$M_e=1.5\text{kN·m}$。试求：1）校核主传动轴的强度；2）在抗扭强度相同的情况下，用空心轴代替实心轴，空心轴外径$D=90\text{mm}$时的内径值；3）确定空心轴与实心轴的重量比。

分析： 1）校核实心轴的强度。

根据案例6-2计算可得主传动轴的最大切应力$\tau_{\max}=51.4\text{MPa}$，因为轴两端只承受一个外力偶，所以轴各横截面的危险程度相同，轴各横截面上的最大切应力均相同，按式（6-5）

校核主传动轴的抗扭强度

$$\tau_{max}=\frac{T}{W_P}=\frac{1.5\times10^6}{2.92\times10^4}\text{MPa}=51.4\text{MPa}<[\tau]$$

由此可以得出结论：主传动轴的强度是安全的。

2）确定空心轴的内径。

按抗扭强度相同的要求，空心轴横截面上的最大切应力也必须等于51.4MPa。设实心轴直径为 d_2，则有

$$\tau_{max1}=\tau_{max2}$$

则有

$$\frac{T}{W_{P1}}=\frac{T}{W_{P2}}\qquad\frac{T}{0.2\times d^3}=\frac{T}{0.2\times D^3(1-\alpha^4)}$$

$$\alpha=\sqrt[4]{1-(\frac{d}{D})^3}=0.945$$

据此，空心轴的直径为

$$d_2=\alpha D=0.945\times90\text{mm}=85\text{mm}$$

3）计算空心轴与实心轴的重量比，即

$$\eta=\frac{W_1}{W_2}=\frac{A_1}{A_2}=\frac{\frac{\pi\ (D^2-d_2^2)}{4}}{\frac{\pi d_1^2}{4}}=\frac{D^2-d_2^2}{d_1^2}=\frac{90^2-85^2}{53^2}=0.31$$

6.5　圆轴扭转的刚度计算

对于轴类构件，有时还要求不产生过大的扭转变形，例如机床主轴若产生过大的扭转变形，将引起过大的振动，影响工件的加工精度和机床的使用寿命。因此，为了保证满足扭转刚度条件，扭转变形量不得超过许用值。

6.5.1　扭转角的计算

圆轴的扭转变形程度是用两个横截面绕轴线的相对扭转角来度量的。对于 T、GI_P不随长度变化的圆轴，则长度为 l 的一段杆两端截面的相对扭转角为

$$\varphi=\frac{Tl}{GI_P}\tag{6-6}$$

式中，φ 的单位为 rad，其正负号与扭矩正负号一致。G 为材料的切变模量，单位为 GPa。

式（6-6）表明，相对扭转角 φ 与扭矩 T 和轴的长度 l 成正比，与 GI_P成反比。在一定扭矩作用下，GI_P越大，相对扭转角 φ 越小。因此 GI_P反映了圆轴抵抗变形的能力，称为圆轴的**抗扭刚度**。

当两个截面间的 T 或 I_P有变化时，需分段计算扭转角，然后求其代数和以求得全轴的扭转角。

案例6-5　如图6-15a 所示圆轴承受外力偶矩作用。已知：$M_{e1}=0.8\text{kN·m}$，$M_{e2}=2.3\text{kN·m}$，$M_{e3}=1.5\text{kN·m}$，AB 段直径 $d_1=40\text{mm}$，BC 段直径 $d_2=70\text{mm}$，材料的切变模量 $G=80\text{GPa}$。

试计算 φ_{AB}、φ_{BC} 和 φ_{AC}。

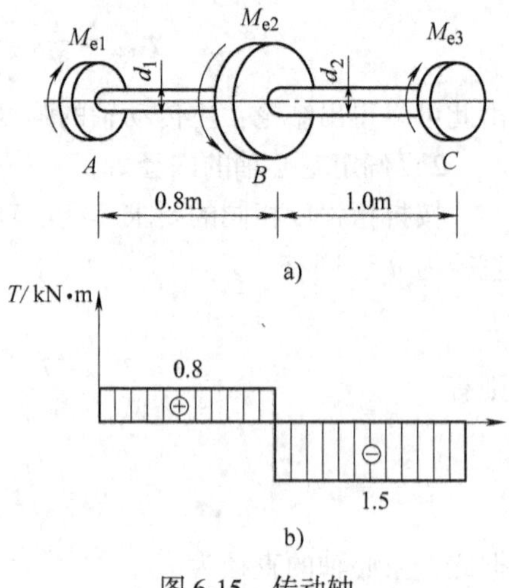

图 6-15 传动轴

分析：1）作扭矩图。各段横截面上的扭矩为

AB 段 $T_1 = 0.8\text{kN·m}$

BC 段 $T_2 = -1.5\text{kN·m}$

该轴的扭矩图如图6-15b 所示。

2）计算极惯性矩。

AB 段 $I_{p1} = \dfrac{\pi d_1^4}{32} = \dfrac{\pi \times 40^4}{32}\text{mm}^4 = 2.51 \times 10^5\ \text{mm}^4$

BC 段 $I_{p2} = \dfrac{\pi d_2^4}{32} = \dfrac{\pi \times 70^4}{32}\text{mm}^4 = 2.36 \times 10^6\ \text{mm}^4$

3）计算扭转角。由于 AB 段和 BC 段的扭矩和截面尺寸都不相同，故应分段计算相对扭转角，然后计算其代数和即得 φ_{AC}。

由式（6-6）得

$$\varphi_{AB} = \frac{T_1 l_1}{GI_{p1}} = \frac{0.8 \times 10^6 \times 0.8 \times 10^3}{80 \times 10^3 \times 2.51 \times 10^5}\text{rad} = 0.0319\text{rad}$$

$$\varphi_{BC} = \frac{T_2 l_2}{GI_{p2}} = \frac{-1.5 \times 10^6 \times 1.0 \times 10^3}{80 \times 10^3 \times 2.36 \times 10^6}\text{rad} = -0.0079\text{rad}$$

故

$$\varphi_{AC} = \varphi_{AB} + \varphi_{BC} = 0.0319\text{rad} - 0.0079\text{rad} = 0.024\text{rad}$$

6.5.2 圆轴扭转的刚度条件

圆轴扭转变形的程度，以单位长度扭转角 θ 度量，其刚度条件为：整个轴上的最大单位长度扭转角 θ_{max} 不超过规定的单位长度许用扭转角 $[\theta]$，即

$$\theta_{max} = \frac{\varphi}{l} = \frac{T}{GI_p} \leqslant [\theta] \tag{6-7}$$

式中，工程上单位长度许用扭转角 $[\theta]$ 的单位为（°）/m，故 θ_{max} 的单位需换算为（°）/m，上式改写为

$$\theta_{max} = \frac{\varphi}{l} = \frac{T}{GI_p} \times \frac{180}{\pi} \leqslant [\theta] \tag{6-8}$$

式中，$[\theta]$ 的数值，可根据轴的工作条件和机器的精度要求从有关手册中查得。一般情况下，粗略规定为：精密传动轴 $[\theta] = (0.25 \sim 0.5)°/\text{m}$；一般传动轴 $[\theta] = (0.5 \sim 1)°/\text{m}$；精密度较低的轴 $[\theta] = (2 \sim 4)°/\text{m}$。

案例 6-6 如图 6-13 所示，汽车发动机将动力通过主传动轴 AB 传递给后桥，驱动车轮行使。主传动轴采用 45 钢制成，轴径 $d = 53\text{mm}$，许用扭转角 $[\theta] = 1.5°/\text{m}$，材料切变模量 $G = 80\text{GPa}$，当主传动轴承受的最大外力偶矩为 $M_e = 1.5\text{kN·m}$ 时，试校核轴的刚度。

分析：由案例 6-2 可知 $T = M_e = 1.5\text{kN·m}$。

刚度条件为

$$\theta = \frac{T}{GI_p} \times \frac{180}{\pi} \leqslant [\theta]$$

计算式中的极惯性矩为

$$I_p = \frac{\pi}{32}d^4 = \frac{\pi}{32} \times 53^4 \text{mm}^4 = 7.74 \times 10^{-7} \text{m}^4$$

则有

$$\theta = \frac{T}{GI_p} \times \frac{180}{\pi} = \frac{1.5 \times 10^3}{80 \times 10^9 \times 7.74 \times 10^{-7}} \times \frac{180}{\pi} °/\text{m} = 1.389°/\text{m} < [\theta]$$

故满足刚度要求。

☆综合案例分析

如图6-16所示镗孔装置，在刀杆端部装有两把镗刀，已知切削功率$P = 8\text{kW}$，刀杆转速$n = 60\text{r/min}$，刀杆直径$d = 70\text{mm}$，材料的$[\sigma] = 60\text{MPa}$，$[\theta] = 0.5°/\text{m}$，$G = 80\text{GPa}$，试校核刀杆的抗扭强度和刚度。

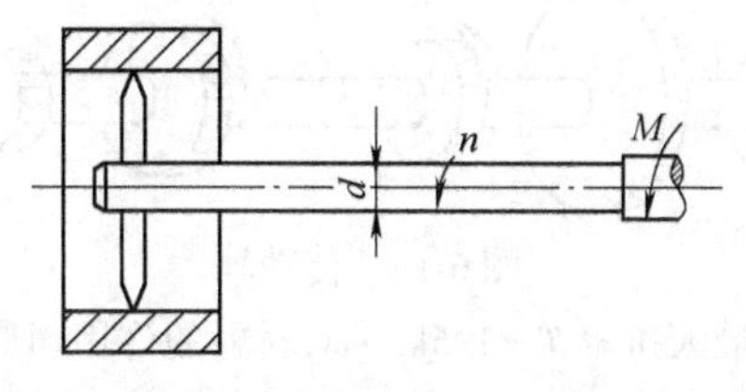

图6-16　镗孔装置示意图

分析：1）由图6-16分析可知镗刀刀杆承受扭转变形，该杆的扭矩为

$$T = M = 9550\frac{P}{n} = 9550 \times \frac{8}{60} \text{N} \cdot \text{m} = 1273.33 \text{N} \cdot \text{m}$$

2）校核镗刀杆的强度。由式（6-5）得

$$\tau = \frac{M}{W_p} = \frac{16M}{\pi d^3} = \frac{1273.33 \times 16 \times 10^3}{\pi \times 70^3} \text{MPa} = 18.92 \text{MPa} < [\tau]$$

3）校核镗刀杆的刚度。由式（6-8）得

$$\theta = \frac{M}{GI_p} \times \frac{180°}{\pi} = \frac{1273.33 \times 32 \times 10^3}{80 \times 10^3 \times \pi \times 70^4} \times \frac{180}{3.14} °/\text{mm} = 0.38°/\text{m} < [\theta]$$

故镗刀杆的强度和刚度经验算均合格。

习　题　6

6-1　扭转切应力与扭矩方向是否一致？判定如图6-17所示的切应力分布图哪些是正确的，哪些是错误的。

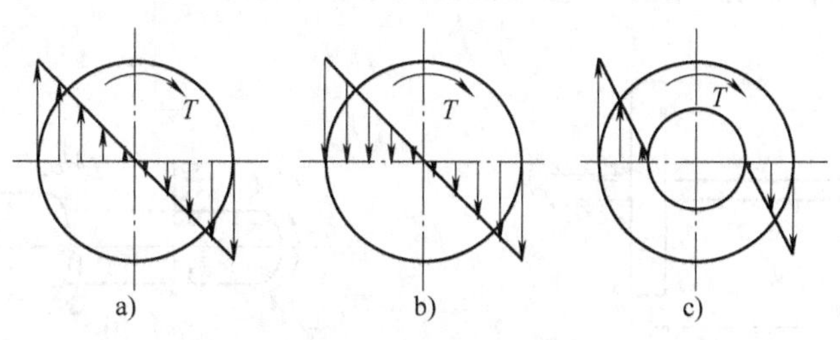

图6-17　扭转时横截面上切应力分布图

6-2　试作图6-18所示各杆的扭矩图，并指出图示各杆指定截面的扭矩。

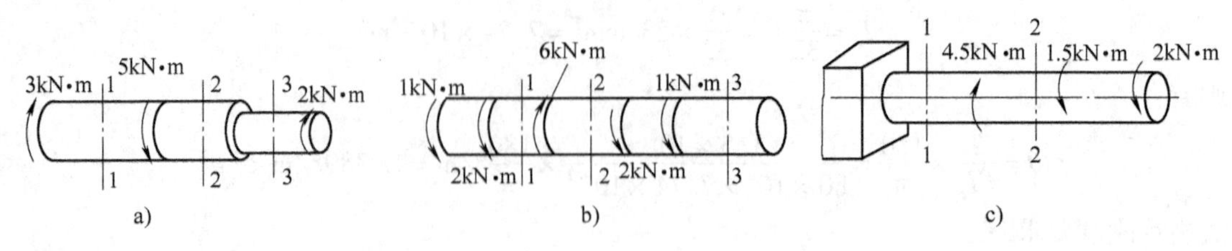

图 6-18　题 6-2 图

6-3　如图 6-19 所示，一传动轴作匀速转动，轴上装有五个轮子，主动轮 2 的输入功率为 65kW，从动轮 1、3、4、5 依次输出功率 20kW、12kW、25kW 和 8kW，轴的转速 $n=200\text{r/min}$。试：1）作该轴的扭矩图；2）通过调整轴上轮子的位置，指出最合理的布置方式。

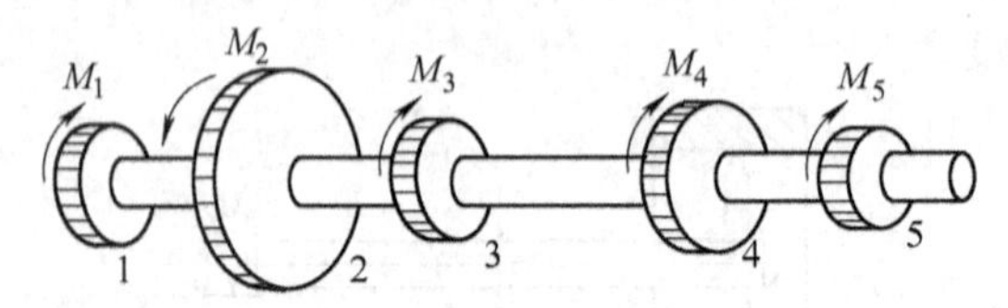

图 6-19　传动轴

6-4　某传动轴，横截面上的最大扭矩 $T=1.5\text{kN}\cdot\text{m}$，材料的许用切应力 $[\tau]=50\text{MPa}$。1）若用实心圆轴，确定其直径 d；2）若改为空心圆轴，且 $\alpha=0.9$，确定其内径 d_1 和外径 D_1；3）比较空心轴和实心轴的重量。

6-5　实心轴与空心轴通过牙嵌式离合器联接在一起，如图 6-20 所示。已知轴的转速 $n=100\text{r/min}$，传递的功率 $P=7.5\text{kW}$，$[\tau]=20\text{MPa}$。试选择实心轴的直径 d_1 和内外径比值为 0.5 的空心轴外径 D_2，并比较两轴的横截面面积。

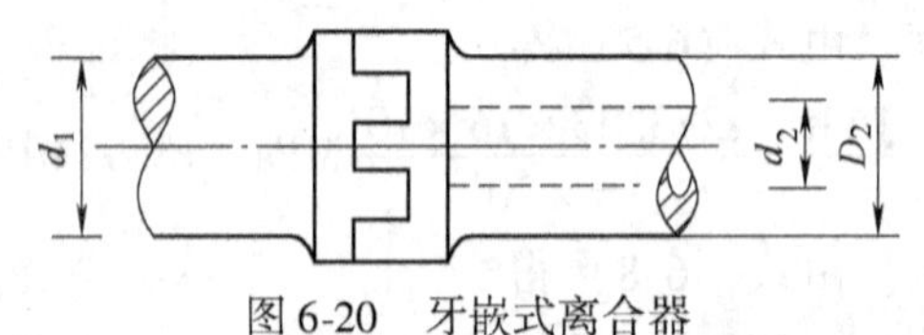

图 6-20　牙嵌式离合器

6-6　如图 6-21 所示的某带轮传动轴，已知 $P=14\text{kW}$，$n=300\text{r/min}$，轴材料的许用切应力 $[\tau]=40\text{MPa}$，$[\theta]=0.6°/\text{m}$，切变模量 $G=80\text{GPa}$。试根据强度和刚度条件计算两种截面的直径：

1）实心圆截面直径 d。

2）空心圆截面的内径 d_1 和外径 d_2（$d_1/d_2=\frac{3}{4}$）。

6-7　阶梯轴 AB 如图 6-22 所示，AC 段直径 $d_1=40\text{mm}$，CB 段直径 $d_2=70\text{mm}$，B 端输入功率 $P_B=35\text{kW}$，A 端输出功率 $P_A=15\text{kW}$，轴匀速转动，转速 $n=200\text{r/min}$，$G=80\text{GPa}$，$[\tau]=60\text{MPa}$，$[\theta]=2°/\text{m}$。试校核轴的强度和刚度。

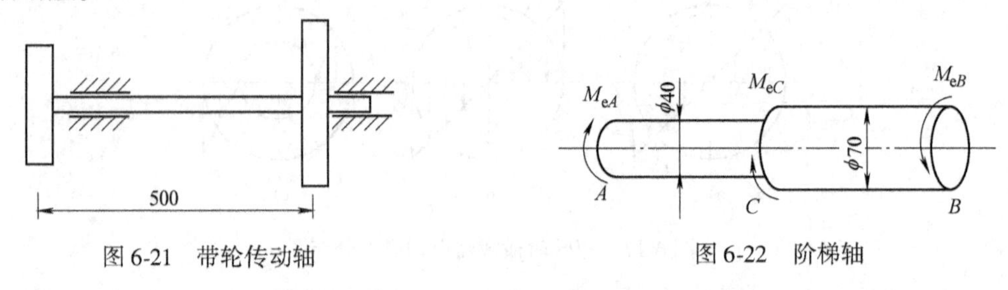

图 6-21　带轮传动轴　　　　图 6-22　阶梯轴

第7单元　平面弯曲

【学习目标】

了解弯曲的受力特点与变形特点。

了解纯弯曲、横力弯曲、中性层及中性轴的概念。

了解平面弯曲的概念、梁的基本形式及其分类。

理解剪力与弯矩的概念。

熟练应用简捷作图法绘制梁的剪力图和弯矩图。

熟练掌握弯曲正应力的计算。

熟练应用弯曲正应力强度和刚度条件解决工程实际问题。

【学习重点和难点】

剪力图和弯矩图的绘制。

梁截面应力的分布规律与截面应力的计算。

直梁的强度计算。

【案例导入】

如图7-1所示的化工用容器，借助4个耳座支架在4根长度相等的工字钢梁的中点上，工字钢梁再由四根混凝土柱支持。1）你能根据所学的知识画出单根工字钢梁的计算简图、并判断 AB 梁的变形情况吗？2）如果已知工字钢梁的长度、型号、容器的重总量及材料许用弯曲应力，请问此单根工字梁的强度足够吗？学完本单元关于梁的简化、截面应力的计算、直梁的强度计算等相关知识后，就能解决上述问题了。

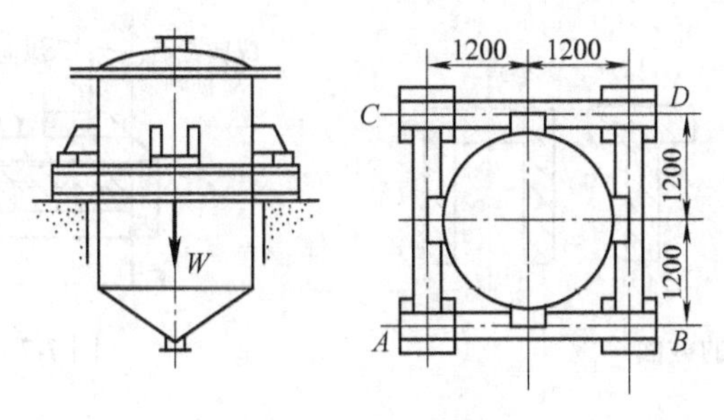

图7-1　化工容器

7.1　平面弯曲的概念

工程中我们发现如图7-2、图7-3和图7-4所示的桥式起重机、火车轮轴及油道托架，它们在垂直横梁的外力作用下，发生微小弯曲。如图7-5所示的化工反应塔，在侧力作用下也会发生微小弯曲。经观察分析发现，这些直杆具有相同的**受力特点**——外力垂直于杆的轴线，因而发生相同的**变形特点**——轴线由直线变成了曲线，这种变形称为**弯曲**。通常将只发生弯曲（或弯曲为主）变形的构件，称为**梁**。

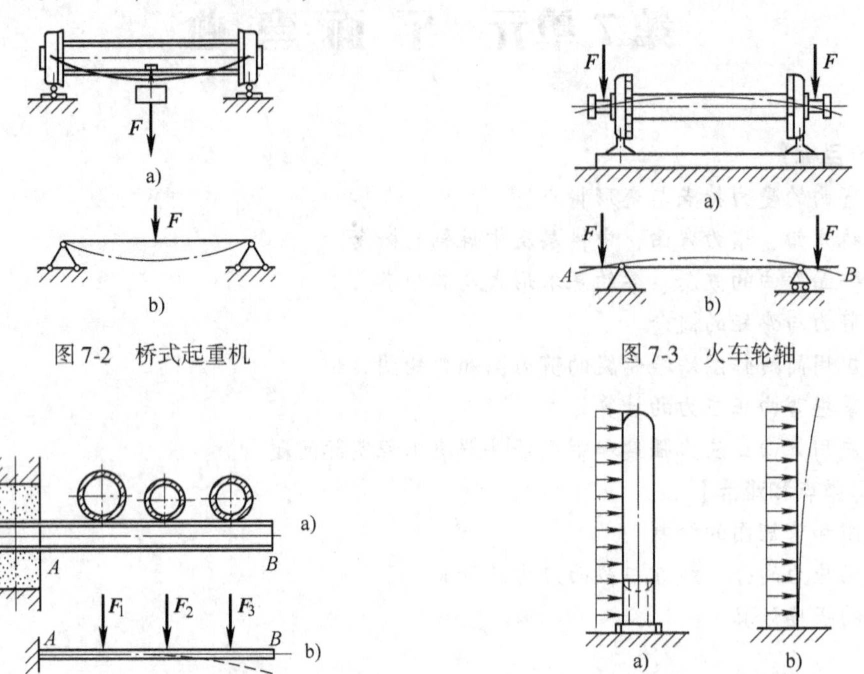

图 7-2　桥式起重机

图 7-3　火车轮轴

图 7-4　油道托架

图 7-5　化工反应塔

工程结构与机械中的梁，其横截面往往具有对称轴（图 7-6），对称轴（y）与梁的轴线（x）构成的平面称为**纵向对称面**（图 7-7）。若作用在梁上的外力（包括力偶）都位于纵向对称面内，且力的作用线垂直于梁的轴线，则变形后的曲线将是平面曲线，并仍位于纵向对称面内，这种弯曲称为**平面弯曲**。本单元仅讨论平面弯曲问题。

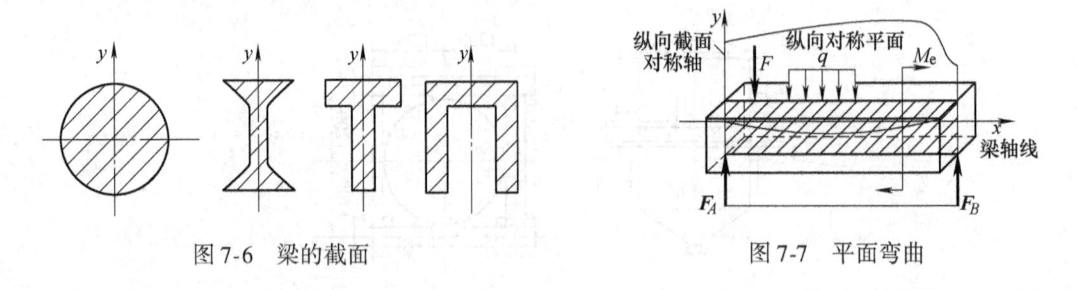

图 7-6　梁的截面

图 7-7　平面弯曲

7.2　梁的计算简图及分类

工程上梁的截面形状、载荷及支承情况一般都比较复杂，为了便于分析和计算，必须对梁进行简化，包括梁本身的简化、载荷简化以及支座的简化等。

1. 梁本身的简化

不管直梁的截面形状多么复杂，都简化为一直杆，通常用梁的轴线来表示如图 7-2b、图 7-3b、图 7-4b 和图 7-5b 所示。

2. 载荷简化

作用在梁上的载荷，通常简化为集中力、集中力偶和均布载荷。

3. 支座的简化

根据支座对梁约束的不同特点，支座可简化为静力学中的三种形式：活动铰链支座、固定铰链支座和固定端支座。

4. 梁的基本形式

根据支承情况，可将梁简化为以下三种形式：

（1）**简支梁**　一端是固定铰链支座约束，另一端是活动铰链约束的梁称为**简支梁**。如图7-2所示桥式起重机，简图见图7-8a。

（2）**外伸梁**　具有一端或两端伸出支座以外的梁称为**外伸梁**。如图7-3所示的火车轮轴，简图见图7-8b。

（3）**悬臂梁**　一端固定，另一端自由的梁，称为**悬臂梁**。如图7-5所示化工反应塔、图7-4所示油道托架，简图见图7-8c）

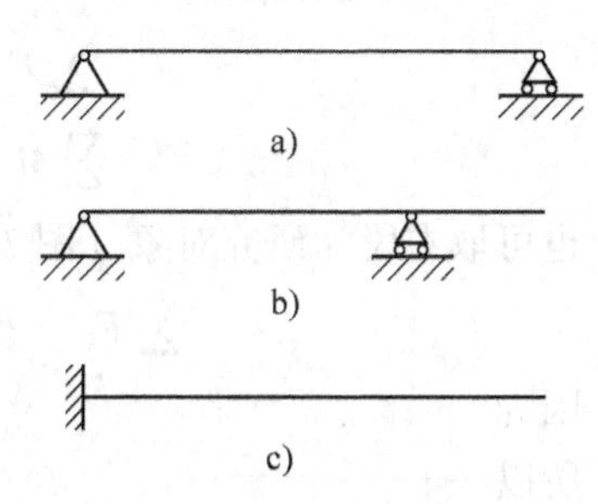

图7-8　梁的基本形式

上述三种梁的支座约束力均可通过静力平衡方程求得，称为**静定梁**。在工程实际中，有时为了提高梁的强度和刚度，采取增加梁的支承的办法，此时静力平衡方程就不足以确定梁的全部约束反力，这种梁称为**静不定梁**或**超静定梁**。

☆想一想　练一练

如图7-1所示的化工容器，借助4个耳座支架在4根长度相等的工字钢梁的中点上，工字钢梁再由四根混凝土柱支持。请问：1）你能根据所学的知识画出单根工字钢梁的计算简图吗？2）你能绘制出单根梁的受力图，并判断*AB*梁的变形情况吗？

7.3　梁的内力——剪力和弯矩

7.3.1　剪力和弯矩

梁在载荷作用下，根据平衡条件可求得支座反力。当作用在梁上的所有外力（载荷和支座反力）都已知时，用截面法可求出任一横截面上的内力。下面以简支梁为例，分析横截面上内力简化的结果，如图7-9a所示。

设载荷$\boldsymbol{F}$与支座反力$\boldsymbol{F}_A$、$\boldsymbol{F}_B$均为已知，现运用截面法求任意截面$n-n$的内力，梁总长为l，$n-n$截面到支座A的距离为x，假想沿$n-n$截面将梁分为两段（图7-9b、c），由于整个梁是平衡的，它的任一部分也应处于平衡状态。为了维持左段（图7-9b）平衡，$n-n$截面上必然存在两个内力分量：

1）力$F_Q(F_Q')$，其作用线平行于外力并通过截面形心（沿截面作用），故称为**剪力**。

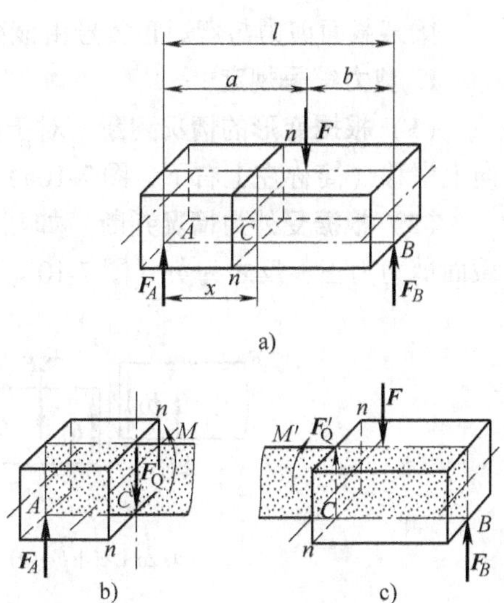

图7-9　简支梁的内力分析

2）力偶矩 $M(M')$，其力偶作用面垂直于横截面，称为**弯矩**。

若取右段（图7-9c）研究，$n-n$ 截面上的剪力和弯矩，则以 F'_Q 和 M' 表示。F'_Q、M' 和 F_Q、M 互为作用与反作用，大小相等，方向相反。

7.3.2 确定剪力和弯矩的大小

设取左段为研究对象（7－9b），取截面的形心 C 为力矩点，由平衡方程

$$\sum F_y = 0 \quad F_A - F_Q = 0 \quad 得 F_Q = F_A \tag{1}$$

$$\sum M_C = 0 \quad M - F_A x = 0 \quad 得 M = F_A x \tag{2}$$

也可取右段为研究对象（图7-9c），由

$$\sum F_y = 0 \quad F'_Q - F + F_B = 0 \quad 得 F'_Q = F - F_B \tag{3}$$

因为 $$F_A + F_B - F = 0 \quad F_A = F - F_B$$

所以 $$F'_Q = F_A = F_Q$$

$$\sum M_C = 0 \quad F_B(l-x) - F(a-x) - M' = 0$$

整理得 $$M' = F_B l - Fa + (F - F_B)x \tag{4}$$

由 $\sum M_A = 0$ 得 $$F_B l - Fa = 0 \tag{5}$$

将式（5）代入式（4）得 $$M' = (F - F_B)x \tag{6}$$

将式（2）代入式（6）得 $$M' = F_A x = M$$

式（1）、式（2）、式（3）和式（4）表明，梁任一截面上的内力 $F_Q(F'_Q)$ 与 $M(M')$ 的大小，由该截面一侧（左侧或右侧）的外力确定，其公式为

$$\begin{aligned} &F_Q(F'_Q) = 截面一侧所有外力的代数和 \\ &M(M') = 截面一侧所有外力对截面形心力矩的代数和 \end{aligned} \tag{7-1}$$

7.3.3 F_Q 与 M 的正负号规定

梁某截面剪力与弯矩正负号由该截面附近的变形情况确定。

1. 剪力符号规定

（1）**根据变形的情况判断** 对于剪力，以该截面（如 $n-n$）为界，如左段相对于右段向上滑移（简称左上右下，图7-10a），则截面剪力为正，反之为负（图7-10b）。

（2）**根据受外力情况判断** 如截面左段合外力向上，右段合外力向下（图7-10a），则截面剪力为正，反之为负（图7-10b）。

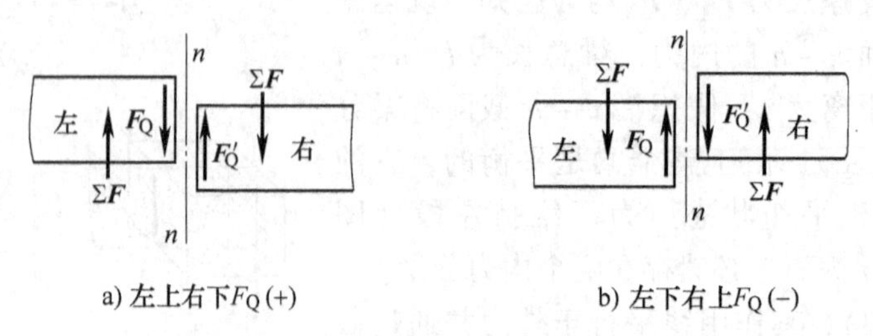

图7-10 剪力正负号规定

2. 弯矩符号规定

（1）**根据变形的情况判断** 对于弯矩，若梁在该截面附近弯成上凹下凸（7-11a），则弯矩为正；反之为负（7-11b）。

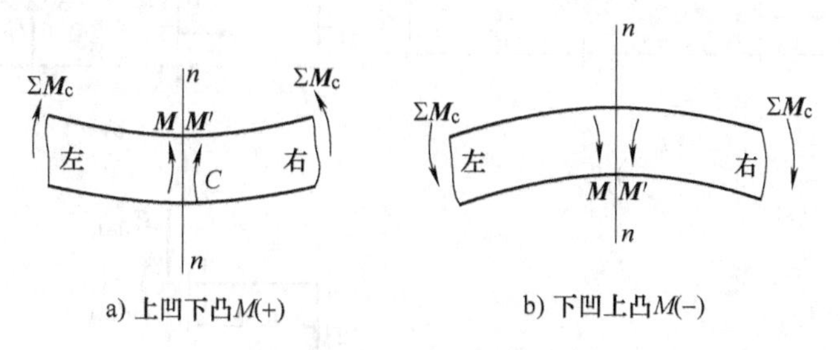

a) 上凹下凸$M(+)$　　b) 下凹上凸$M(-)$

图7-11 弯矩正负号规定

（2）**根据受外力情况判断** 当截面左侧合外力（包括力偶）对截面形心的力矩为顺时针（简称左顺）转动时，弯矩为正；逆时针转动时弯矩为负。

总之，剪力、弯矩的大小和正负，均与截面一侧外力、外力矩代数和的大小和正负号相同。外力和外力矩的正负规定，简要归纳如下：

外 力	剪 力	外力矩	弯 矩
左上右下(+)	$F_Q(+)$	左顺右逆(+)	$M(+)$
左下右上(-)	$F_Q(-)$	左逆右顺(-)	$M(-)$

☆想一想 练一练

如图7-12所示的悬臂梁，已知其受集中力 $\boldsymbol{F}$ 作用，试根据上述所学知识，判断截面 $n-n$ 的弯矩和剪力大小及正负号。

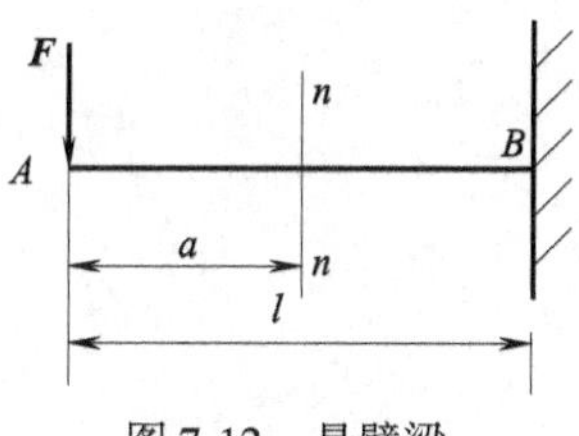

图7-12 悬臂梁

案例7-1 外伸梁上受集中力 $\boldsymbol{F}$ 和集中力偶 $M=Fa$ 作用，如图7-13a所示，图中 F、a 等均为已知。求1-1、2-2、3-3、4-4截面上的剪力和弯矩。

分析：1）先计算约束力。

考虑整体平衡，画出外伸梁的受力图（如图7-13b所示），利用 $\sum M_A=0$ 和 $\sum M_B=0$ 可以求得 $F_A=F$，$F_B=2F$，方向如图7-13b所示。

2）截面法求内力。

将梁分别从1-1、2-2、3-3、和4-4截面截开，考虑左边部分平衡，并假设截面上剪力和弯矩的正方向，所得各部分的分离体受力图分别如图7-13c、d、e、f所示。然后利用式（7-1），即可求得各截面的剪力和弯矩如下：

1-1截面　$F_{Q1-1}=-F$　　$M_{1-1}=-F(a-\Delta)=-Fa$　　$(\Delta\to0)$

2-2截面　$F_{Q2-2}=-F$　　$M_{2-2}=-F(a+\Delta)+M=0$　　$(\Delta\to0)$

3-3截面　$F_{Q3-3}=-F$　　$M_{3-3}=-F(2a-\Delta)+M=-Fa$　　$(\Delta\to0)$

4-4截面　$F_{Q4-4}=-F+2F=F$　　$M_{4-4}=-F(2a+\Delta)+M=-Fa$　　$(\Delta\to0)$

负号表示实际方向与图中所设正方向相反，Δ 为截面与指定点之间的距离。

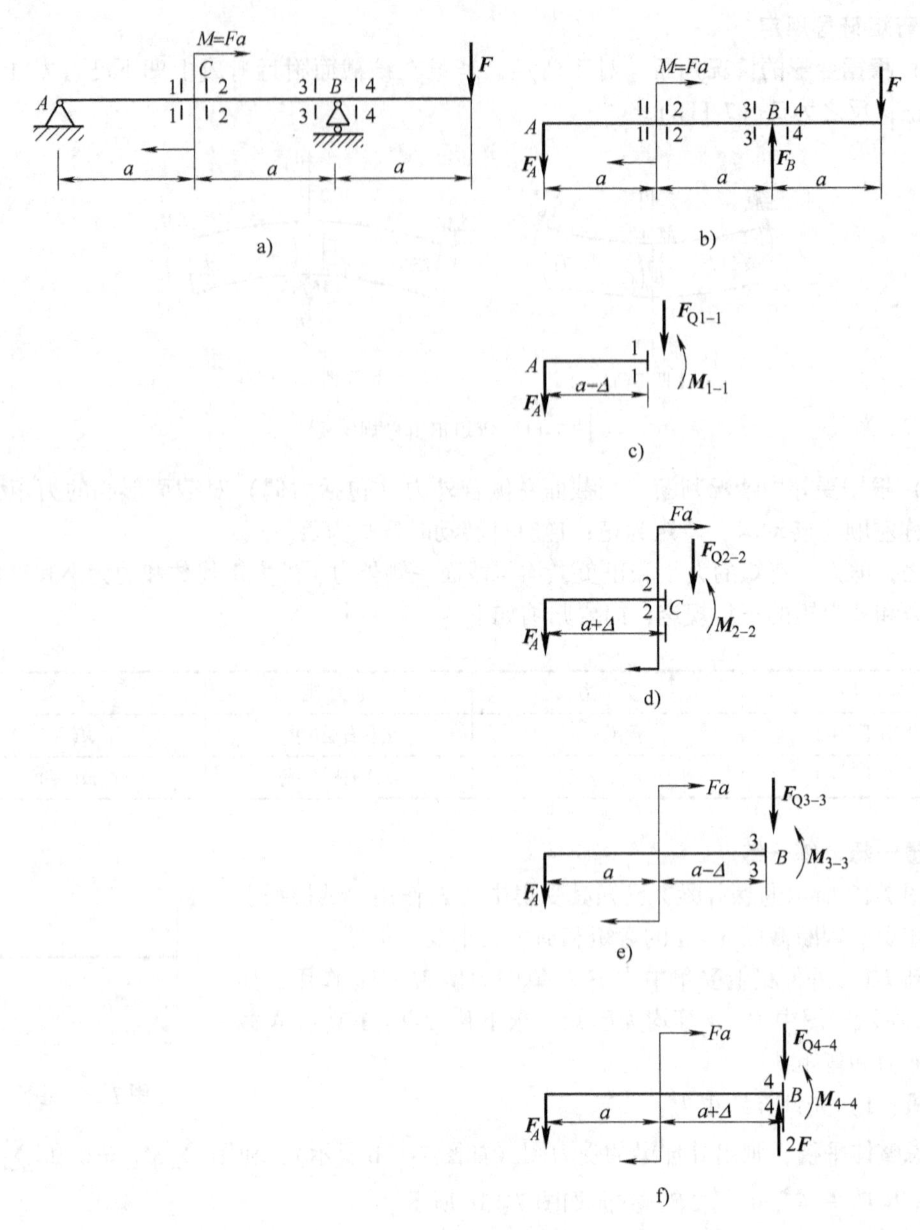

图 7-13 外伸梁受力图

7.4 剪力图和弯矩图

一般情况下，梁内剪力和弯矩随着截面的不同而不同，表示剪力和弯矩沿着梁长度方向变化规律的函数关系称为“**剪力方程**”和“**弯矩方程**”。如果用 x 表示截面位置，则剪力方程、弯矩方程的数学表达式为

$$F_Q = F_Q(x)$$
$$M = M(x)$$

通常其梁的左端面为坐标原点，沿长度方向向右建立一维坐标 Ox，坐标 x 即可表达截面的位置。

为了清楚地看出梁各截面上 F_Q和 M 的大小、正负以及最大值所在的截面位置，把剪力和弯矩方程用其函数图表示，分别称为**剪力图**和**弯矩图**。

绘制剪力图和弯矩图的基本方法是先建立剪力、弯矩方程，然后按方程作图。通过以下几个案例讲授剪力图和弯矩图的绘制。

案例 7-2 桥式起重机横梁长 L，起吊重量为 $\boldsymbol{F}$（图7-14所示），不计梁的自重，试绘制其 F_Q和 M 图，并确定 F_Q和 M 的最大值。

分析：1）画横梁的计算简图，如图 7-14b 所示。

2）求出桥式起重机横梁的支座反力。

取梁的整体作为研究对象，并画出其受力图，如图7-14c所示。

列平衡方程可得

$$\sum M_B = 0 \qquad -F_A L + Fb = 0$$

得

$$F_A = \frac{Fb}{L} = \frac{b}{a+b}F$$

同理列平衡方程可得

$$\sum M_A = 0 \qquad F_B L - Fa = 0$$

得

$$F_B = \frac{Fa}{L} = \frac{a}{a+b}F$$

3）建立 F_Q和 M 方程。

梁的 C 截面有集中力作用，故 AC 段和 CB 段的剪力和弯矩方程不同，需要分别建立。

设 AC 段和 CB 段的任一截面位置分别以 x_1、x_2 表示（图 7-14c 所示），并以截面左侧的外力计算 F_Q、M，则它们的方程为

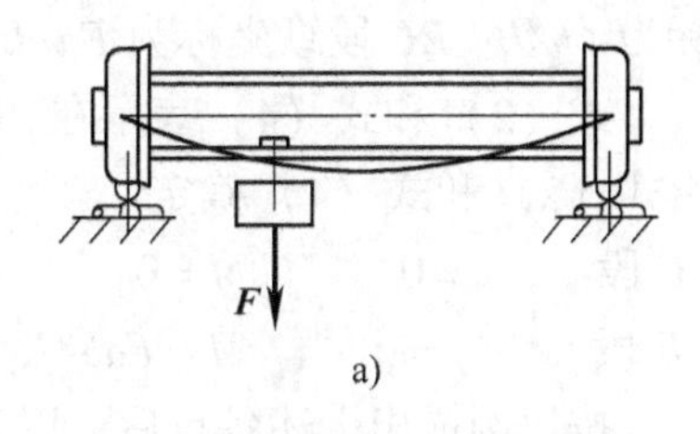

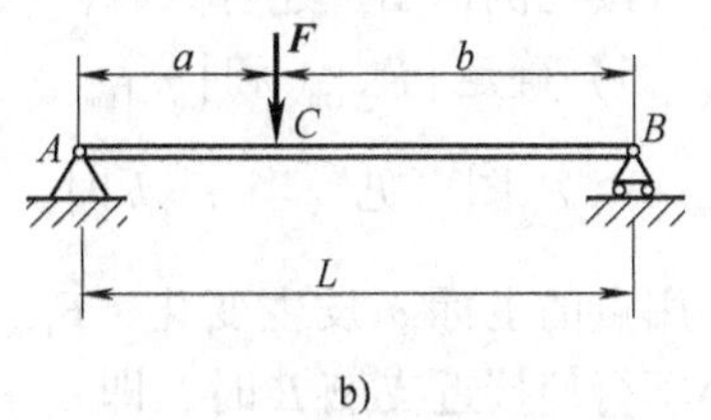

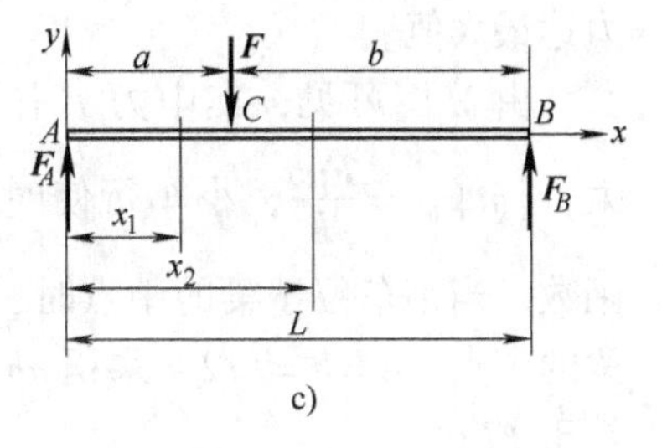

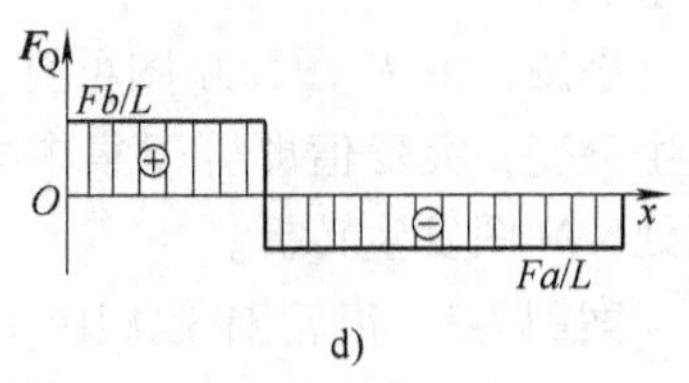

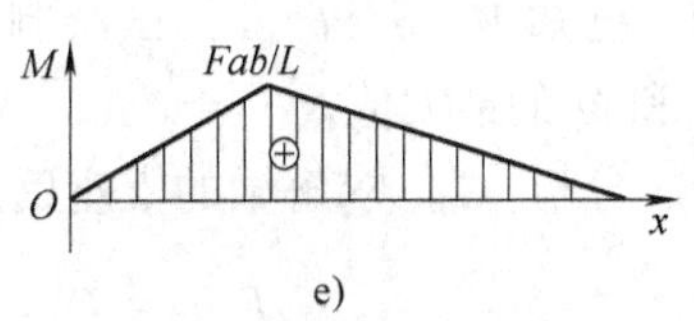

图 7-14 桥式起重机

AC 段

$$F_Q(x_1) = F_A = \frac{Fb}{L} \qquad 0 < x_1 < a \tag{1}$$

$$M(x_1) = F_A x_1 = \frac{Fb}{L}x_1 \qquad 0 \leqslant x_1 \leqslant a \tag{2}$$

CB 段

$$F_Q(x_2) = F_A - F = -\frac{Fa}{L} \qquad a < x_2 < L \tag{3}$$

$$M(x_2) = F_B(L - x_2) = \frac{Fa}{L}(L - x_2) \qquad a \leqslant x_2 \leqslant L \tag{4}$$

4）绘制 F_Q、M 图。

式（1）和式（3）表示在 AC、CB 段的剪力为常数，剪力图为两条水平线，AC 段纵坐标为 Fb/L；BC 段纵坐标为 Fa/L，如图 7-14d 所示。

式（2）和式（4）表示在 AC、CB 段的弯矩图为两条斜直线，各段两端点的坐标分别由式（2）和式（4）确定。

AC 段　$x=0$　$M=0$；　$x_1=a$　$M=Fab/L$

CB 段　$x_2=a$　$M=Fab/L$；　$x_2=L$　$M=0$

按比例描出上述各点后，以直线相连，便得弯矩图如 7-14e 所示。

5）确定 $|F_Q|_{max}$ 和 $|M|_{max}$。

由 F_Q 图可见，当 $a>b$ 时，BC 段各截面 F_Q 的值最大，$|F_Q|_{max}=\dfrac{Fa}{L}$。小车行使时，力 F 作用点的坐标 a 发生变化，F_{Qmax} 也随之发生改变。当小车行使接近支座 B 时，即 $a \to L$ 时，$|F_Q|_{max} \to F$，剪力达最大值。

由 M 图可见，集中力 F 作用的截面 C 上弯矩最大，$|M|_{max}=\dfrac{Fab}{L}$，小车行使时，M_{max} 是 a、b 乘积的函数。当小车位于梁的中点时，集中力 F 作用于简支梁的中点，$a=b=L/2$，乘积 ab 最大，所以 M_{max} 最大，等于 $FL/4$。

小结：由 F_Q 图、M 图可见，集中力作用处，剪力发生突变，突变值即等于集中力的大小；而集中力作用处，M 图发生转折。

案例 7-3　齿轮轴受集中力偶作用，如图 7-15a 所示，已知 M、a、b、L，试绘制 F_Q 图和 M 图，并确定 F_Q 和 M 的最大值。

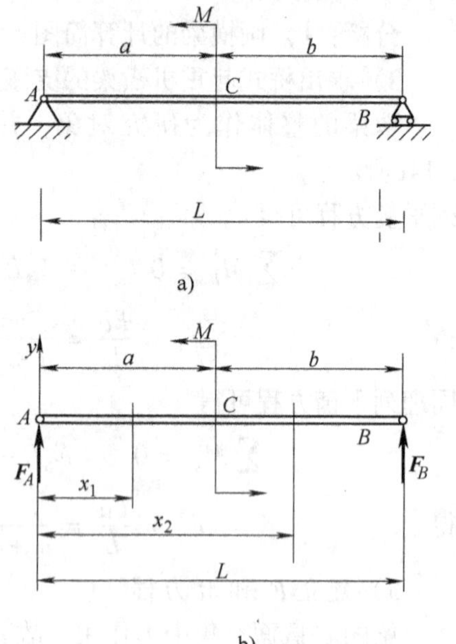

分析：1）求解梁的支座反力。

$$F_A=-F_B=\frac{M}{L}$$

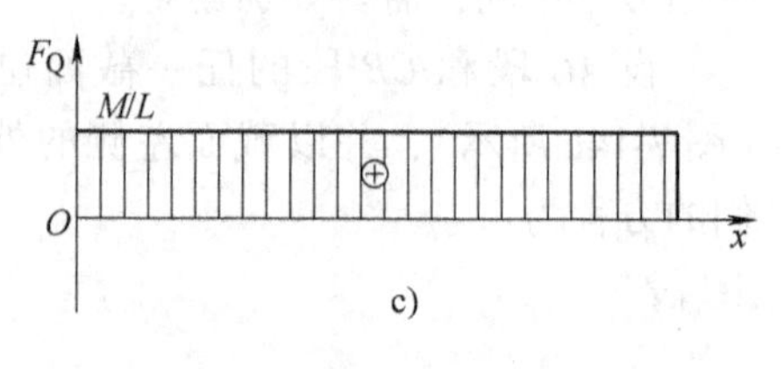

2）建立剪力和弯矩方程 。

AC 段

$$F_Q(x_1)=F_A=\frac{M}{L} \qquad 0<x_1 \leqslant a \quad (1)$$

$$M(x_1)=F_A x_1=\frac{M}{L}x_1 \qquad 0 \leqslant x_1<a \quad (2)$$

CB 段

$$F_Q(x_2)=F_A=\frac{M}{L} \qquad a \leqslant x_2<L \quad (3)$$

$$M(x_2)=F_A x_2-M=\frac{M}{L}(x_2-L) \qquad a<x_2 \leqslant L \quad (4)$$

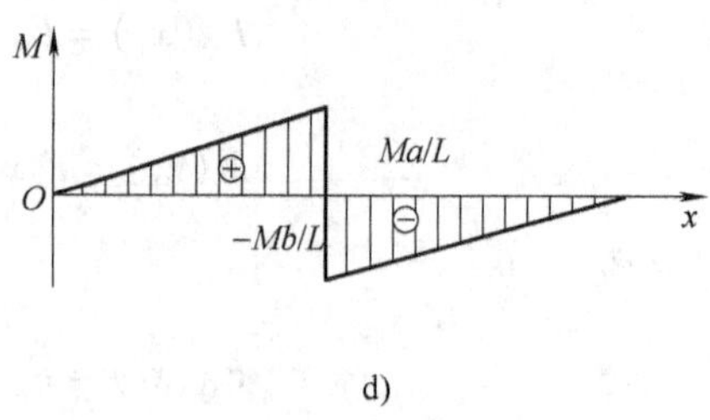

图 7-15　集中力偶作用的简支梁

3）绘制剪力图和弯矩图。

由式（1）和式（3）可知 F_Q是一条平行 x 轴上方的水平线，$|F_Q|_{max}=\frac{M}{L}$。由式（2）和式（4）可知，在 AC 段 M 图为上升的斜直线，截面 C 的左侧弯矩值为 Ma/L，CB 段内 M 图为一向上倾斜的斜直线，截面 C 的右侧弯矩值为 $-Mb/L$，在集中力偶作用处，弯矩图发生突变，突变值的绝对值等于集中力偶的大小，如图 7-15d 所示。由 7-15c、d 可知，$|F_Q|_{max}=\frac{M}{L}$，$|M|_{max}=\frac{Ma}{L}$（$a>b$）。

小结：由 F_Q图和 M 图可见，集中力偶作用处弯矩发生突变，突变值即等于集中力偶的大小；而集中力偶作用处，F_Q图不变。

案例 7-4 设简支梁上作用均布载荷，载荷集度为 q，梁长为 L（图 7-16a 所示），试画出其 F_Q图和 M 图，并确定 F_Q和 M 的最大值。

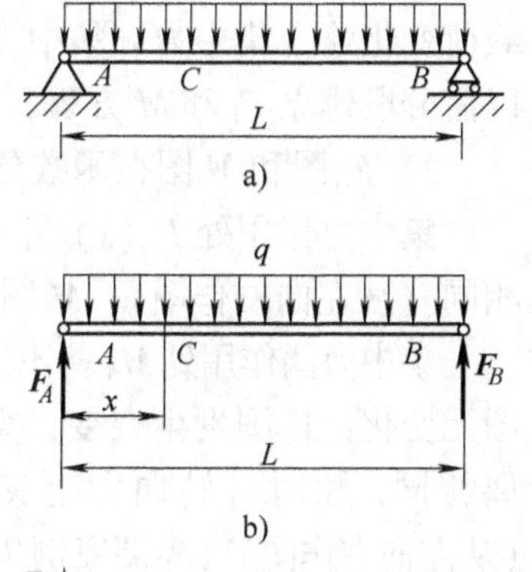

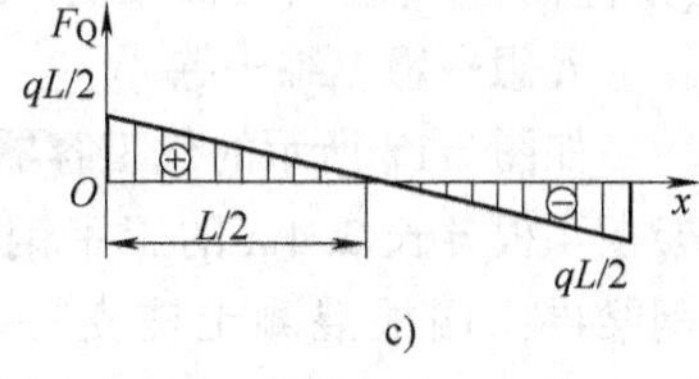

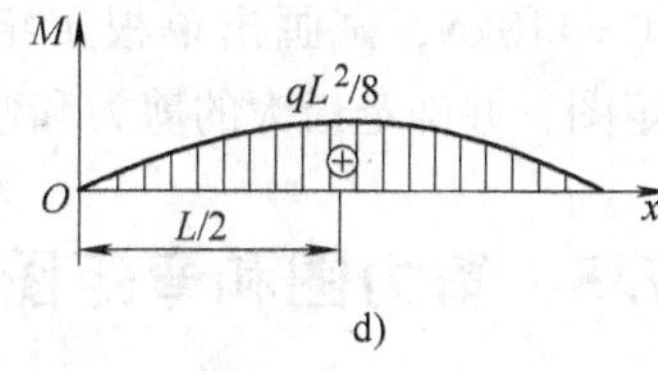

图 7-16 作用均布载荷的简支梁

分析：1）求解梁的支座反力。

$$F_A=F_B=qL/2$$

2）建立剪力和弯矩方程。

$$F_Q(x)=F_A-qx=\frac{qL}{2}-qx \qquad 0<x<L \qquad (1)$$

$$M(x)=F_Ax-\frac{qx^2}{2}=\frac{qL}{2}x-\frac{qx^2}{2} \qquad 0\leqslant x\leqslant L \qquad (2)$$

3）绘制剪力图和弯矩图。

式（1）表明剪力是 F_Q是 x 的一次式，而且

当 $x\to 0$ 时，$F_Q\to F_A=qL/2$

当 $x\to L$ 时，$F_Q\to F_A-qL=-qL/2$

故 F_Q图是一条斜直线，如图 7-16c 所示。

式（2）是 x 的二次式，表明 M 图为 x 的二次抛物线。至少需根据式（2）确定三个点的坐标。

x	0	$L/2$	L
M	0	$qL^2/8$	0

根据以上三点的坐标值，按比例描点、连线，得弯矩图，如图 7-16d 所示。

由 F_Q图和 M 图可知，梁的两端截面上剪力最大；中点截面上的弯矩最大。它们分别为

$$|F_Q|_{max}=\frac{qL}{2} \qquad |M|_{max}=\frac{qL^2}{8}$$

为了简捷地绘制与校核 F_Q图和 M 图，必须寻找 F_Q和 M 随载荷不同而变化的规律。综

合以上各例，可得：

1）一般情况下，从 F_Q和 M 是截面位置的不连续函数，或者说是分段定义的连续函数。载荷变化处（集中力、集中力偶作用处，分布载荷的始末端）为 F_Q和 M 函数的分界线，所以需分段建立 F_Q和 M 方程，以绘制 F_Q图和 M 图。

2）F_Q图和 M 图在函数分界线处的特点：

集中力作用处 $F_Q(x)$ 不连续（图 7-14d），F_Q图发生突变，突变的方向和数值与集中力相同（从左向右作图）；M 图发生转折（参阅案例 7-2）。

集中力偶作用处 $M(x)$ 不连续（图 7-15d），F_Q图无变化；M 图发生突变，突变的数值与集中力偶相同，顺时针转向向上突变，反之向下突变（从左向右作图）（参阅案例 7-3）。

☆**想一想　练一练**

如图 7-17 所示的化工容器，借助 4 个耳座支架在 4 根各长 2.4m 的工字钢梁的中点上，工字钢梁再由四根混凝土柱支持。容器包括物料重 $W=110\text{kN}$，试画出单根工字钢梁的剪力图和弯矩图，并确定最大的剪力和弯矩值。

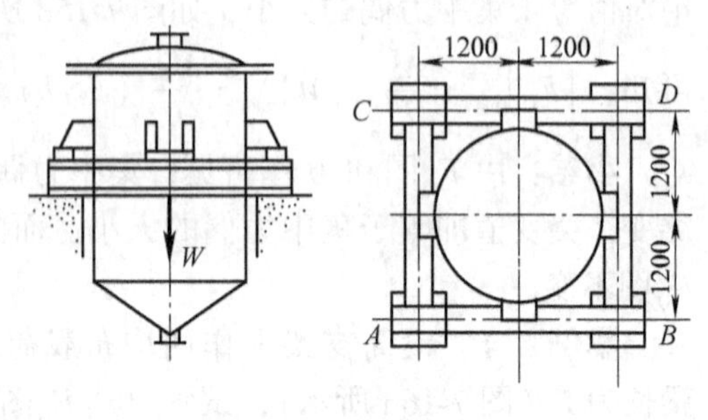

图 7-17　化工容器

7.5　剪力图和弯矩图的特点及简捷作法

7.5.1　$F_Q(x)$、$M(x)$与载荷集度 $q(x)$之间的微分关系

梁上的载荷在分界线之间（不含分界线）分两种情况，1）存在分布载荷，$q(x)\neq 0$，如图7-18所示 CD 段；2）无载荷作用 $q(x)=0$，如图 7-18 所示 AC、DE、EB 等段。

由于分界线之间的 $F_Q(x)$、$M(x)$ 函数和载荷，都是连续函数，则它们的变化情况，可用其函数变化率——导函数表示。

如案例 7-4 图 7-16 所示的均布载荷作用的简支梁，AB 段的剪力和弯矩方程为

$$F_Q(x)=F_A-qx=\frac{qL}{2}-qx \qquad 0<x_1<L$$

$$M(x)=F_Ax-\frac{qx^2}{2}=\frac{qL}{2}x-\frac{qx^2}{2} \qquad 0\leqslant x_1\leqslant L$$

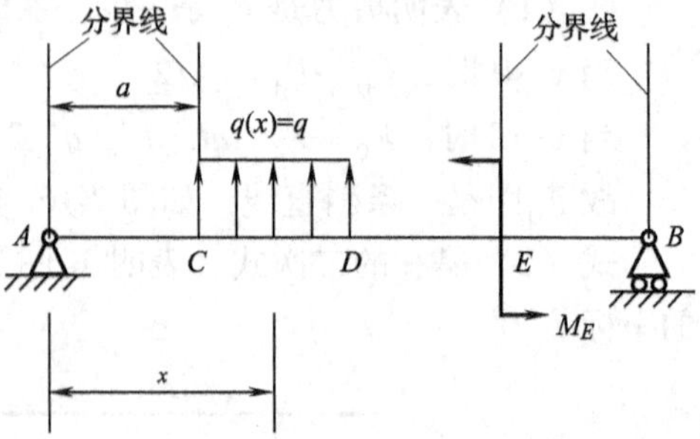

图 7-18　简支梁

它们的导函数分别为

$$\frac{dF_Q(x)}{dx}=-q$$

$$\frac{dM(x)}{dx}=\frac{qL}{2}-qx=F_Q(x)$$

$$\frac{d^2M(x)}{dx^2}=-q$$

上述各式表明 $F_Q(x)$、$M(x)$ 与 $q(x)$ 之间存在微分关系。一般情况下，$q(x)$ 的参考方向取与图7-16中 $q(x)$ 相反的方向，则有：

$$\frac{dF_Q(x)}{dx}=q \tag{7-2}$$

$$\frac{dM(x)}{dx}=F_Q(x) \tag{7-3}$$

$$\frac{d^2M(x)}{dx^2}=q \tag{7-4}$$

式（7-2）表明，$q(x)$ 是 $F_Q(x)$ 的导函数，因此，剪力图上某点的切线的斜率等于对应点的载荷集度 $q(x)$。

式（7-3）表明，$F_Q(x)$ 是 $M(x)$ 的导函数，因此，弯矩图上某点的切线的斜率等于对应截面上的剪力。

式（7-4）表明，$q(x)$ 是 $M(x)$ 的二阶导函数，因此，弯矩图的凸凹方向由 $q(x)$ 的正负号确定。

7.5.2 F_Q图和 M 图的特点

根据 $F_Q(x)$、$M(x)$ 与 $q(x)$ 之间的关系，并设 x 轴向右为正，$q(x)$ 向上为正，向下为负，正的 F_Q图、M 图画在 x 轴的上方，便得 F_Q图、M 图的特点如下：

1. 分界线之间——无分布载荷作用的梁段 $q(x)=0$

由于 $q(x)=0$，即$\frac{dF_Q(x)}{dx}=q=0$，因此 $F_Q(x)=$常数，剪力图是一条平行于 x 轴的直线。又由于$\frac{dM(x)}{dx}=F_Q(x)=$常数，该段弯矩图上各点切线的斜率为常数，因此弯矩图是一条直线，这时可能出现以下三种情况：

1）$F_Q(x)=$常数>0，M 图为一条上斜直线（／）。

2）$F_Q(x)=$常数<0，M 图为一条下斜直线（＼）。

3）$F_Q(x)=$常数$=0$，M 图为一条水平线（——）。

2. 均布载荷作用的梁段——$\frac{dF_Q(x)}{dx}=q=$常数

由于$\frac{dF_Q(x)}{dx}=q=$常数，因此剪力图上各点切线的斜率为常数，剪力图是一条斜直线，弯矩图为二次抛物线。可能出现以下两种情况：

1）均布载荷向下，$\frac{dF_Q(x)}{dx}=q=$常数<0，F_Q图为下斜直线（＼）；$\frac{d^2M(x)}{dx^2}=q<0$，M 图为上凸的二次抛物线（⌒）。

2）均布载荷向上，$\frac{dF_Q(x)}{dx}=q=$常数>0，F_Q图为上斜直线（／）；$\frac{d^2M(x)}{dx^2}=q>0$，M 图为下凹的二次抛物线（◡）。

3. 弯矩的极值

在剪力等于零的截面上，由于$\frac{dM(x)}{dx}=F_Q(x)=0$，所以 $M(x)$ 可取极值。

4. 图形变化

1）在集中力作用的截面上，剪力发生突变，突变值等于集中力的大小，自左向右突变的方向与集中力的指向相同，弯矩图出现尖点。

2）在集中力偶作用的截面上，剪力图无变化，弯矩图发生突变，突变值等于集中力偶矩的大小。当集中力偶顺时针时，自左向右弯矩图向上突变；反之，则自左向右弯矩图向下突变。

7.5.3 F_Q图和 M 图的简捷作法

梁的剪力、弯矩图的规律见表 7-1。

表 7-1 梁的剪力、弯矩图的规律

载荷类型	无载荷段 $q(x)=0$	均布载荷 $q(x)=$常数		集中力		集中力偶	
		$q<0$	$q>0$	F, C	C, F	M, C	M, C
F_Q图	水平线	倾斜线		产生突变		无影响	
				F	F		
M图	$F_Q>0$ 斜直线 $F_Q=0$ 水平线 $F_Q<0$ 斜直线	二次抛物线 $F_Q=0$ 有极值		有 C 处有折角		产生突变	
				C	C	M	M

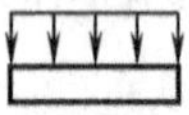

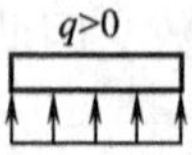

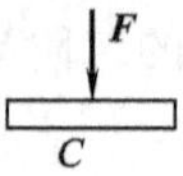

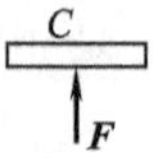

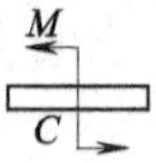

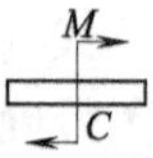

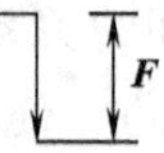

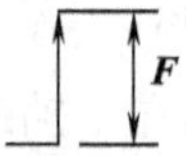

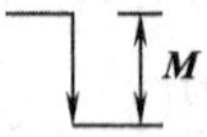

根据表 7-1F_Q图、M 图的规律，便可判断 F_Q图、M 图的大致形状，因而作图时，无需建立 F_Q图、M 方程，而直接根据 F_Q图、M 图的规律绘图。既简便又迅速，此法称为**简捷作法**。下面通过几个案例说明 F_Q图、M 图的简捷作法。

案例 7-5 一外伸梁如图 7-19a 所示，已知 $q=4\text{kN/m}$，$F=16\text{kN}$，$L=4\text{m}$。试画出梁的剪力图和弯矩图。

分析：1）画出梁的受力图，如图 7-19b 所示。

2）求出支座反力。取梁 AB 为研究对象，列平衡方程为

$$\sum M_B=0 \qquad F_DL-F\frac{L}{2}+q\frac{L}{2}\frac{L}{4}=0$$

得

$$F_D=\frac{F}{2}-q\frac{L}{8}=(8-2)\text{kN}=6\text{kN}$$

$$\sum F_y=0 \qquad F_B-F+F_D-q\frac{L}{2}=0$$

得

$$F_B=F-F_D+q\frac{L}{2}=(16-6+8)\text{kN}=18\text{kN}$$

3）分段——根据各段受力情况将全梁分为 AB、BC、CD 三段。

4）判断各段 F_Q图、M 图的大致形状。

段名	$AB(q<0)$	$BC(q=0)$	$CD(q=0)$
F_Q图	╲	—	—
M图	⌒	╲或╱	╲或╱

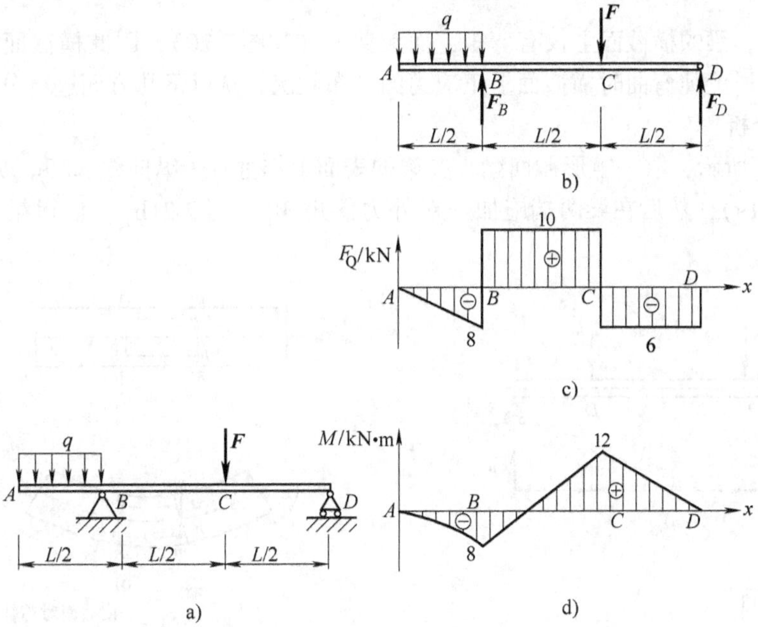

图7-19　外伸梁的受力分析和内力图

5）分段绘制 F_Q图，如图7-19c 所示。

段名	AB $(q<0)$		BC		CD	
截面	A^+	B^-	B^+	C^-	C^+	D^-
F_Q/kN	0	−8	+10	+10	−6	0
	╲		+10		−6	

该表中 $F_{QB-}=-\dfrac{qL}{2}=-8\text{kN}$，$F_{QB+}=-\dfrac{qL}{2}+F_B=10\text{kN}$，$F_{QC+}=-F_D=-6\text{kN}$。

6）分段绘制 M 图，如图7-19d 所示。

段名	$AB(q<0)$		BC		CD	
截面	A^+	B^-	B^+	C^-	C^+	$D-$
$M/(\text{kN·m})$	0	−8	−8	+12	+12	0

该表中 $M_{B-}=M_{B+}=-\dfrac{qL}{2}\dfrac{L}{4}=-8\text{kN·m}, M_{C-}=M_{C+}=F_D\dfrac{L}{2}=12\text{kN·m}$。

7.6　纯弯曲时梁横截面上的应力

7.6.1　纯弯曲的概念

一般情况下，梁在发生弯曲变形时横截面上都存在剪力和弯矩，我们称这种弯曲为**横力**

弯曲（即**剪切弯曲**）。如图7-20所示简支梁的*CD*段上，剪力值为零，而弯矩为常数，因此该段无剪切变形，仅有弯曲变形，我们称这种平面弯曲为**纯弯曲**。

7.6.2 横截面上应力的分布规律

纯弯曲时，梁的横截面上仅有弯矩，而无剪力（如图7-20），因此横截面上仅存在弯曲正应力。为了讨论纯弯曲时横截面上正应力的分布状况，从以下几方面进行分析：

1. 变形分析

如图7-21所示，取一矩形截面梁，在梁的表面上作垂直于纵向线*aa*和*bb*的横向线*mm*和*nn*（图7-21a），然后在梁两端施加一对外力偶矩M_e（图7-21b），使得梁发生纯弯曲变形，可以发现：

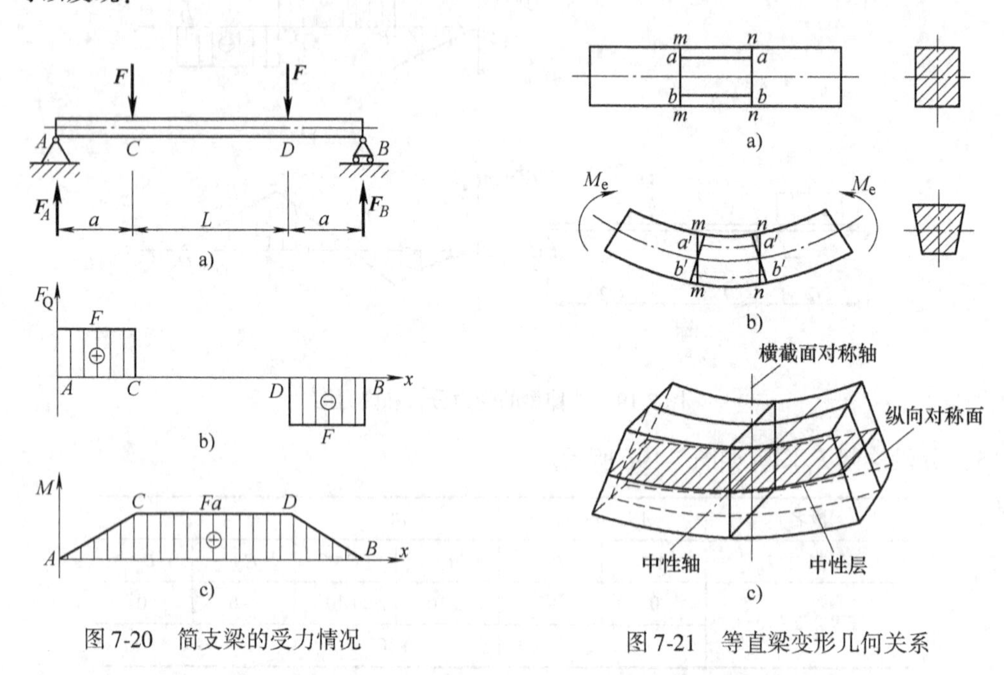

图7-20 简支梁的受力情况

图7-21 等直梁变形几何关系

1）横向线*mm*和*nn*仍为直线，且仍与纵向线正交，但发生了相对转动。

2）纵向线*aa*和*bb*变成了曲线，靠近凹边的线段缩短（$a'a'$）；凸边的线段伸长（$b'b'$）。

根据上述现象，可对梁的变形和受力作如下假设：

1）变形后，横截面仍为平面，且仍与变形后的纵向线正交，但是产生了相对转动。

2）纵向纤维仅产生轴向拉伸或压缩变形，无垂直于纤维方向的挤压（即梁的纵向截面上无正应力）。

由平面假设可得：

1）横截面上无剪力。

2）横截面上既有拉应力又有压应力，弯曲变形时，梁的一部分纵向纤维伸长，另一部分缩短，从缩短到伸长，变化是逐渐而连续的。

由缩短区过渡到伸长区，必存在一层既不伸长也不缩短的纤维（图7-21c），称为**中性层**，它是梁上缩短区与伸长区的分界面。中性层与横截面的交线，称为**中性轴**（图7-21c）。

变形时，横截面绕中性轴发生相对转动。

依据以上分析，现从纯弯曲梁中取长度为 dx 的微段（图7-22a），其左右截面相对转角为 dθ，中性层 $O'O'$的曲率半径为ρ。沿截面的纵向对称轴与中性轴分别建立 y 轴和 z 轴，距中性轴为 y 的纵向线 bb 原长为 dx，它等于ρdθ，变形后弧长 $b'b'$的长度为（$y+\rho$）dθ，所以纵向线的正应变为

$$\varepsilon=\frac{(\rho+y)\mathrm{d}\theta-\rho\mathrm{d}\theta}{\rho\mathrm{d}\theta}=\frac{y}{\rho} \tag{7-5}$$

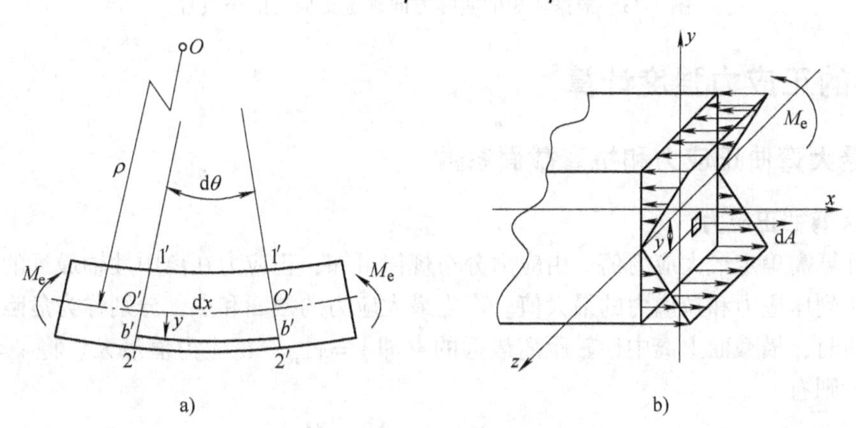

图7-22 梁的正应力分布

上式表明，各纵向线的正应变与其到中性轴的距离 y 成正比。

2. 物理关系

由胡克定律 $\sigma=E\varepsilon$ 可知，横截面上的正应力正比于 ε，即

$$\sigma=E\varepsilon=\frac{Ey}{\rho} \tag{7-6}$$

横截面上正应力的分布规律如图7-22b所示，沿截面宽度方向（离中性轴距离 y 相同的各点）正应力相同；沿截面高度方向按直线规律变化，中性轴上各点正应力为零，离中性轴最远的点正应力最大，即正应力正比于 y。

式（7-6）表明了梁横截面上正应力的变化规律。而要确定截面上某点的正应力的大小，还需建立应力与内力之间的静力关系。

7.6.3 正应力计算公式

利用静力学关系可得纯弯曲时梁横截面任意点的正应力计算公式为

$$\sigma=\frac{M}{I_z}y \tag{7-7}$$

式中，σ 是横截面上离中性轴距离为 y 各点的正应力；M 是该截面上的弯矩；I_z是该截面对中性轴 z 的惯性矩，惯性矩是与梁截面尺寸和形状有关的参数。

纯弯曲时梁横截面任意点的正应力计算公式，在一定条件下也适用于横力弯曲。如图7-23所示的矩形的惯性矩为 $I_z=bh^3/12$。

应用式（7-7）时，M 与 y 可以代入绝对值，所求点的 σ 是拉应力还是压应力，可直接按梁的弯矩方向判断，如图7-23所示。

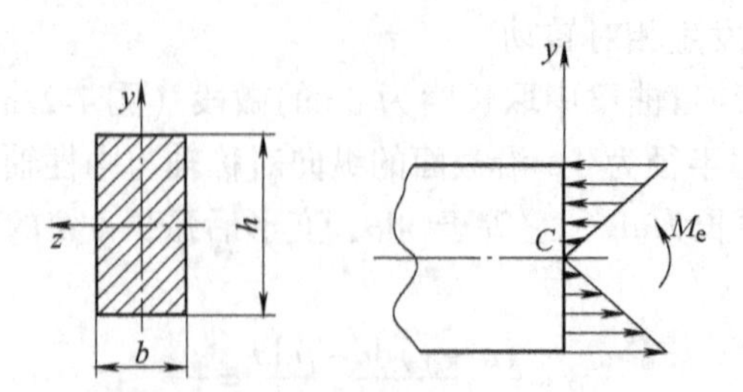

图 7-23　根据弯矩的实际方向确定正应力的正负号

7.7　梁的正应力强度计算

7.7.1　最大弯曲正应力和抗弯截面系数

1. 最大弯曲正应力

强度计算需确定最大应力值。由应力分布规律可知，正应力在离中性轴最远的上下边缘部分分别达到压应力和拉应力的最大值。产生最大应力的截面和点，分别称为**危险截面**和**危险点**。弯曲时，横截面上离中性轴距离最远的点即 $y = y_{\max}$，正应力值最大。将 $y = y_{\max}$ 代入式（7-7），则有

$$\sigma_{\max} = \frac{M}{I_z} y_{\max} = \frac{M}{\dfrac{I_z}{y_{\max}}} = \frac{M}{W_z} \tag{7-8}$$

式中 $W_z = I_z / y_{\max}$，称为**抗弯截面系数**，它只与截面的形状和大小有关，其单位为 m^3 或 mm^3。

当横截面形状对称于中性轴时，如矩形、圆形、工字钢等截面，其受拉和受压边缘离中性轴 z 的距离相等，即 $y_1 = y_2 = y_{\max}$，最大拉应力 $\sigma_{\max}^+$ 等于最大压应力 $\sigma_{\max}^-$。

如果梁的横截面只有一根对称轴，而且加载方向与对称轴一致，则中性轴过截面形心并垂直于对称轴。这时，横截面上最大拉应力与最大压应力绝对值不相等（图 7-24 所示），可由下式计算。

$$\sigma_{\max}^+ = \frac{M y_{\max}^+}{I_z}\ (拉) \qquad \sigma_{\max}^- = \frac{M y_{\max}^-}{I_z}\ (压) \tag{7-9}$$

式中，$y_{\max}^+$ 为截面受拉一侧离中性轴最远各点到中性轴的距离；$y_{\max}^-$ 为截面受压一侧离中性轴最远各点到中性轴的距离。实际计算时，可以不注明应力的正负号，只要在计算结果的后面用括号注明“拉”或“压”即可。

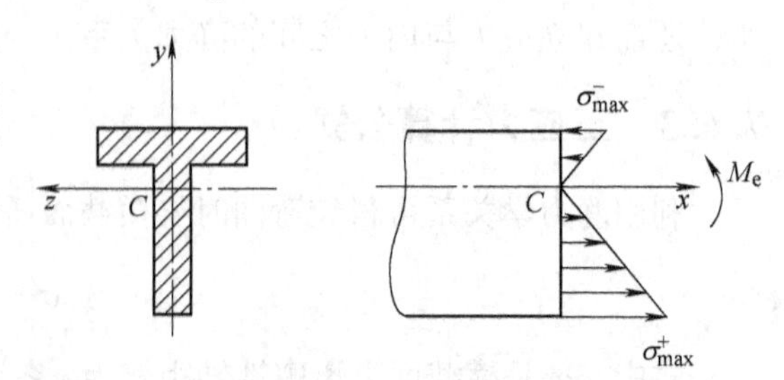

图 7-24　最大拉、压应力不等的情形

2. 抗弯截面系数

如图 7-25 所示，对于常见的矩形截面、圆形截面及空心圆截面，W_z 分别为：

$$W_z = \frac{bh^2}{6} \qquad （宽度为 b，高度为 h 的矩形截面）$$

$$W_z = \frac{\pi d^3}{32} \approx 0.1d^3 \qquad （直径为 d 的圆形截面）$$

$$W_z=\frac{\pi D^3}{32}(1-\alpha^4)\approx 0.1D^3(1-\alpha^4)$$

（D 为外径，d 为内径，$\alpha=d/D$ 为内、外径比值，空心圆形截面）

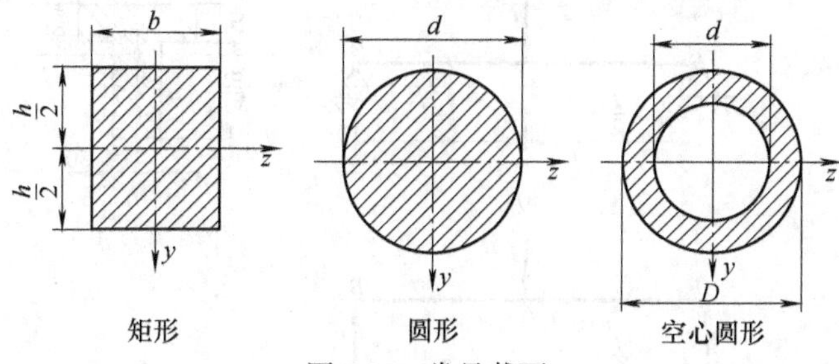

图 7-25 常见截面

对于轧制型钢（工字钢等），抗弯截面系数 W_z 可直接从型钢表中查得。

案例 7-6 如图 7-26 所示的化工容器，借助 4 个耳座支架在 4 根各长 2.4m 的工字钢梁的中点上，工字钢梁再由四根混凝土柱支持。容器包括物料重 $W=110\text{kN}$，工字钢为 16 号型钢（16 号工字钢，其抗弯截面系数 $W_z=141\text{cm}^3=1.41\times10^5\ \text{mm}^3$），试确定单根工字钢的 $\sigma_{\max}$。

分析：1）绘制每根钢梁的计算简图。将每根钢梁简化为简支梁，如图 7-26b 所示，通过耳座加给每根钢梁的外力为

$$F=W/4=\frac{110}{4}\text{kN}=27.5\text{kN}$$

2）计算简支梁的支座反力。单根钢梁的受力图如图 7-26c 所示，列平衡方程可求得求支座约束力为

$$F_A=F_B=F/2$$

3）绘制单根钢梁的弯矩图。根据前面练习绘制的简支梁弯矩图（图 7-26d）可知，最大弯矩发生在集中力作用处的截面上，最大弯矩值为

$$\begin{aligned}M_{\max}&=F_A\frac{l}{2}=\frac{1}{4}Fl\\&=\frac{1}{4}\times27.5\times10^3\times2400\text{N}\cdot\text{mm}\\&=1.65\times10^7\text{N}\cdot\text{mm}\end{aligned}$$

4）计算单根钢梁的最大弯曲应力。应用式(7-8)，可得

$$\sigma_{\max}=\frac{M_{\max}}{W_z}=\frac{1.65\times10^7}{1.41\times10^5}\text{MPa}=117.02\text{MPa}$$

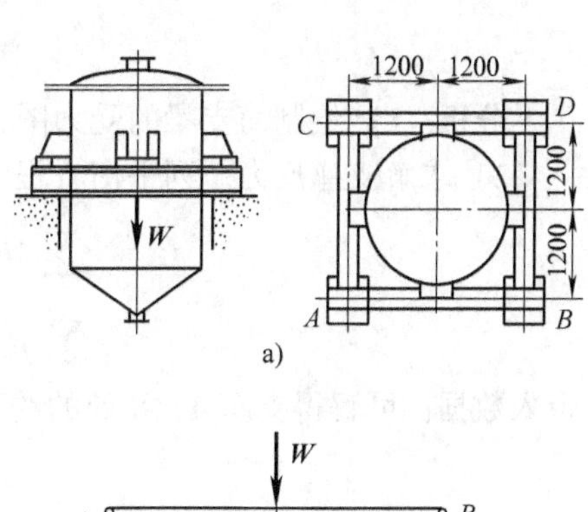

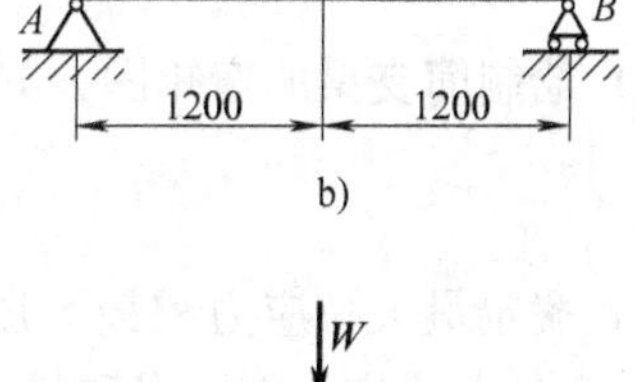

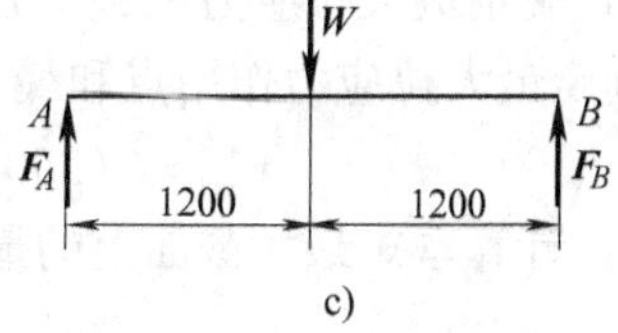

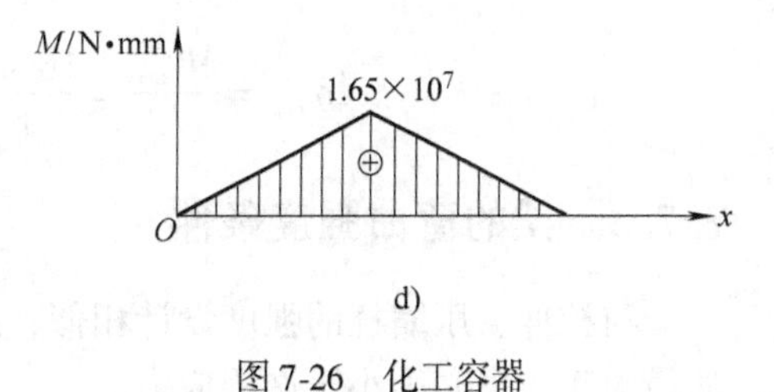

图 7-26 化工容器

案例 7-7 如图 7-27 所示，T 形截面简支梁在中点作用有集中力 $F=32\text{kN}$，梁的长度 $l=2\text{m}$。T 形截面的形心坐标 $y_C=96.4\text{mm}$，横截面对于 z 轴的惯性矩 $I_z=1.02\times10^8\text{mm}^4$。试求弯矩最大截面上的最大

拉应力和最大压应力。

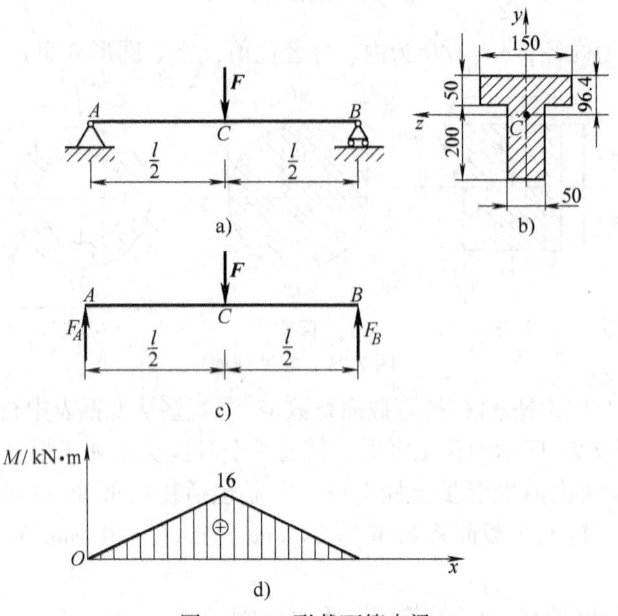

图 7-27　T 形截面简支梁

分析：1）绘制简支梁的受力图，如图 7-27c 所示。

2）求解支座反力。列平衡方程

$$\sum M_A = 0 \qquad F_B l - \frac{Fl}{2} = 0$$

$$\sum M_y = 0 \qquad F_A + F_B - F = 0$$

带入数据，可解得支座 A、B 处的约束力分别为

$$F_A = F_B = \frac{F}{2} = 16\text{kN}$$

3）绘制简支梁的弯矩图，如图 7-27d 所示，梁中点的截面上弯矩最大，数值为

$$M_{\max} = \frac{Fl}{4} = 16\text{kN}\cdot\text{m}$$

4）确定最大拉应力和最大压应力作用点到中性轴的距离。由图 7-27b 所示截面尺寸，可以确定最大拉应力作用点和最大压应力作用点到中性轴的距离分别为

$$y_{\max}^{+} = (250-96.4)\text{mm} = 153.6\text{mm},\ y_{\max}^{-} = 96.4\text{mm}$$

5）计算弯矩最大截面上的最大拉应力和最大压应力。应用式（7-9），可得

$$\sigma_{\max}^{+} = \frac{My_{\max}^{+}}{I_z} = \frac{16\times10^6\times153.6}{1.02\times10^8}\text{MPa} = 24.09\text{MPa}(拉)$$

$$\sigma_{\max}^{-} = \frac{My_{\max}^{-}}{I_z} = \frac{16\times10^6\times96.4}{1.02\times10^8}\text{MPa} = 15.12\text{MPa}(压)$$

7.7.2 梁的弯曲强度条件

与拉伸、压缩杆的强度设计相似，工程设计中，为了保证梁足够安全，梁的危险截面上的最大正应力必须小于许用应力。

1）当材料的拉、压强度相等，即$[\sigma]^+=[\sigma]^-=[\sigma]$时，梁的弯曲强度条件为

$$\sigma_{\max}=\frac{M}{W_z}\leqslant[\sigma] \tag{7-10}$$

2）当材料的拉、压强度不相等，即$[\sigma]^+\neq[\sigma]^-$时，梁的弯曲强度条件为

$$\sigma_{\max}^+=\frac{My_{\max}^+}{I_z}\leqslant[\sigma]^+\ (拉) \qquad \sigma_{\max}^-=\frac{My_{\max}^-}{I_z}\leqslant[\sigma]^-\ (压) \tag{7-11}$$

案例7-8 如图7-26所示的化工容器，借助4个耳座支架在4根各长2.4m的工字钢梁的中点上，工字钢梁再由四根混凝土柱支持。容器包括物料重$W=110\text{kN}$，工字钢为16号型钢（16号工字钢，其抗弯截面系数$W_z=141\text{cm}^3=1.41\times10^5\ \text{mm}^3$），钢材弯曲许用应力$[\sigma]=120\text{MPa}$，试校核单根工字钢梁的强度。

分析：在案例7-6计算的基础上，我们分析可知：

1）危险截面发生在集中力作用处（见图7-26d），此处的弯矩最大。因此，单根钢梁的最大弯曲应力为

$$\sigma_{\max}=\frac{M_{\max}}{W_z}=\frac{1.65\times10^7}{1.41\times10^5}\text{MPa}=117.02\text{MPa}$$

2）工字钢的截面对称于中性轴，而且材料的$[\sigma^+]=[\sigma^-]=[\sigma]$，所以单根工字钢梁的强度计算采用式（7-10），即

$$\sigma_{\max}=\frac{M_{\max}}{W_z}=\frac{1.65\times10^7}{1.41\times10^5}\text{MPa}=117.02\text{MPa}<[\sigma]=120\text{MPa}$$

故单根工字钢梁的强度足够。

案例7-9 由灰铸铁制造的T形截面外伸梁，受力及截面尺寸如图7-28所示，其中z轴为中性轴。已知灰铸铁的$I_z=7.56\times10^6\text{mm}^4$，抗拉许用应力$[\sigma]^+=39.3\text{MPa}$，抗压许用应力$[\sigma]^-=58.8\text{MPa}$，试校核该梁的强度。

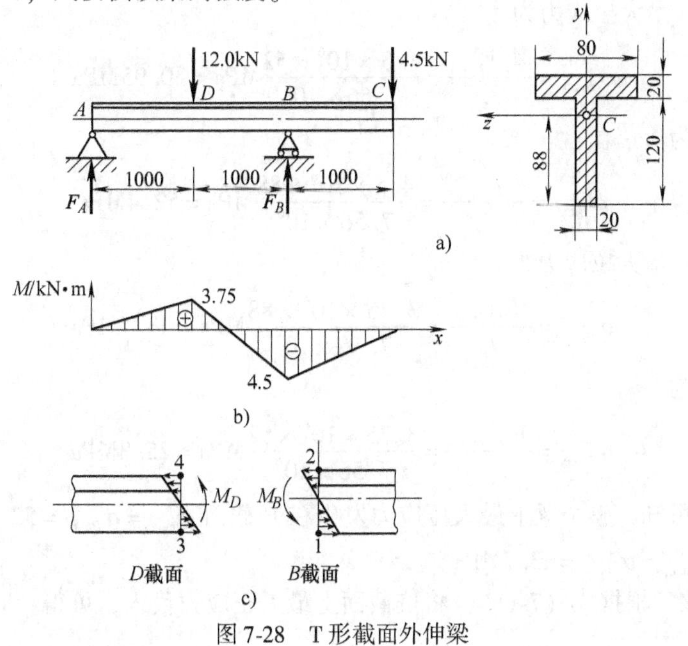

图7-28 T形截面外伸梁

分析：因为梁的截面没有水平对称轴，所以其截面上的最大拉应力和最大压应力不相等。同时梁的材料为灰铸铁，其抗拉许用应力与抗压许用应力亦不相等。因此判断危险截面时，应综合考虑以上因素。

1）求解外伸梁的支座反力。列解平衡方程

$$\sum M_A = 0 \qquad F_B \times 2000\text{mm} - 12\text{kN} \times 1000\text{mm} - 4.5\text{kN} \times 3000\text{mm} = 0$$

$$\sum F_y = 0 \qquad F_A - 12\text{kN} + F_B - 4.5\text{kN} = 0$$

所以支座 A、B 处的约束力分别为

$$F_A = 3.75\text{kN} \qquad F_B = 12.75\text{kN}$$

2）作弯矩图。弯矩图如图 7-28b 所示，其中 B、D 两个截面上的弯矩方向不同，如图 7-28c所示。截面 D 为正弯矩最大，截面 B 为负弯矩最大。截面 B 上弯矩绝对值最大，为可能的危险截面之一。

截面 B 弯矩为负，其绝对值为

$$|M| = 4.5 \times 1\text{kN}\cdot\text{m} = 4.5\text{kN}\cdot\text{m}$$

截面 D 弯矩为正,其值为

$$M = 3.75 \times 1\text{kN}\cdot\text{m} = 3.75\text{kN}\cdot\text{m}$$

3）计算最大拉、压应力。B、D 截面的应力分布见图 7-28c，由于截面 B 上的弯矩比截面 D 大，所以截面 B 上的压应力数值一定比 D 截面大。拉应力两个截面都较大，因为截面 B 的 M 虽大，但最大拉应力点的 y 值却较小，所以截面 D 也可能为危险截面，两个截面上的最大拉应力都要计算，最后比较出最大值。

截面 B 最大拉应力和最大压应力作用点到中性轴的距离为

$$y^+_{B\max} = (120 - 88 + 20)\text{mm} = 52\text{mm}, \quad y^-_{B\max} = 88\text{mm}$$

截面 D 最大拉应力和最大压应力作用点到中性轴的距离为

$$y^+_{D\max} = 88\text{mm}, \quad y^-_{D\max} = (120 - 88 + 20)\text{mm} = 52\text{mm}$$

对于截面 B：最大拉应力为

$$\sigma^+_{B\max} = \frac{M_B y^+_{B\max}}{I_z} = \frac{4.5 \times 10^6 \times 52}{7.56 \times 10^6}\text{MPa} = 30.95\text{MPa}$$

最大压应力为

$$\sigma^-_{B\max} = \frac{M_B y^-_{B\max}}{I_z} = \frac{4.5 \times 10^6 \times 88}{7.56 \times 10^6}\text{MPa} = 52.4\text{MPa}$$

对于截面 D：最大拉应力为

$$\sigma^+_{D\max} = \frac{M_D y^+_{D\max}}{I_z} = \frac{3.75 \times 10^6 \times 88}{7.56 \times 10^6}\text{MPa} = 43.7\text{MPa}$$

最大压应力为

$$\sigma^-_{D\max} = \frac{M_D y^-_{D\max}}{I_z} = \frac{3.75 \times 10^6 \times 52}{7.56 \times 10^6}\text{MPa} = 25.8\text{MPa}$$

经分析比较可知，整个梁上最大压应力发生在 B 截面 $\sigma^-_{\max} = \sigma^-_{B\max} = 52.4\text{MPa}$，最大拉应力发生 D 截面 $\sigma^+_{\max} = \sigma^+_{D\max} = 43.7\text{MPa}$。

4）强度校核。根据式（7-11），将按截面上最大正应力代入，可得

$$\sigma_{\max}^{+}=\frac{My_{\max}^{+}}{I_z}=43.7\text{MPa}>[\sigma]^{+}=39.3\text{MPa}\ （拉）$$

$$\sigma_{\max}^{-}=\frac{My_{\max}^{-}}{I_z}=52.4\text{MPa}<[\sigma]^{-}=58.8\text{MPa}\ （压）$$

故 T 形梁强度不足。

7.8 提高梁弯曲强度的主要措施

影响梁的弯曲强度的主要因素是弯曲正应力，而弯曲正应力的强度条件为

$$\sigma_{\max}=\frac{M_{\max}}{W_z}\leqslant[\sigma]$$

所以要提高梁的弯曲强度，应从如何降低梁内最大弯矩 $M_{\max}$ 的数值及提高抗弯截面系数 W_z 的数值着手。为提高梁的弯曲强度，可采取以下措施：

1. 降低最大弯矩 $M_{\max}$

（1）**合理布置支承位置** 承受均布载荷的简支梁如图 7-29a 所示，最大弯矩值为 $ql^2/8$，若将两端支承各向内侧移动 $2l/9$（图 7-29c），则最大弯矩降为 $2ql^2/81$（图 7-29d），前者约为后者的 5 倍。若增加中间支承（图 7-29e），则最大弯矩减为 $ql^2/32$，为原来的 1/4。也就是说，仅仅改变一下支承的位置或增加支承，可将梁的承载能力成倍提高。

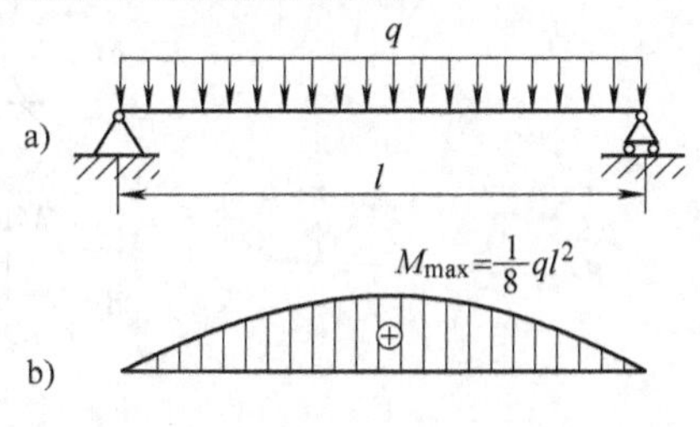

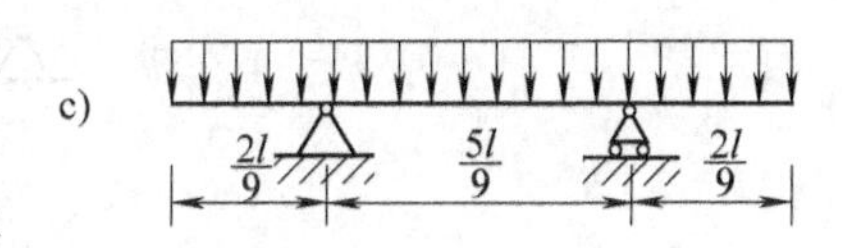

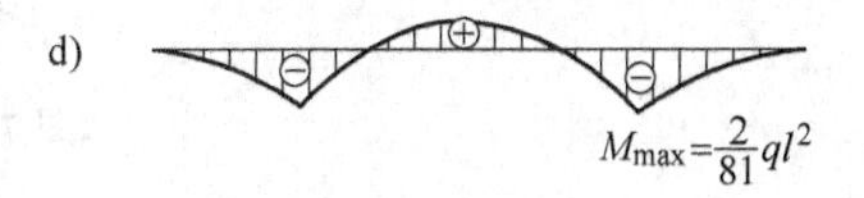

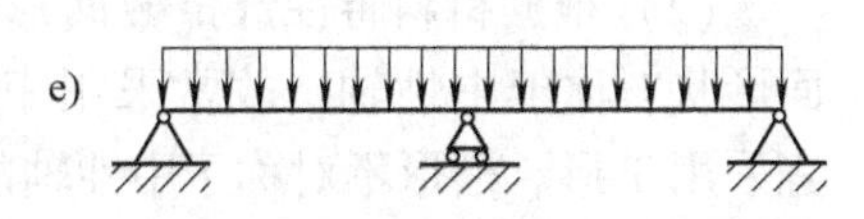

图 7-29 均布载荷作用的简支梁

（2）**合理配置载荷** 图 7-30a 所示为一受集中载荷作用的简支梁。集中力 $\boldsymbol{F}$ 作用于中点时，其最大弯矩为 $Fl/4$（图 7-30b）。若将集中力 $\boldsymbol{F}$ 移至离支承 $l/6$ 处，则最大弯矩降为 $5Fl/36$（图 7-30c、d），梁的最大弯矩显著降低，若将集中力分到两处（图 7-30e、f），则最大弯矩为 $Fl/8$ 将大大降低。

2. 选择合理的截面形状

（1）**选择抗弯截面系数与截面积 A 比值（W_z/A）大的截面形状** 梁的合理截面应该是用较小的截面面积获得较大的抗弯截面系数，从梁横截面正应力的分布情况来看，应该尽可能将材料放在离中性轴较远的地方。因此工程上许多受弯曲构件都采用工字形、槽形、T 形等截面形状。工程中常见的梁多为各种型钢、空心钢管等，常见截面的 W_z/A 数值见表 7-2。

表 7-2 常见截面的 W_z/A 数值

截面形状	b, h	h, b	d	D, d, d/D=0.8	h
W_z/A	$0.167h$	$0.167b$	$0.125d$	$0.205D$	$(0.29\sim0.31)h$

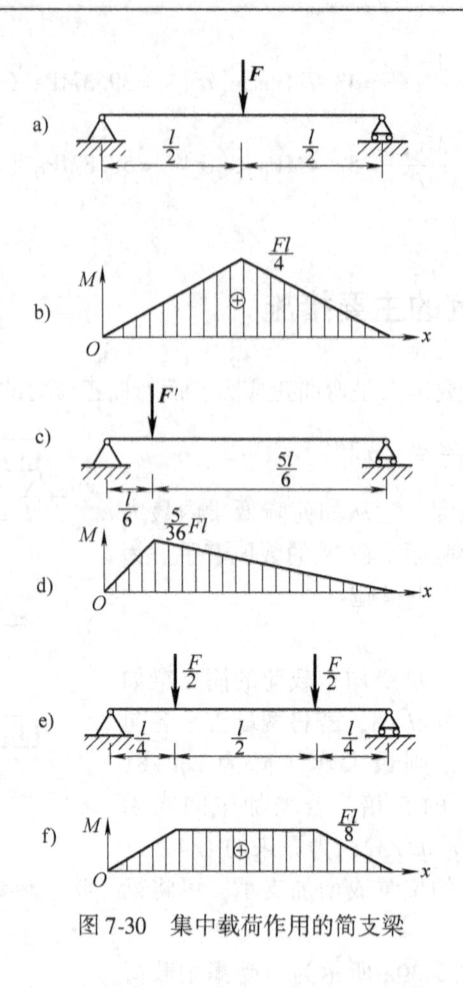

图 7-30　集中载荷作用的简支梁

（2）**根据材料特性选择截面形状**　一般塑性材料，由于$[\sigma]^{+}=[\sigma]^{-}=[\sigma]$，要求截面形状对称于中性轴，故常采用矩形、工字形等截面形状；脆性材料通常$[\sigma]^{+}<[\sigma]^{-}$，宜采用T形、槽形不对称于中性轴的截面形状，且使中性轴靠近受拉边缘。

（3）**采用变截面梁或等强度梁**　为了合理利用材料，减轻结构重量，很多工程构件都设计成变截面的：弯矩大的地方截面大一些，弯矩小的地方截面也小一些。如大型机械设备中的阶梯轴（图 7-31）。

如果使每一个截面上的最大正应力都正好等于材料的许用应力，这样设计出的梁就是“等强度梁”。工业厂房中的“鱼腹梁”（图 7-32）就是一种等强度梁。

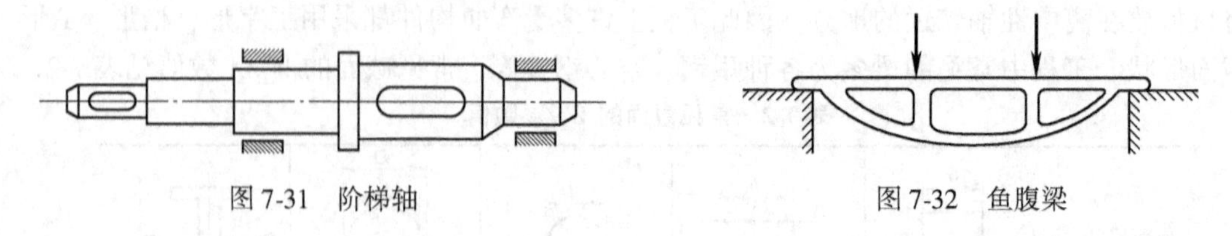

图 7-31　阶梯轴　　　　图 7-32　鱼腹梁

☆想一想　练一练

丁字尺的截面为矩形。设$h/b\approx12$，由经验可知，当施加外力如图 7-33a 时，丁字尺很容易变形或折断，若施加外力如图 7-33b 时，则不易变形或折断，为什么？

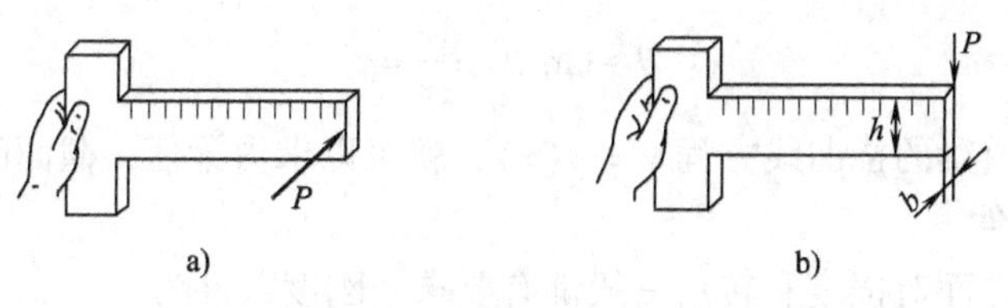

图7-33 丁字尺

7.9 梁变形的概念

1. 梁弯曲变形的概念

在工程实际中，某些机器或机构中的构件，在满足强度条件的同时，还需要满足一定的刚度条件。如桥式起重机大梁 AB（图7-34a)，过大变形使吊车产生爬坡现象，引起振动，不能平稳地吊起重物；木地板由于过大变形，引起地板下榻（图7-34b)；机床主轴，如果刚度不够，将严重影响加工工件的精度，传动轴的变形过大，则不仅会影响齿轮的啮合，还会导致支撑齿轮的轴颈和轴承产生不均匀磨损，既影响轴的旋转精度，同时还会大大降低齿轮、轴及轴承的工作寿命。

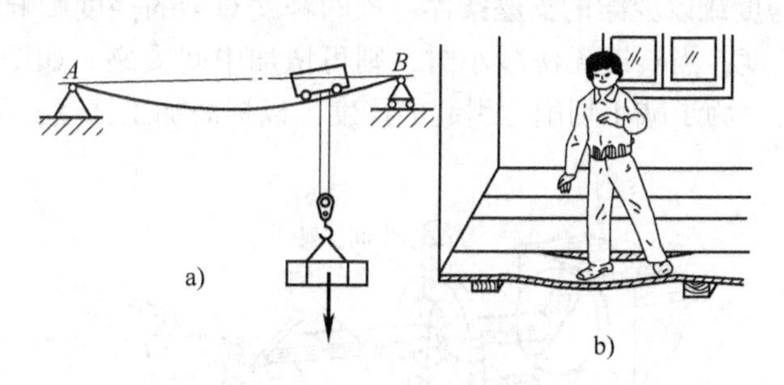

图7-34 弯曲变形实例

因此，对某些构件而言，刚度条件将直接影响到机器或机构的工作精度，如图7-35所示为一悬臂梁，取直角坐标系 xAy，x 轴向右为正，y 轴向上为正，平面与梁的纵向对称平面是同一平面。梁受外力作用后，轴线由直线变成一条连续光滑的曲线，称为**挠曲线**。梁各点的水平位移略去不计，梁的变形可用下述两个位移来描述。

1）梁任一横截面的形心沿 y 轴方向的线位移，称为该截面的**挠度**，用 y 表示。y 以向上为正，其单位是 m 或 mm。

2）梁任一横截面相对于原来位置所转过的角度，称为该截面的**转角**，用 θ 表示。θ 以顺时针为正，其单位是 rad。

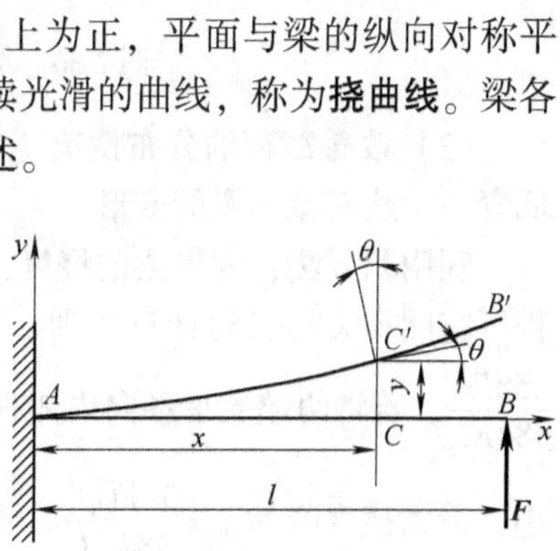

图7-35 悬臂梁

梁在变形过程中，各横截面的挠度和转角都随截面位置 x 而变化，所以挠度 y 和转角 θ 可表示为的连续函数，即

$$y = y(x) \qquad \theta = \theta(y)$$

上述两式分别称为**挠曲线方程**和**转角方程**，由图7-35可知，在小变形的情况下，梁内任一截面的转角 θ 等于挠曲线在该截面处的切线的斜率，即

$$\theta \approx \tan\theta = \frac{dy}{dx} = y'$$

因此，只要知道梁的挠曲线方程 $y = y(x)$，就可以求得梁任一截面的挠度 y 和转角 θ。

2. 梁的刚度条件

工程中在刚度方面对挠度和转角一般都有要求，刚度条件为

$$y_{max} \leqslant [y] \tag{7-12}$$

$$\theta_{max} \leqslant [\theta] \tag{7-13}$$

上述两式中的$[y]$和$[\theta]$分别称为**许用挠度**和**许用转角**，均根据不同零件或构件对工艺的要求而确定。

3. 提高刚度的途径

要提高梁的刚度，应从影响梁刚度的各个因素来考虑。梁的挠度和转角与作用在梁上的载荷、梁的跨度、支座条件及梁的抗弯刚度有关。因此要降低挠度，提高刚度，可采用以下措施。

（1）**增大梁的抗弯刚度**　增大抗弯刚度，可以减小最大挠度，从而提高梁的刚度。另一方面增大截面的惯性矩，可以提高梁的刚度，这就要选择合理的截面形状。

（2）**减少梁的跨度或改变梁的支座条件**　梁的跨度对梁的挠度影响较大，要降低挠度，就要设法减小梁的长度，当长度无法减小时，则可增加中间支座。如图 7-36 所示，在车床上加工较长的工件时，为了减小切削力引起的挠度，以提高加工精度，可在卡盘与尾架之间增加一个中间支架。

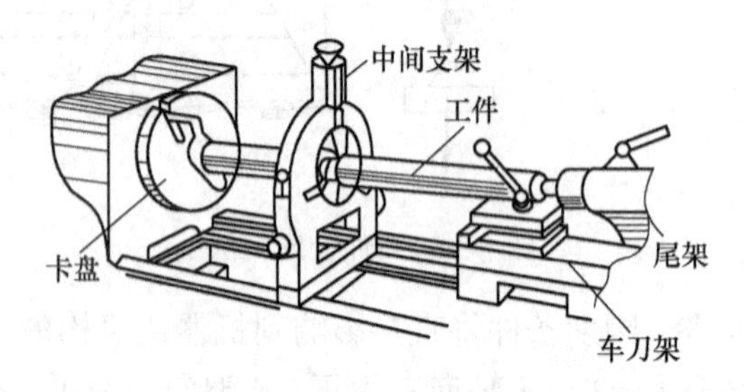

图 7-36　增加中间支架以提高机床加工工件的刚度

（3）**改善载荷的分布情况**　在允许的情况下，适当的调整梁的载荷作用方式，可以降低弯矩，从而减小梁的变形。

利用积分法，列出梁的挠度方程，即可求出梁的最大挠度，承受不同载荷的梁的挠度方程可查阅相关的工程计算手册。如图 7-29a 所示承受均布载荷的简支梁，最大挠度为 $y = \frac{5ql^4}{384EI_z}$，若将两端支承各向内侧移动 $2l/9$（7-29c），因缩短了梁的跨度，使梁的变形大大减小，最大挠度降为 $y = \frac{0.11ql^4}{384EI_z}$。若增加中间支承（图 7-29e），则最大挠度减至原来的 1/40。也就是说，仅仅改变一下支承的位置或增加支承，可将梁的刚度成倍提高。

☆综合案例分析

图 7-37a 所示的桥式起重机大梁由工字钢制成，跨长 $L = 10\text{m}$，材料的许用应力为$[\sigma] =$

160MPa，电动葫芦重 $G=0.5\text{kN}$，最大起吊重量为 $F=32\text{kN}$。试选择工字钢的型号。

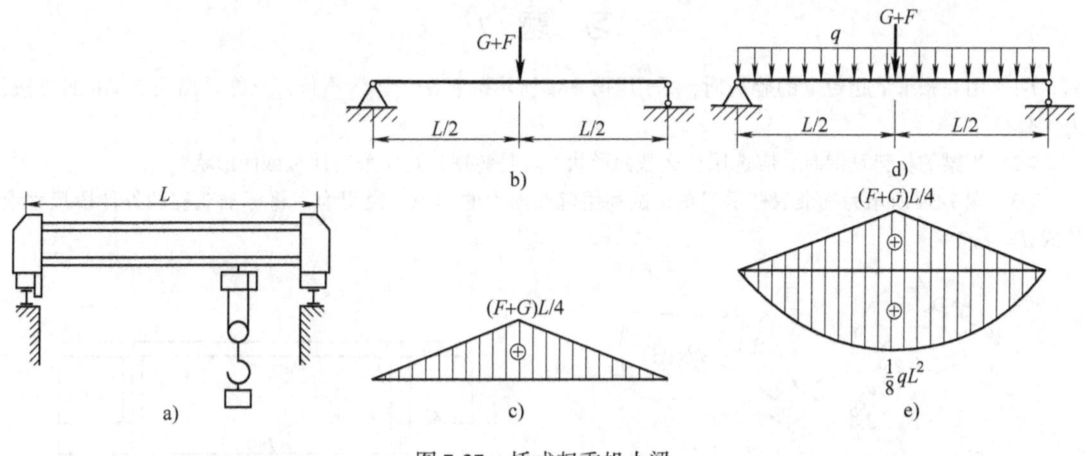

图 7-37 桥式起重机大梁

分析：1）选择工字钢的型号。

首先不考虑大梁的自重，起重机大梁的力学模型为图 7-37b 所示的简支梁。电动葫芦移动到梁跨长的中点，梁中点截面处将产生最大弯矩，图 7-37c 为桥式起重机大梁在电动葫芦 $\boldsymbol{G}$ 和最大起吊重量 F 作用下的弯矩图，由图 7-37c 可知，梁中点截面为危险截面，其最大弯矩为

$$M_{\max}=\frac{(F+G)L}{4}=\frac{(32+0.5)\times 10}{4}\text{kN}\cdot\text{m}=81.25\text{kN}\cdot\text{m}$$

由梁的弯曲强度条件

$$\sigma_{\max}=\frac{M_{\max}}{W_x}\leqslant[\sigma]$$

得

$$W_x\geqslant\frac{M_{\max}}{[\sigma]}=\frac{81.25\times 10^3}{160}\text{cm}^3=507.8\ \text{cm}^3$$

经查附录，可选用 28b 工字钢，其 $W_x=534\ \text{cm}^3$。

2）选用工字钢后，还要验算大梁自重的影响。梁的自重可以看作是作用于梁上的均布载荷 q，经查附表 1 得 28b 工字钢的理论重量为其 47.888kg/m，故均布载荷为 $q=469\text{N/m}$。当（$F+G$）和 q 共同作用时（图 7-37d 所示），梁的弯矩图可利用叠加原理来分析。如图 7-37e所示，梁在两种载荷共同作用下的弯矩等于每种载荷单独作用时的弯矩之和。($F+G$)和 q 单独作用时最大弯矩均出现在中点，因此叠加后最大弯矩仍出现在中点。

$$M'_{\max}=\frac{(F+G)L}{4}+\frac{qL^2}{8}=(81.25+5.86)\text{kN}\cdot\text{m}=87.1\text{kN}\cdot\text{m}$$

验算梁的强度

$$\sigma'_{\max}=\frac{M'_{\max}}{W_x}=\frac{87.1\times 10^6}{534\times 10^3}\text{MPa}=163\text{MPa}>[\sigma]$$

按有关设计规范，最大工作应力若不超过其许用应力的 5% 是允许的。故 28b 工字钢的强度足够。

习　题　7

7-1　用一张纸铲起台上的碎屑时，采用图 7-38a 所示的铲法，显然不行，只能采用图 7-38b 的方法，为什么？

7-2　当梁的材料是钢时，应选用什么截面形状？若是铸铁，则应采用什么截面形状？

7-3　图 7-39 所示为标准双杠示意图，试利用弯曲内力的知识，说明为何将标准双杠的外伸段尺寸设计成 $a = l/4$？

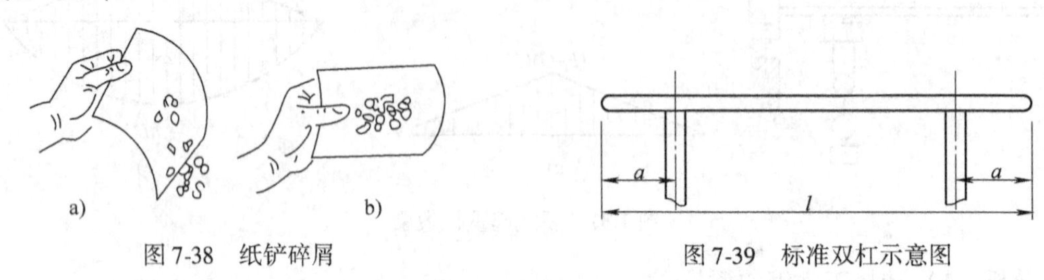

图 7-38　纸铲碎屑　　　　图 7-39　标准双杠示意图

7-4　试求图 7-40 所示梁指定截面上的剪力和弯矩。设 q、a 均为已知。

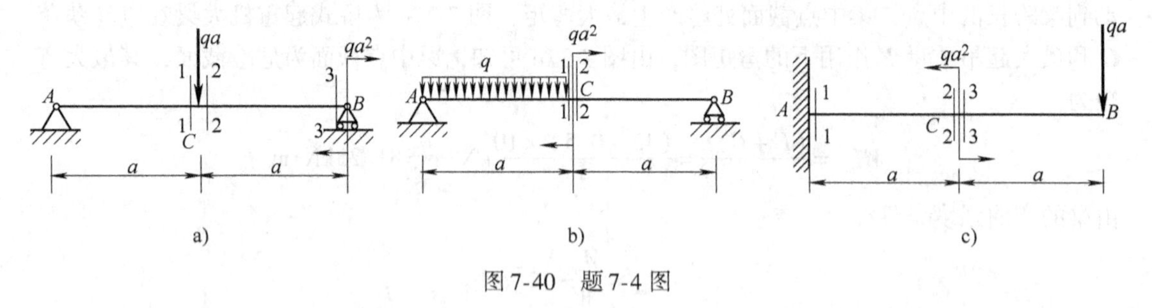

图 7-40　题 7-4 图

7-5　试画出图 7-41 所示各梁的 F_Q 图和 M 图，并求梁上的 $|F_{Q\max}|$、$|M_{\max}|$。设 q、a 均为已知，且 $F = qa$，$M_e = qa^2$。

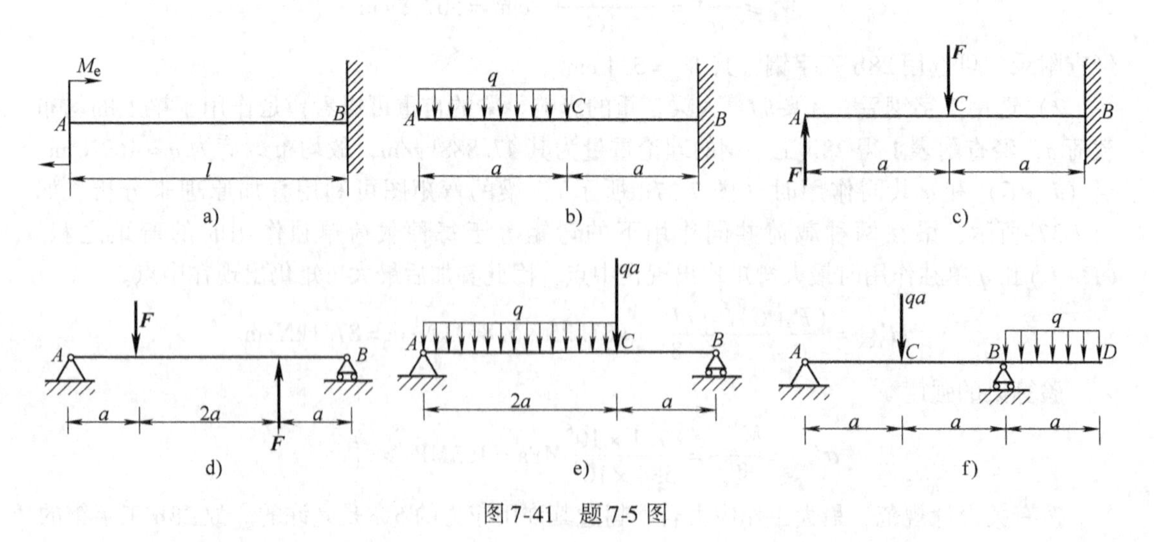

图 7-41　题 7-5 图

7-6 试判断图 7-42 中的 F_Q图和 M 图是否有错，若有错，请改正错误。

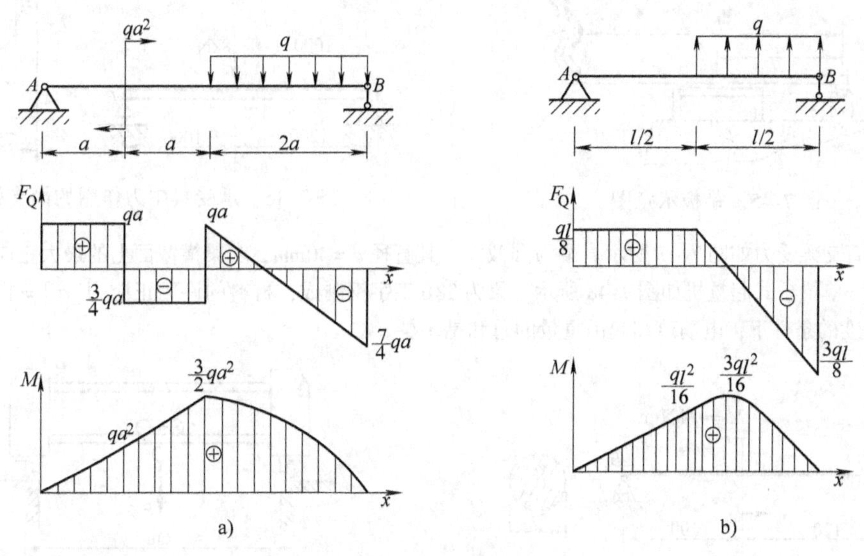

图 7-42 题 7-6 图

7-7 试画出图 7-43 所示各梁的 F_Q图和 M 图，并求梁上的 $|F_{max}|$和 $|M_{max}|$。

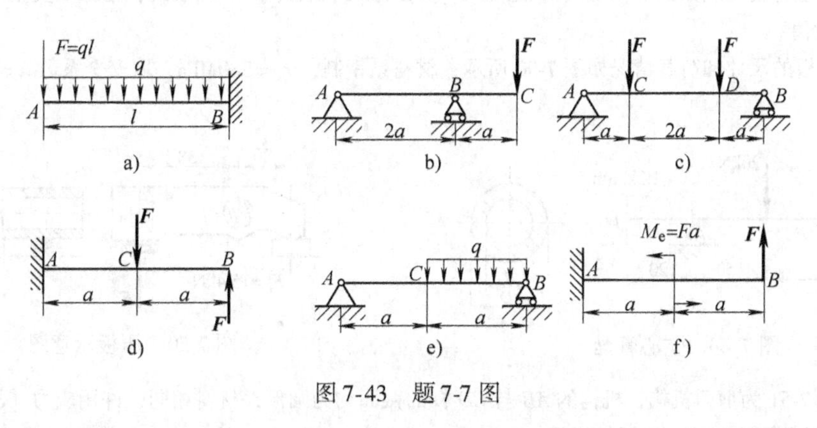

图 7-43 题 7-7 图

7-8 矩形截面简支梁受载如图 7-44 所示，试分别求出梁竖放和平放时产生的最大正应力。

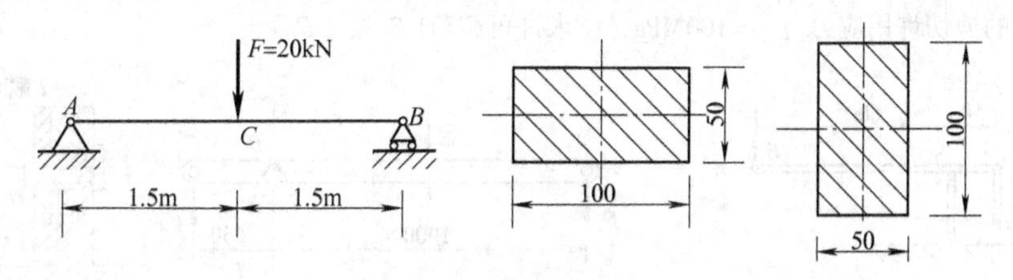

图 7-44 矩形截面简支梁

7-9 图 7-45 所示为跳板示意图，跳板左端为固定铰链支座，中间为可移动支承。为使体重不同的跳水者站在跳板前端在跳板时所产生的最大弯矩 M_{max} 均相同，试问距离 a 应怎样变化？

7-10 简支梁如图 7-46 所示，试求 1－1 截面上 A、B 两点处的正应力，并画出该截面上的正应力分布图。

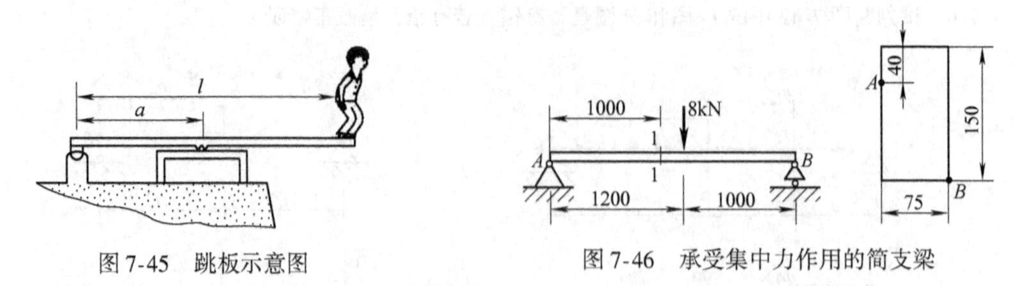

图 7-45 跳板示意图　　图 7-46 承受集中力作用的简支梁

7-11 简支梁受力如图 7-47 所示。梁为圆截面，其直径 $d=40\text{mm}$，求梁横截面上的最大正应力。

7-12 一单梁桥式起重机如图 7-48 所示，梁为 28b 工字钢制成，材料的许用正应力 $[\sigma]=140\text{MPa}$。试问在满足强度的条件下，电葫芦和起吊重量的总和是多少。

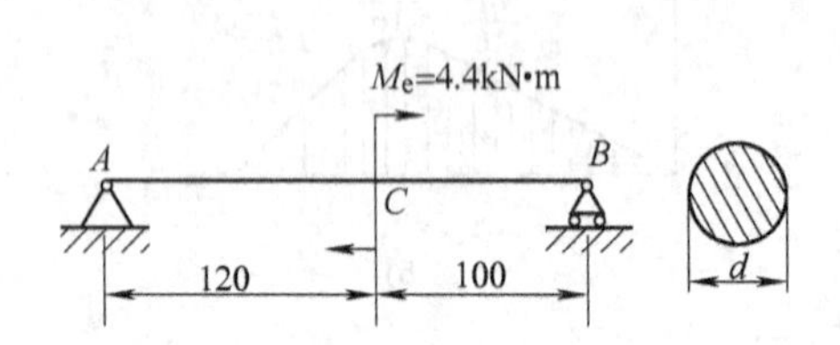

图 7-47 承受力偶矩作用的简支梁

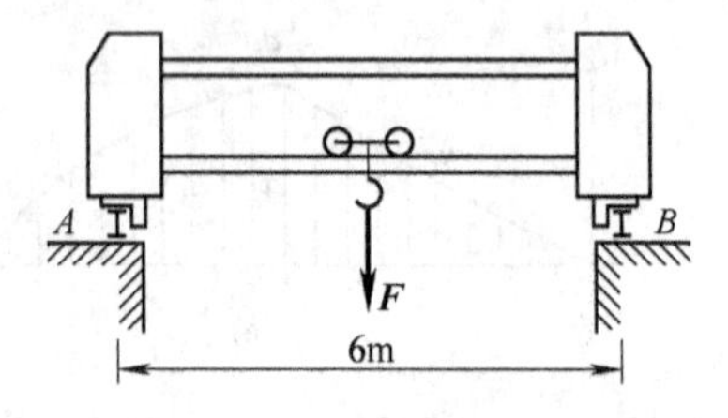

图 7-48 单梁桥式吊车

7-13 空心管梁受载如图 7-49 所示。已知 $[\sigma]=150\text{MPa}$，管外径 $D=60\text{mm}$，在保证安全的条件下，求内径 d 的最大值。

7-14 压板的尺寸和荷载情况如图 7-50 所示，材料系钢制，$\sigma_s=380\text{MPa}$，取安全系数 $n=1.5$。试校核压板的强度。

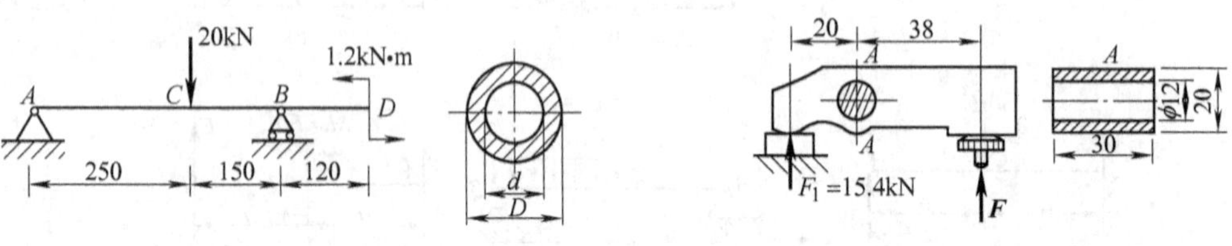

图 7-49 空心管梁　　图 7-50 压板示意图

7-15 图 7-51 为剪刀机构，机构的 AB 与 CD 杆的截面均为圆形，材料相同，许用应力 $[\sigma]=100\text{MPa}$，设 $F=200\text{N}$。试确定 AB 和 CD 杆的直径。

7-16 如图 7-52 所示制动装置的杠杆用直径 $d=30\text{mm}$ 的销钉支承在 B 处。若杠杆的许用应力 $[\sigma]=140\text{MPa}$，销钉的剪切许用应力 $[\tau]=100\text{MPa}$，试求许可载荷 $[F_1]$、$[F_2]$。

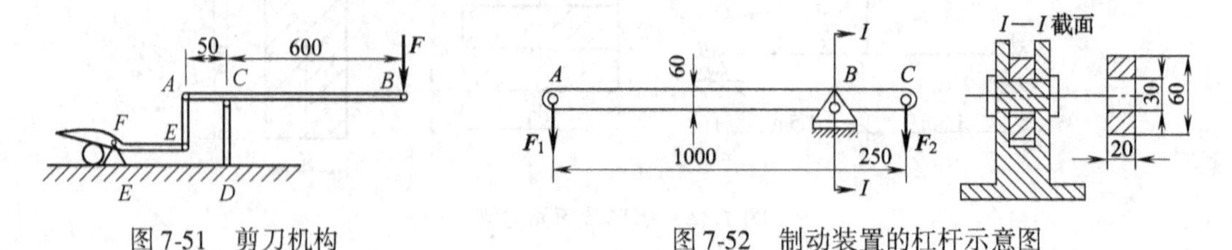

图 7-51 剪刀机构　　图 7-52 制动装置的杠杆示意图

第8单元　组合变形的强度计算

【学习目标】

了解组合变形的概念。

掌握拉弯组合强度的计算。

熟练掌握扭弯曲组合变形强度的计算。

【学习重点和难点】

确定组合变形的类型。

确定组合变形的危险截面和危险点。

选择合适的强度计算式进行强度计算。

【案例导入】

图8-1和图8-2所示为钻床结构及其受力简图和电动机轴的受力简图。如果已知钻床立柱的截面形状、尺寸及立柱材料许用应力和电动机轴尺寸、受力大小、电动机轴的材料、许用应力，请问你能否分析出立柱、电动机轴承受哪几种载荷，属于哪种组合变形，并通过计算确定钻床立柱和电动机轴的强度。本节主要研究拉伸（压缩）与弯曲组合变形、弯曲与扭转组合变形，并通过学习组合变形的外力分析、内力分析、横截面上的应力分析及强度计算解决上述提出的问题。

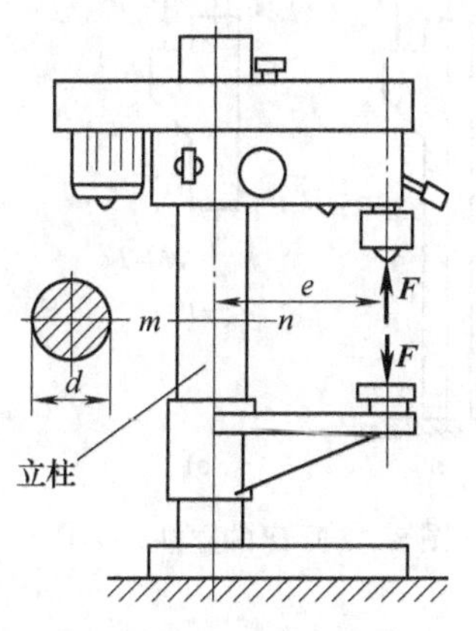

图8-1　钻床结构及其受力简图

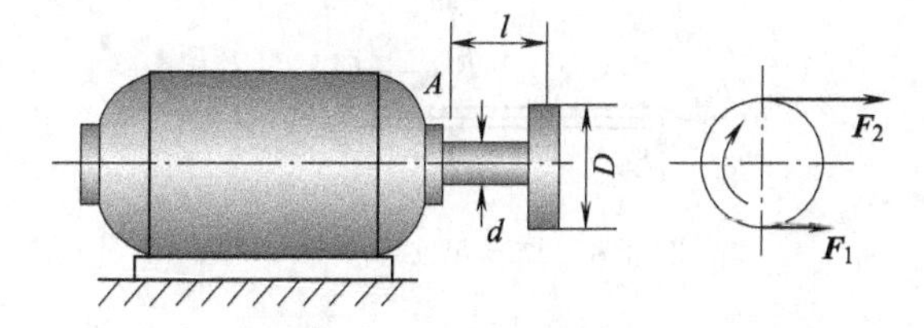

图8-2　电动机轴受力简图

8.1　组合变形的概念

前面几个单元，我们研究了构件拉伸（压缩）、剪切、扭转、弯曲等基本变形的强度和刚度计算。但在工程实际中，很多构件往往同时发生两种或两种以上的基本变形，例如，图8-3所示车刀工作时产生弯曲和压缩变形，图8-4所示钻机中的钻杆工作时产生压缩和扭转变形，图8-5所示齿轮轴工作时产生弯曲和扭转变形。

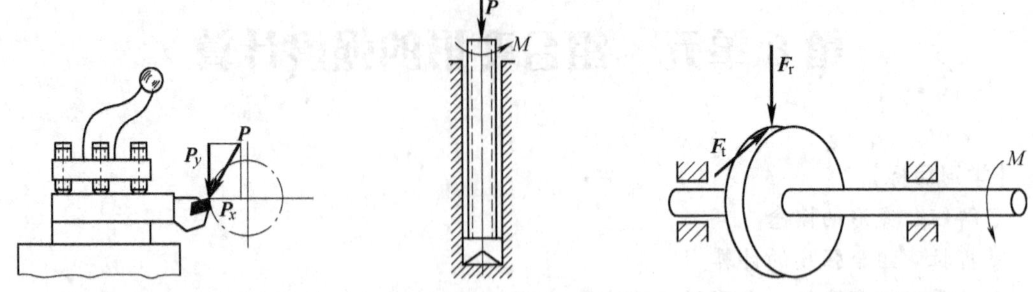

图 8-3 车刀加工零件受力情况 图 8-4 钻机中的钻杆受力情况 图 8-5 齿轮轴受力情况

构件受力后同时发生两种以上的基本变形，称为**组合变形**。

8.2 拉伸（压缩）与弯曲组合变形的强度计算

分析图 8-6 所示简易吊车的横梁 *AB* 杆和图 8-7 所示厂房建筑中的立柱，可知这两个案例均同时承受轴向力与横向力作用，在两类载荷的同时作用下，杆件将产生拉伸（压缩）与弯曲的组合变形。

1. 受力特点

由上述两个实例分析可知，作用在对称平面内的外力与轴线相交成某一角度（图 8-6），或与构件轴线平行而不重合（图 8-7），都将使构件产生拉伸（压缩）与弯曲的组合变形。

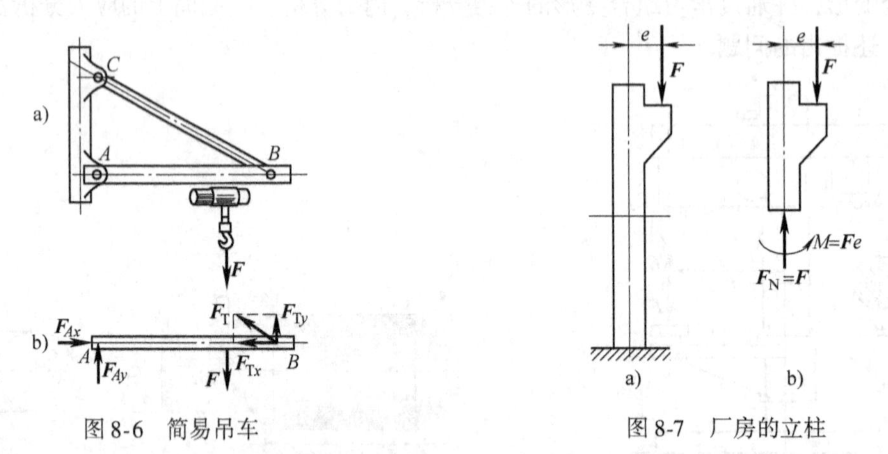

图 8-6 简易吊车 图 8-7 厂房的立柱

2. 拉伸（压缩）与弯曲组合变形的强度计算

如图 8-8 所示的钻床钻孔，已知钻削力 $\boldsymbol{F}$、偏心矩 e、圆截面铸铁立柱的直径 d 及许用应力，校核立柱的强度。

1）将外力按基本变形分组。

用截面法将立柱沿 $m-m$ 截面截开，取上半部分为研究对象，上半部分在外力 $\boldsymbol{F}$ 及截面内力作用下应处于平衡状态，故截面上有轴力 $\boldsymbol{F}_N$ 和弯矩 M 共同作用，如图 8-8b 所示。轴力 $\boldsymbol{F}_N$ 使立柱产生轴向拉伸变形，弯矩 M 使立柱产生弯曲变形。故钻床在切削力 $\boldsymbol{F}$ 作用下，立柱将发生拉弯组合变形。

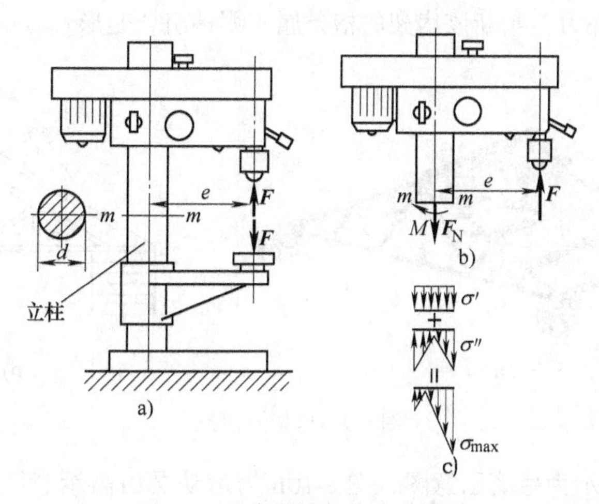

图8-8 钻床结构及其受力简图

2）内力分析。

钻床立柱截面上的轴力相同，均为 $F_N = F$，钻床立柱截面上的弯矩也相同，均为 $M = Fe$。

3）横截面上的应力分析。

轴力 F_N相对应的拉伸正应力 σ'均匀分布，其值为 $\sigma' = \frac{F_N}{A}$。

弯矩 M 产生的弯曲正应力 σ''在截面左侧有最大压应力，右侧有最大拉应力，其绝对值为

$$\sigma'' = \frac{M}{W}$$

由于截面上的各点同时作用的正应力可以进行代数相加，相加后的应力分布如图 8-8c 所示，截面上的最大拉应力和最大压应力分别为

$$\sigma_{max}^{+} = \frac{F_N}{A} + \frac{M}{W}$$

$$\sigma_{max}^{-} = \frac{F_N}{A} - \frac{M}{W}$$

4）强度条件。

当构件发生拉伸（压缩）与弯曲组合变形时，对于拉压许用应力相同的塑性材料，如低碳钢等，可只计算构件危险截面上的最大正应力处的强度，其强度条件为

$$\sigma_{max} = \frac{F_N}{A} + \frac{M}{W} \leqslant [\sigma] \tag{8-1}$$

当构件发生拉伸（压缩）与弯曲组合变形时，对于抗压许用应力大于抗拉许用应力的脆性材料，则要分别计算危险截面上最大拉应力和最大压应力处的强度，其强度条件分别为

$$\sigma_{max}^{+} = \frac{F_N}{A} + \frac{M}{W} \leqslant [\sigma]^{+} \tag{8-2}$$

$$|\sigma_{max}^{-}| = \left|\frac{F_N}{A} - \frac{M}{W}\right| \leqslant [\sigma]^{-} \tag{8-3}$$

☆想一想 练一练

1）图 8-9 所示为房架的檩条示意图，试根据以前所学知识画出房架的檩条计算简图，

分析房架檩条承受的外力，判断该房架的檩条属于哪种组合变形？

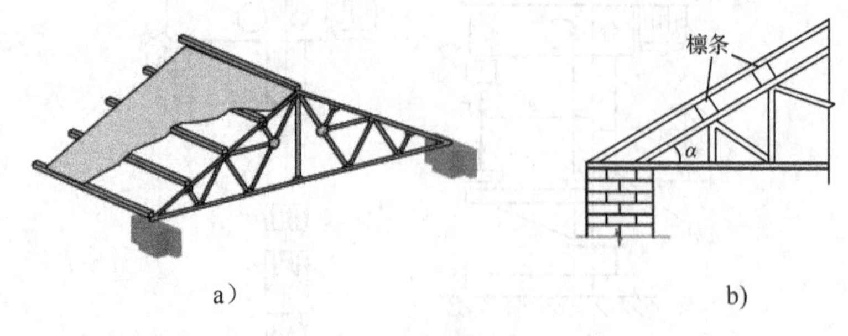

图 8-9 房架的檩条

2）如图 8-10a 所示为弓箭示意图，图 8-10b 为运动员射箭示意图，试分析运动员拉满弓时，弓承受的外力，并判断弓将产生何种组合变形？

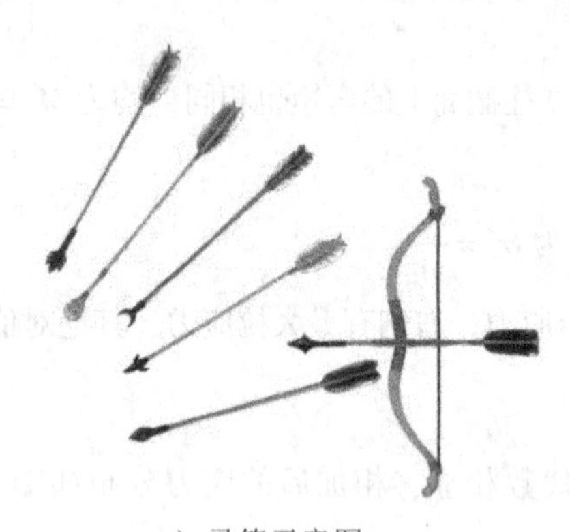

a）弓箭示意图

b）运动员射箭示意图

图 8-10 射箭示意图

案例 8-1 如图 8-8 所示的钻床钻孔时，已知钻削力 $F=15\text{kN}$，偏心矩 $e=0.4\text{m}$，圆截面铸铁立柱的直径 $d=125\text{mm}$，许用应力 $[\sigma]^{+}=35\text{MPa}$，$[\sigma]^{-}=120\text{MPa}$，试校核立柱的强度。

1）内力分析。

由上述分析可知，立柱截面发生拉弯组合变形，其内力分别为：

钻床立柱截面上的轴力为

$$F_{\mathrm{N}}=F=15\text{kN}$$

钻床立柱截面上的弯矩 M 为

$$M=Fe=15\times0.4\text{kN}\cdot\text{m}=6\text{kN}\cdot\text{m}$$

2）强度计算。

由于立柱材料为铸铁，其抗压性能优于抗拉性能，故只需对立柱截面右侧边缘的危险点进行强度校核，即

$$\sigma_{\max}^{+}=\frac{F_{\mathrm{N}}}{A}+\frac{M}{W}=\left(\frac{15\times10^{3}\times4}{\pi\times125^{2}}+\frac{6\times10^{6}}{0.1\times125^{3}}\right)\text{MPa}=31.9\text{MPa}<[\sigma]^{+}=35.5\text{ MPa}$$

所以，钻床的立柱强度足够。

案例 8-2 图 8-11 所示的起重构架，梁 ACD 由两根槽钢组成。已知 $a=3\text{m}$，$b=1\text{m}$，

$G=30\text{kN}$，梁材料的许用应力$[\sigma]=140\text{MPa}$，试选择槽钢的型号。

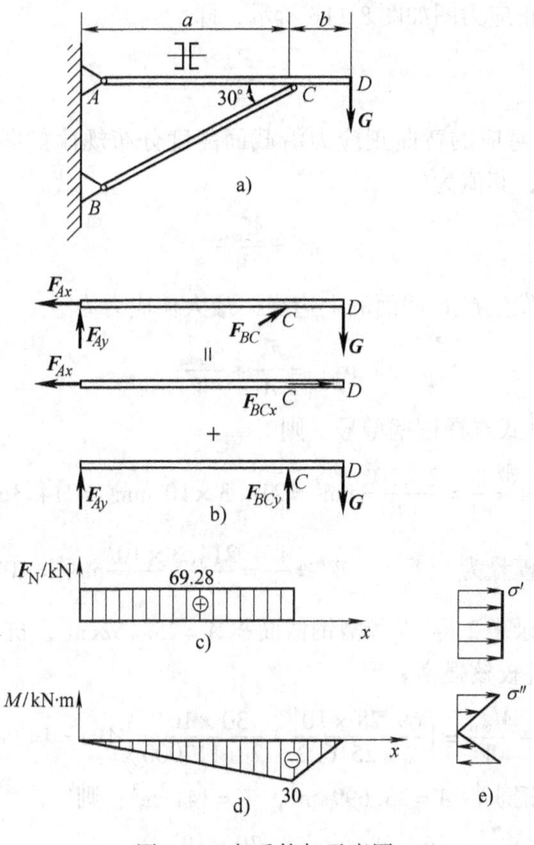

图 8-11 起重构架示意图

分析：1）计算 A、B 点的约束力。

梁的受力图如图 8-11b 所示。列平衡方程得

$$\sum M_A(\boldsymbol{F})=0 \qquad F_{BC}\sin30°a-G(a+b)=0$$

得

$$F_{BC}=80\ \text{kN}$$

$$F_{BCx}=80\cos30°\text{kN}=69.28\text{kN} \qquad F_{BCy}=80\sin30°\text{kN}=40\text{kN}$$

$$\sum F_x=0 \qquad F_B\cos30°-F_{Ax}=0 \qquad 得\ F_{Ax}=69.28\ \text{kN}$$

$$\sum F_y=0 \qquad F_{Ay}+F_{BCy}-G=0 \qquad 得\ F_{Ay}=-10\text{kN}$$

2）外力分析。

由图 8-11b 所示 ACD 梁所受的外力可知，该梁承受的 $\boldsymbol{F}_{BC}$ 可分解为 x、y 两个方向的受力 $\boldsymbol{F}_{BCx}$、$\boldsymbol{F}_{BCy}$，其中 $\boldsymbol{F}_{BCx}$ 与 A 端的约束力 F_{Ax} 对梁 ACD 的 AC 段产生拉伸变形，F_{BCy} 与 A 端的约束力 F_{Ay} 及起吊重量 G 对梁 ACD 产生弯曲变形。

3）ACD 梁的内力分析。

ACD 梁 AC 段轴力如图 8-11 所示，AC 段各截面的轴力为 $F_N=69.28\text{kN}$，ACD 梁的弯矩图如图 8-11d 所示，由分析可知，梁上最大的弯矩发生在 C 截面处，其值为 $M_{max}=30\text{kN}\cdot\text{m}$，

因此 ACD 梁的危险截面发生在 C 截面。

4）横截面应力分析。

危险截面上的拉伸正应力图如图 8-11e 所示，即

$$\sigma' = \frac{F_N}{A}$$

危险截面上与 M_{max} 对应的弯曲正应力沿截面高度分布规律如图 8-11e 所示，在截面的上、下边缘绝对值最大，其值为

$$\sigma'' = \frac{M_{max}}{W}$$

危险截面的危险点发生在 C 截面的上边缘，最大拉应力为

$$\sigma_{max} = \frac{F_N}{A} + \frac{M_{max}}{W}$$

5）按弯曲强度设计式选择槽钢型号，则

$$W \geqslant \frac{M_{max}}{[\sigma]} = \frac{3 \times 10^7}{140}\text{mm}^3 = 214.3 \times 10^3\text{mm}^3 = 214.3\text{cm}^3$$

则单根槽钢的抗弯截面模量为 $$W' \geqslant \frac{W}{2} = \frac{214.3 \times 10^3}{2}\text{mm}^3 = 107.2\ \text{cm}^3$$

试选 16b 号槽钢。查附录表 2 得 16 号槽钢截面积 $A = 25.162\text{cm}^2$，抗弯截面系数 $W = 117\text{cm}^3$。

6）按拉弯强度条件校核强度。

$$\sigma_{max} = \frac{F_N}{A} + \frac{M_{max}}{W} = \left(\frac{69.28 \times 10^3}{2 \times 2516.2} + \frac{30 \times 10^6}{2 \times 117000}\right)\text{MPa} = 142\text{MPa} > [\sigma]$$

故改选 18a 槽钢。查槽钢表得 $A = 25.699\text{cm}^2$，$W = 141\text{cm}^3$，则

$$\sigma_{max} = \frac{F_N}{A} + \frac{M_{max}}{W} = \left(\frac{69.28 \times 10^3}{2 \times 2569.9} + \frac{30 \times 10^6}{2 \times 141000}\right)\text{MPa} = 119.9\text{MPa} < [\sigma]$$

故选 18a 槽钢。

提示：此类问题，一般先由弯曲强度条件设计截面，再校核其拉弯（压弯）强度。

8.3 圆轴弯曲与扭转组合变形的强度计算

扭转和弯曲的组合变形是机械工程中常见的情况，机械中的转轴，大多发生弯曲和扭转变形。本节只介绍圆轴弯扭组合变形的强度计算。

1. 外力分析

如图 8-12a 所示的电动机轴，它的计算简图为图 8-12c，经分析它同时承受垂直轴线的力 $F = F_1 + F_2$ 和外力偶矩 $M_e = (F_2 - F_1)D/2$，力 $\boldsymbol{F}$ 使电动机轴产生弯曲变形，外力偶矩 M_e 使电动机轴产生扭转变形，构件在这两类载荷的同时作用下既发生弯曲变形又发生扭转变形，称为弯曲与扭转组合变形，简称**弯扭组合变形**。

2. 内力分析

分别考虑力 $\boldsymbol{F}$ 和外力偶矩 M_e 的作用，画出扭矩图（图 8-12d），弯矩图（图 8-12e）。由图可见电动机轴各截面的扭矩相同，弯矩不同，A 端上的弯矩最大，所以 A 截面为危险面，

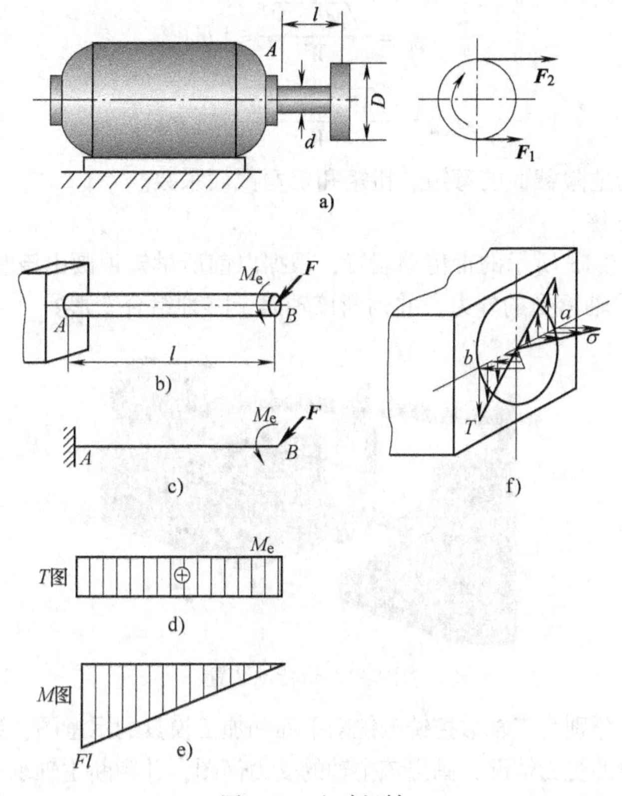

图8-12　电动机轴

其上的扭矩和弯矩分别为

$$T_{max}=M_e=(F_2-F_1)D/2$$
$$M_{max}=(F_1+F_2)l$$

3. 应力分析

在横截面A上，同时存在弯矩和扭矩，因此该截面相应的有弯曲正应力和扭转切应力。分布情况如图8-12f所示。可见，该截面上的a、b点（即水平直径的两个端点）为危险点。在这两点，同时存在最大弯曲正应力和最大扭转切应力，其值分别为

$$\sigma_{max}=\frac{M}{W}\quad 圆轴的抗弯截面系数\ W=\frac{\pi d^3}{32}\approx 0.1d^3 \tag{8-4}$$

$$\tau_{max}=\frac{T}{W_P}\quad 圆轴的抗扭截面系数\ W_P=\frac{\pi d^3}{16}=2W\approx 0.2d^3 \tag{8-5}$$

4. 强度条件

因为承受弯矩与扭矩的圆轴一般由塑性材料制成，故可用第三、第四强度理论来建立强度条件。第三、第四强度条件分别为

$$\sigma_{xd3}=\sqrt{\sigma^2+4\tau^2}\leqslant[\sigma] \tag{8-6}$$

$$\sigma_{xd4}=\sqrt{\sigma^2+3\tau^2}\leqslant[\sigma] \tag{8-7}$$

将式（8-4）和式（8-5）代入式（8-6）和式（8-7），即得到圆轴弯扭组合变形的第三、第四强度理论的强度条件为

$$\sigma_{xd3} = \frac{\sqrt{M^2 + T^2}}{W} \leqslant [\sigma] \tag{8-8}$$

$$\sigma_{xd4} = \frac{\sqrt{M^2 + 0.75T^2}}{W} \leqslant [\sigma] \tag{8-9}$$

式中，M、T 和 W 为危险截面的弯矩、扭矩和抗弯截面系数。

☆想一想 练一练

1）试分析如图 8-13 所示的带传动装置，根据以前所学知识画出该装置的计算简图，分析与电动机相连接的轴承受的外力，并判断该轴属于哪种组合变形？

图 8-13 带传动装置

2）图 8-14a、b 分别为三轴数控铣床铣削平面和加工模具的示意图，试分析刀具主轴在铣削平面或加工模具时的受力情况，画出该主轴的受力简图，并判断主轴承受哪种组合变形？

a) 三轴数控铣床铣前平面示意图

b) 三轴数控铣床加工模具示意图

图 8-14 数控铣床加工零件示意图

案例 8-3 图 8-15 所示是用于将动力传递给带传动的电动机，电动机功率 $P = 9\text{kW}$，转速 $n = 715\text{r/min}$，带轮的直径 $D = 250\text{mm}$，带的松边拉力 $F_1 = F$，紧边拉力 $F_2 = 2F_1 = 2F$。电动机轴外伸部分长度 $l = 120\text{mm}$，轴的直径 $d = 40\text{mm}$。若已知许用应力 $[\sigma] = 60\text{MPa}$，试用第三强度理论校核电动机轴的强度。

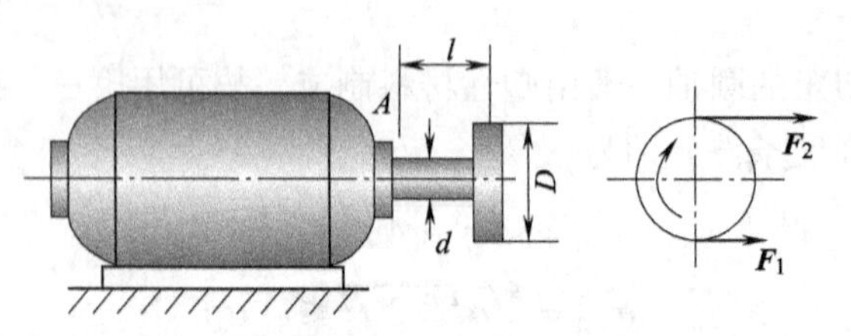

图 8-15 电动机轴

分析：1）计算外力偶矩和带的拉力。作用到带轮上的外力偶矩为

$$M_e = 9550\frac{P}{n} = 9550 \times \frac{9}{715}\text{N}\cdot\text{m} = 120.2\text{N}\cdot\text{m}$$

根据作用在传动带上的拉力与外力偶矩之间的关系，有

$$(F_2 - F_1)\frac{D}{2} = M_e$$

$$(2F - F)\frac{D}{2} = M_e$$

代入已知条件，可得作用在带上的拉力为

$$F = \frac{2M_e}{D} = \frac{2 \times 120.2 \times 10^3}{250}\text{N} = 961.6\text{N}$$

2）内力分析。

由内力图（图8-12d、e）分析可知，危险截面发生在A端，危险截面的扭矩和弯矩分别为

$$T_{max} = M_e = 1.20 \times 10^5\text{N}\cdot\text{mm}$$

$$M_{max} = (F_1 + F_2)l = 3 \times 961.6 \times 120\text{N}\cdot\text{mm} = 3.46 \times 10^5\text{N}\cdot\text{mm}$$

3）应用第三强度理论进行强度校核。

$$\sigma_{xd3} = \frac{\sqrt{M_{max}^2 + T^2}}{W} = \frac{\sqrt{(3.46 \times 10^5)^2 + (1.2 \times 10^5)^2}}{0.1 \times 40^3}\text{MPa} = 57.22\text{MPa} < [\sigma] = 60\text{MPa}$$

所以，电动机轴的强度安全。

☆综合案例分析

如图8-16所示的单级直齿圆柱齿轮减速器，其高速轴上齿轮的轴径$d = 32$mm，跨度$l = 120$mm，材料为45钢，$[\sigma] = 100$MPa，齿轮分度圆直径$D = 100$mm，径向力$F_{r1} = 1880$N，圆周力$F_{t1} = 5000$N，试校核该轴的强度。

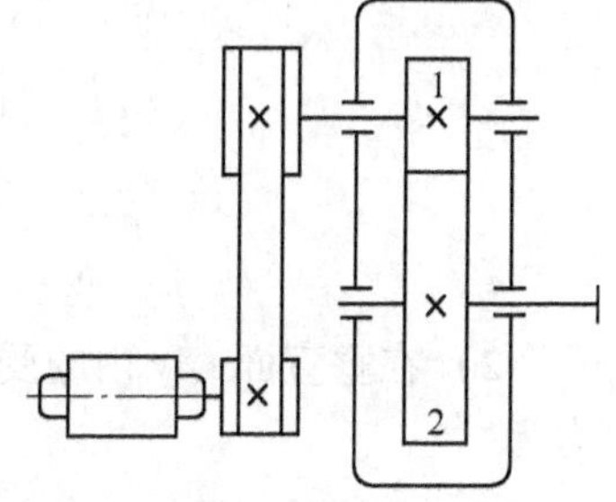

图8-16 单级直齿圆柱齿轮减速器

分析：(1) 外力分析 由高速轴直齿轮的受力分析可得轴的计算简图，如图8-17a所示，图中外力偶矩为

$$M_e = F_{t1}\frac{D}{2} = 5000 \times 0.1/2\text{N}\cdot\text{m} = 250\text{N}\cdot\text{m}$$

力F_{r1}使轴在垂直面xAy内产生弯曲变形，力F_{t1}使轴在xAz水平面内产生弯曲变形，外力偶矩M_e使轴产生扭转变形，所以，AB轴为弯扭组合变形。

(2) 内力分析并画弯矩图和扭矩图

1）轴在水平面轴xAz内的受力情况如图8-17b所示。由平衡方程解得A、B两支座的约束力为

$$F_{HA} = F_{HB} = \frac{1}{2}F_{t1} = 2500\text{N}$$

弯矩图如图8-17c所示，最大弯矩发生在C截面处，其值为

$$M_{HC} = \frac{1}{4}F_{t1}l = \frac{1}{4} \times 5000 \times 0.12\text{N}\cdot\text{m} = 150\text{N}\cdot\text{m}$$

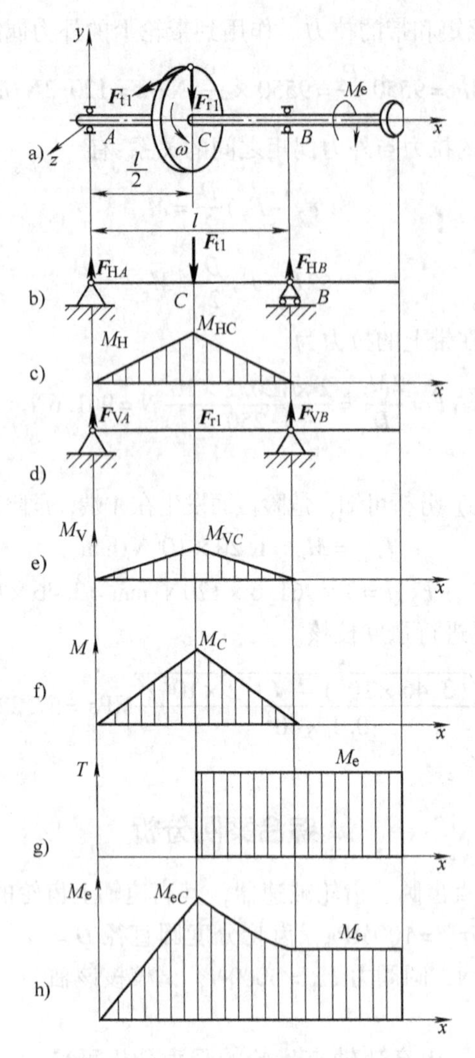

图 8-17 高速轴计算简图与内力图

2）在垂直面 xAy 内的受力情况如图 8-17d 所示。由平衡方程解得 A、B 两支座的约束力为

$$F_{VA} = F_{VB} = \frac{1}{2}F_{r1} = 940\text{kN}$$

弯矩图如图 8-17e 所示，最大弯矩发生在 C 截面处，其值为

$$M_{VC} = F_{VB}\frac{l}{2} = 940 \times \frac{0.12}{2}\text{N}\cdot\text{m} = 56.4\text{N}\cdot\text{m}$$

由内力图8-17f 可见，横截面 C 是危险截面，在此截面上的合成弯矩为

$$M_C = \sqrt{M_{VC}^2 + M_{HV}^2} = \sqrt{56.4^2 + 150^2}\text{N}\cdot\text{m} = 160.3\text{N}\cdot\text{m}$$

3）轴在外力偶矩 M_e 的作用下的扭矩图见图 8-17g 所示，在 BC 段内，各截面上扭矩相同，其值为

$$T = M_e = 250\text{N}\cdot\text{m}$$

（3）强度校核　按第三强度理论进行强度校核，有

$$\sigma_{xd3}=\frac{\sqrt{M_C^2+T^2}}{W}=\frac{\sqrt{(160.3\times10^3)^2+(250\times10^3)^2}}{0.1\times32^3}\text{MPa}=90.6\text{MPa}<[\sigma]=100\text{MPa}$$

按第四强度理论进行强度校核，有

$$\sigma_{xd4}=\frac{\sqrt{M_C^2+0.75T^2}}{W}=\frac{\sqrt{(160.3\times10^3)^2+0.75\times(250\times10^3)^2}}{0.1\times32^3}\text{MPa}=82.2\text{MPa}<[\sigma]=100\text{MPa}$$

计算结果表明，高速轴强度足够。

习 题 8

8-1 如图8-18所示各杆的*AB*、*BC*、*CD*（或*BD*）各段横截面上有哪些内力？各段产生什么组合变形？

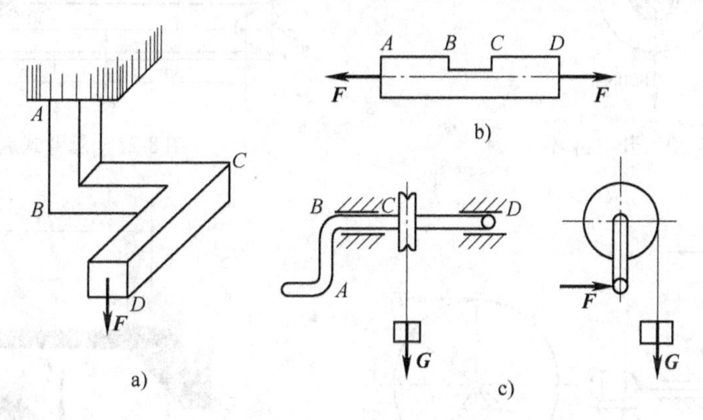

图8-18 题8-1图

8-2 如图8-19所示三根短柱受压力F作用，图8-19b、c各挖去一部分。试判断在图8-19a、b、c情况下短柱中的最大压应力的大小和位置。

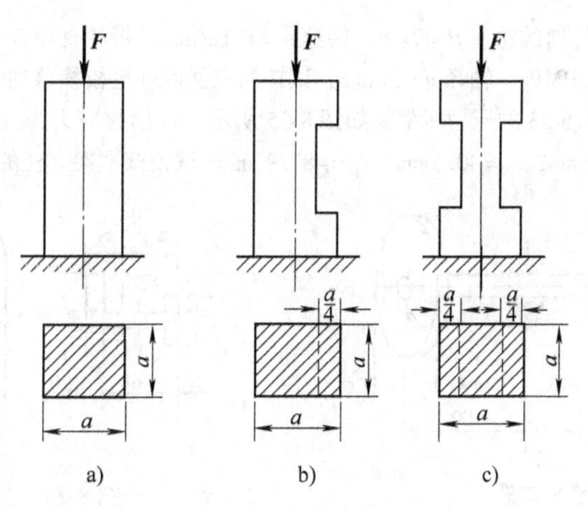

图8-19 题8-2图

8-3 开口链环由直径$d=12\text{mm}$的圆钢弯制而成，其形状如图8-20所示。链环的受力及其他尺寸均示于图中。试求链环直段部分横截面上的最大拉应力和最大压应力。

8-4 图8-21所示为悬臂式起重机，横梁*AB*用18号工字钢制成。电动滑车行走于横梁上，滑车自重与起重机的重量总和为$F=30\text{kN}$，材料的$[\sigma]=160\text{MPa}$，试校核横梁的强度。

8-5 带传动装置如图8-22所示。已知轴的直径$d=90\text{mm}$，带轮直径$D=500\text{mm}$，带的拉力分别为

$T_1=8\text{kN}$，$T_2=4\text{kN}$，若材料的许用应力$[\sigma]=50\text{MPa}$，不计自重，试校核轴的强度。

8-6　一曲柄位于水平面内，$AB\perp BC$，AB段为圆截面，A端可视为固定端，C端有一铅直向下的载荷，如图8-23所示。已知AB轴的直径$d=100\text{mm}$，$l=1.2\text{m}$，材料的许用应力$[\sigma]=80\text{MPa}$。试按第三强度理论确定许可载荷$[F]$。

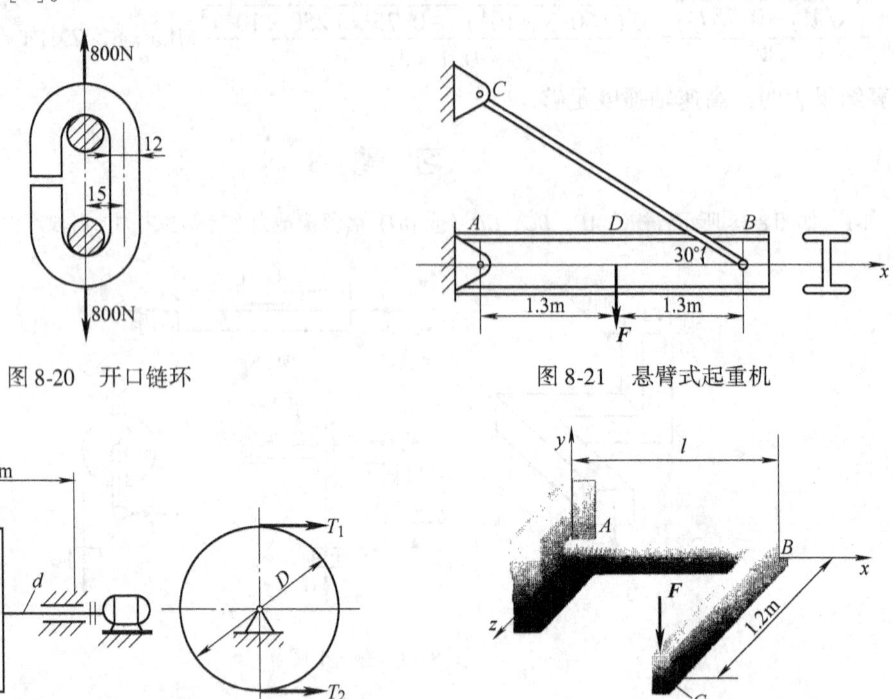

图8-20　开口链环

图8-21　悬臂式起重机

图8-22　带传动装置

图8-23　曲柄示意图

8-7　如图8-24所示轴传递的功率$P=2\text{kW}$，转速$n=191\text{r/min}$，带轮直径$D=400\text{mm}$，带拉力$F_T=2F_t$，轴材料的许用应力$[\sigma]=160\text{MPa}$，轴径$d=30\text{mm}$，试按第三强度理论校核该轴的强度。

8-8　材料为灰铸铁HT15-33的压力机框架如图8-25所示。许用拉应力为$[\sigma]^+=30\text{MPa}$，许用压应力为$[\sigma]^-=80\text{MPa}$，$z_1=59.5\text{mm}$，$z_2=40.5\text{mm}$，$I_y=487.9\text{cm}^4$。试校核框架立柱的强度。

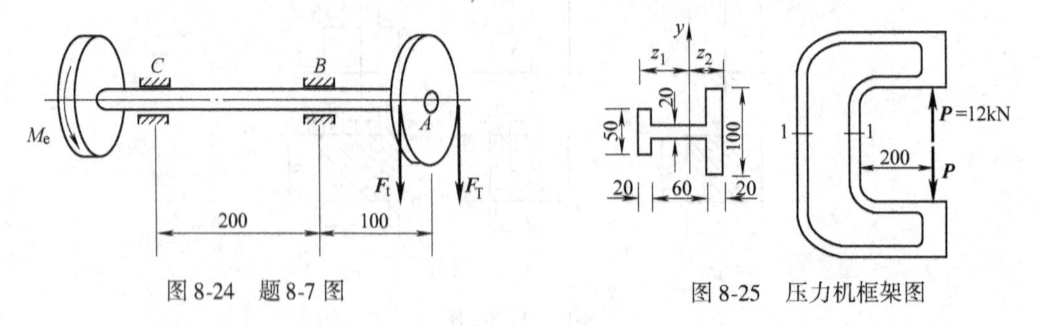

图8-24　题8-7图

图8-25　压力机框架图

附　　录

附表1　工字钢截面尺寸、截面面积、理论重量及截面特性（摘自 GB/T 706—2008）

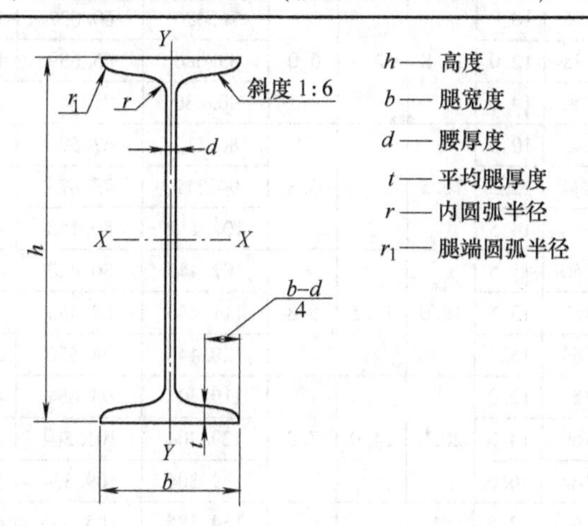

型号	截面尺寸/mm						截面面积/cm^2	理论重量/(kg/m)	惯性矩/cm^4		惯性半径/cm		截面模数/cm^3	
	h	b	d	t	r	r_1			I_x	I_y	i_x	i_y	W_x	W_y
10	100	68	4.5	7.6	6.5	3.3	14.345	11.261	245	33.0	4.14	1.52	49.0	9.72
12	120	74	5.0	8.4	7.0	3.5	17.818	13.987	436	46.9	4.95	1.62	72.7	12.7
12.6	126	74	5.0	8.4	7.0	3.5	18.118	14.223	488	46.9	5.20	1.61	77.5	12.7
14	140	80	5.5	9.1	7.5	3.8	21.516	16.890	712	64.4	5.76	1.73	102	16.1
16	160	88	6.0	9.9	8.0	4.0	26.131	20.513	1130	93.1	6.58	1.89	141	21.2
18	180	94	6.5	10.7	8.5	4.3	30.756	24.143	1660	122	7.36	2.00	185	26.0
20a	200	100	7.0	11.4	9.0	4.5	35.578	27.929	2370	158	8.15	2.12	237	31.5
20b		102	9.0				39.578	31.069	2500	169	7.96	2.06	250	33.1
22a	220	110	7.5	12.3	9.5	4.8	42.128	33.070	3400	225	8.99	2.31	309	40.9
22b		112	9.5				46.528	36.524	3570	239	8.78	2.27	325	42.7
24a	240	116	8.0	13.0	10.0	5.0	47.741	37.477	4570	280	9.77	2.42	381	48.4
24b		118	10.0				52.541	41.245	4800	297	9.57	2.38	400	50.4
25a	250	116	8.0				48.541	38.105	5020	280	10.2	2.40	402	48.3
25b		118	10.0				53.541	42.030	5280	309	9.94	2.40	423	52.4
27a	270	122	8.5	13.7	10.5	5.3	54.554	42.825	6550	345	10.9	2.51	485	56.6
27b		124	10.5				59.954	47.064	6870	366	10.7	2.47	509	58.9
28a	280	122	8.5				55.404	43.492	7110	345	11.3	2.50	508	56.6
28b		124	10.5				61.004	47.888	7480	379	11.1	2.49	534	61.2
30a	300	126	9.0	14.4	11.0	5.5	61.254	48.084	8950	400	12.1	2.55	597	63.5
30b		128	11.0				67.254	52.794	9400	422	11.8	2.50	627	65.9
30c		130	13.0				73.254	57.504	9850	445	11.6	2.46	657	68.5

（续）

型号	截面尺寸/mm						截面面积/cm²	理论重量/(kg/m)	惯性矩/cm⁴		惯性半径/cm		截面模数/cm³	
	h	b	d	t	r	r_1			I_x	I_y	i_x	i_y	W_x	W_y
32a		130	9.5				67.156	52.717	11100	460	12.8	2.62	692	70.8
32b	320	132	11.5	15.0	11.5	5.8	73.556	57.741	11600	502	12.6	2.61	726	76.0
32c		134	13.5				79.956	62.765	12200	544	12.3	2.61	760	81.2
36a		136	10.0				76.480	60.037	15800	552	14.4	2.69	875	81.2
36b	360	138	12.0	15.8	12.0	6.0	83.680	65.689	16500	582	14.1	2.64	919	84.3
36c		140	14.0				90.880	71.341	17300	612	13.8	2.60	962	87.4
40a		142	10.5				86.112	67.598	21700	660	15.9	2.77	1090	93.2
40b	400	144	12.5	16.5	12.5	6.3	94.112	73.878	22800	692	15.6	2.71	1140	96.2
40c		146	14.5				102.112	80.158	23900	727	15.2	2.65	1190	99.6
45a		150	11.5				102.446	80.420	32200	855	17.7	2.89	1430	114
45b	450	152	13.5	18.0	13.5	6.8	111.446	87.485	33800	894	17.4	2.84	1500	118
45c		154	15.5				120.446	94.550	35300	938	17.1	2.79	1570	122
50a		158	12.0				119.304	93.654	46500	1120	19.7	3.07	1860	142
50b	500	160	14.0	20.0	14.0	7.0	129.304	101.504	48600	1170	19.4	3.01	1940	146
50c		162	16.0				139.304	109.354	50600	1220	19.0	2.96	2080	151
55a		166	12.5				134.185	105.335	62900	1370	21.6	3.19	2290	164
55b	550	168	14.5				145.185	113.970	65600	1420	21.2	3.14	2390	170
55c		170	16.5	21.0	14.5	7.3	156.185	122.605	68400	1480	20.9	3.08	2490	175
56a		166	12.5				135.435	106.316	65600	1370	22.0	3.18	2340	165
56b	560	168	14.5				146.635	115.108	68500	1490	21.6	3.16	2450	174
56c		170	16.5				157.835	123.900	71400	1560	21.3	3.16	2550	183
63a		176	13.0				154.658	121.407	93900	1700	24.5	3.31	2980	193
63b	630	178	15.0	22.0	15.0	7.5	167.258	131.298	98100	1810	24.2	3.29	3160	204
63c		180	17.0				179.858	141.189	102000	1920	23.8	3.27	3300	214

注：表中 r、r_1 的数据用于孔型设计，不做交货条件。

附表 2　槽钢截面尺寸、截面面积、理论重量及截面特性（摘自 GB/T 706—2008）

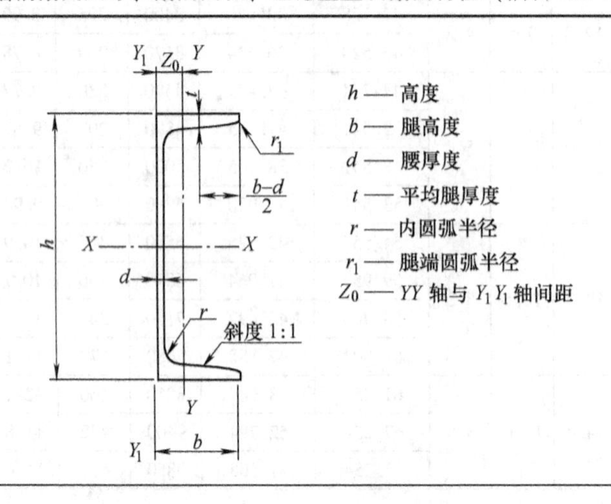

（续）

型号	截面尺寸/mm						截面面积/cm^2	理论重量/(kg/m)	惯性矩/cm^4			惯性半径/cm		截面模数/cm^3		重心距离/cm
	h	b	d	t	r	r_1			I_x	I_y	I_{y1}	i_x	i_y	W_x	W_y	Z_0
5	50	37	4.5	7.0	7.0	3.5	6.928	5.438	26.0	8.30	20.9	1.94	1.10	10.4	3.55	1.35
6.3	63	40	4.8	7.5	7.5	3.8	8.451	6.634	50.8	11.9	28.4	2.45	1.19	16.1	4.50	1.36
6.5	64	40	4.3	7.5	7.5	3.8	8.547	6.709	55.2	12.0	28.3	2.54	1.19	17.0	4.59	1.38
8	80	43	5.0	8.0	8.0	4.0	10.248	8.045	101	16.6	37.4	3.15	1.27	25.3	5.79	1.43
10	100	48	5.3	8.5	8.5	4.2	12.748	10.007	198	25.6	54.9	3.95	1.41	39.7	7.80	1.52
12	120	53	5.5	9.0	9.0	4.5	15.362	12.059	346	37.4	77.7	4.75	1.56	57.7	10.2	1.62
12.6	126	53	5.5	9.0	9.0	4.5	15.692	12.318	391	38.0	77.1	4.95	1.57	62.1	10.2	1.59
14a	140	58	6.0	9.5	9.5	4.8	18.516	14.535	564	53.2	107	5.52	1.70	80.5	13.0	1.71
14b		60	8.0				21.316	16.733	609	61.1	121	5.35	1.69	87.1	14.1	1.67
16a	160	63	6.5	10.0	10.0	5.0	21.962	17.24	866	73.3	144	6.28	1.83	108	16.3	1.80
16b		65	8.5				25.162	19.752	935	83.4	161	6.10	1.82	117	17.6	1.75
18a	180	68	7.0	10.5	10.5	5.2	25.699	20.174	1270	98.6	190	7.04	1.96	141	20.0	1.88
18b		70	9.0				29.299	23.000	1370	111	210	6.84	1.95	152	21.5	1.84
20a	200	73	7.0	11.0	11.0	5.5	28.837	22.637	1780	128	244	7.86	2.11	178	24.2	2.01
20b		75	9.0				32.837	25.777	1910	144	268	7.64	2.09	191	25.9	1.95
22a	220	77	7.0	11.5	11.5	5.8	31.846	24.999	2390	158	298	8.67	2.23	218	28.2	2.10
22b		79	9.0				36.246	28.453	2570	176	326	8.42	2.21	234	30.1	2.03
24a	240	78	7.0	12.0	12.0	6.0	34.217	26.860	3050	174	325	9.45	2.25	254	30.5	2.10
24b		80	9.0				39.017	30.628	3280	194	355	9.17	2.23	274	32.5	2.03
24c		82	11.0				43.817	34.396	3510	213	388	8.96	2.21	293	34.4	2.00
25a	250	78	7.0				34.917	27.410	3370	176	322	9.82	2.24	270	30.6	2.07
25b		80	9.0				39.917	31.335	3530	196	353	9.41	2.22	282	32.7	1.98
25c		82	11.0				44.917	35.260	3690	218	384	9.07	2.21	295	35.9	1.92
27a	270	82	7.5	12.5	12.5	6.2	39.284	30.838	4360	216	393	10.5	2.34	323	35.5	2.13
27b		84	9.5				44.684	35.077	4690	239	428	10.3	2.31	347	37.7	2.06
27c		86	11.5				50.084	39.316	5020	261	467	10.1	2.28	372	39.8	2.03
28a	280	82	7.5				40.034	31.427	4760	218	388	10.9	2.33	340	35.7	2.10
28b		84	9.5				45.634	35.823	5130	242	428	10.6	2.30	366	37.9	2.02
28c		86	11.5				51.234	40.219	5500	268	463	10.4	2.29	393	40.3	1.95
30a	300	85	7.5	13.5	13.5	6.8	43.902	34.463	6050	260	467	11.7	2.43	403	41.1	2.17
30b		87	9.5				49.902	39.173	6500	289	515	11.4	2.41	433	44.0	2.13
30c		89	11.5				55.902	43.883	6950	316	560	11.2	2.38	463	46.4	2.09
32a	320	88	8.0	14.0	14.0	7.0	48.513	38.083	7600	305	552	12.5	2.50	475	46.5	2.24
32b		90	10.0				54.913	43.107	8140	336	593	12.2	2.47	509	49.2	2.16
32c		92	12.0				61.313	48.131	8690	374	643	11.9	2.47	543	52.6	2.09

（续）

型号	截面尺寸/mm						截面面积/cm²	理论重量/(kg/m)	惯性矩/cm⁴			惯性半径/cm		截面模数/cm³		重心距离/cm
	h	b	d	t	r	r_1			I_x	I_y	I_{y1}	i_x	i_y	W_x	W_y	Z_0
36a	360	96	9.0	16.0	16.0	8.0	60.910	47.814	11900	455	818	14.0	2.73	660	63.5	2.44
36b		98	11.0				68.110	53.466	12700	497	880	13.6	2.70	703	66.9	2.37
36c		100	13.0				75.310	59.118	13400	536	948	13.4	2.67	746	70.0	2.34
40a	400	100	10.5	18.0	18.0	9.0	75.068	58.928	17600	592	1070	15.3	2.81	879	78.8	2.49
40b		102	12.5				83.068	65.208	18600	640	114	15.0	2.78	932	82.5	2.44
40c		104	14.5				91.068	71.488	19700	688	1220	14.7	2.75	986	86.2	2.42

注：表中 r、r_1 的数据用于孔型设计，不做交货条件。

附表 3 等边角钢截面尺寸、截面面积、理论重量及截面特性（摘自 GB/T 706—2008）

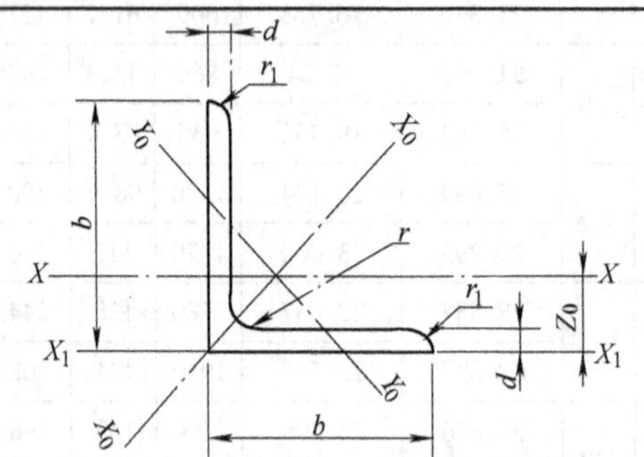

型号	截面尺寸/mm			截面面积/cm²	理论重量/(kg/m)	外表面积/(m²/m)	惯性矩/cm⁴				惯性半径/cm			截面模数/cm³			重心距离/cm
	b	d	r				I_x	I_{x1}	I_{x0}	I_{y0}	i_x	i_{x0}	i_{y0}	W_x	W_{x0}	W_{y0}	Z_0
2	20	3	3.5	1.132	0.889	0.078	0.40	0.81	0.63	0.17	0.59	0.75	0.39	0.29	0.45	0.20	0.60
		4		1.459	1.145	0.077	0.50	1.09	0.78	0.22	0.58	0.73	0.38	0.36	0.55	0.24	0.64
2.5	25	3		1.432	1.124	0.098	0.82	1.57	1.29	0.34	0.76	0.95	0.49	0.46	0.73	0.33	0.73
		4		1.859	1.459	0.097	1.03	2.11	1.62	0.43	0.74	0.93	0.48	0.59	0.92	0.40	0.76
3.0	30	3	4.5	1.749	1.373	0.117	1.46	2.71	2.31	0.61	0.91	1.15	0.59	0.68	1.09	0.51	0.85
		4		2.276	1.786	0.117	1.84	3.63	2.92	0.77	0.90	1.13	0.58	0.87	1.37	0.62	0.89
3.6	36	3		2.109	1.656	0.141	2.58	4.68	4.09	1.07	1.11	1.39	0.71	0.99	1.61	0.76	1.00
		4		2.756	2.163	0.141	3.29	6.25	5.22	1.37	1.09	1.38	0.70	1.28	2.05	0.93	1.04
		5		3.382	2.654	0.141	3.95	7.84	6.24	1.65	1.08	1.36	0.70	1.56	2.45	1.00	1.07
4	40	3		2.359	1.852	0.157	3.59	6.41	5.69	1.49	1.23	1.55	0.79	1.23	2.01	0.96	1.09
		4		3.086	2.422	0.157	4.60	8.56	7.29	1.91	1.22	1.54	0.79	1.60	2.58	1.19	1.13
		5		3.791	2.976	0.156	5.53	10.74	8.76	2.30	1.21	1.52	0.78	1.96	3.10	1.39	1.17
4.5	45	3	5	2.659	2.088	0.177	5.17	9.12	8.20	2.14	1.40	1.76	0.89	1.58	2.58	1.24	1.22
		4		3.486	2.736	0.177	6.65	12.18	10.56	2.75	1.38	1.74	0.89	2.05	3.32	1.54	1.26
		5		4.292	3.369	0.176	8.04	15.2	12.74	3.33	1.37	1.72	0.88	2.51	4.00	1.81	1.30
		6		5.076	3.985	0.176	9.33	18.36	14.76	3.89	1.36	1.70	0.8	2.95	4.64	2.06	1.33

（续）

型号	截面尺寸/mm			截面面积/cm^2	理论重量/(kg/m)	外表面积/(m^2/m)	惯性矩/cm^4				惯性半径/cm			截面模数/cm^3			重心距离/cm
	b	d	r				I_x	I_{x1}	I_{x0}	I_{y0}	i_x	i_{x0}	i_{y0}	W_x	W_{x0}	W_{y0}	Z_0
5	50	3	5.5	2.971	2.332	0.197	7.18	12.5	11.37	2.98	1.55	1.96	1.00	1.96	3.22	1.57	1.34
		4		3.897	3.059	0.197	9.26	16.69	14.70	3.82	1.54	1.94	0.99	2.56	4.16	1.96	1.38
		5		4.803	3.770	0.196	11.21	20.90	17.79	4.64	1.53	1.92	0.98	3.13	5.03	2.31	1.42
		6		5.688	4.465	0.196	13.05	25.14	20.68	5.42	1.52	1.91	0.98	3.68	5.85	2.63	1.46
5.6	56	3	6	3.343	2.624	0.221	10.19	17.56	16.14	4.24	1.75	2.20	1.13	2.48	4.08	2.02	1.48
		4		4.390	3.446	0.220	13.18	23.43	20.92	5.46	1.73	2.18	1.11	3.24	5.28	2.52	1.53
		5		5.415	4.251	0.220	16.02	29.33	25.42	6.61	1.72	2.17	1.10	3.97	6.42	2.98	1.57
		6		6.420	5.040	0.220	18.69	35.26	29.66	7.73	1.71	2.15	1.10	4.68	7.49	3.40	1.61
		7		7.404	5.812	0.219	21.23	41.23	33.63	8.82	1.69	2.13	1.09	5.36	8.49	3.80	1.64
		8		8.367	6.568	0.219	23.63	47.24	37.37	9.89	1.68	2.11	1.09	6.03	9.44	4.16	1.68
6	60	5	6.5	5.829	4.576	0.236	19.89	36.05	31.57	8.21	1.85	2.33	1.19	4.59	7.44	3.48	1.67
		6		6.914	5.427	0.235	23.25	43.33	36.89	9.60	1.83	2.31	1.18	5.41	8.70	3.98	1.70
		7		7.977	6.262	0.235	26.44	50.65	41.92	10.96	1.82	2.29	1.17	6.21	9.88	4.45	1.74
		8		9.020	7.081	0.235	29.47	58.02	46.66	12.28	1.81	2.27	1.17	6.98	11.00	4.88	1.78
6.3	63	4	7	4.978	3.907	0.248	19.03	33.35	30.17	7.89	1.96	2.46	1.26	4.13	6.78	3.29	1.70
		5		6.143	4.822	0.248	23.17	41.73	36.77	9.57	1.94	2.45	1.25	5.08	8.25	3.90	1.74
		6		7.288	5.721	0.247	27.12	50.14	43.03	11.20	1.93	2.43	1.24	6.00	9.66	4.46	1.78
		7		8.412	6.603	0.247	30.87	58.60	48.96	12.79	1.92	2.41	1.23	6.88	10.99	4.98	1.82
		8		9.515	7.469	0.247	34.46	67.11	54.56	14.33	1.90	2.40	1.23	7.75	12.25	5.47	1.85
		10		11.657	9.151	0.246	41.09	84.31	64.85	17.33	1.88	2.36	1.22	9.39	14.56	6.36	1.93
7	70	4	8	5.570	4.372	0.275	26.39	45.74	41.80	10.99	2.18	2.74	1.40	5.14	8.44	4.17	1.86
		5		6.875	5.397	0.275	32.21	57.21	51.08	13.31	2.16	2.73	1.39	6.32	10.32	4.95	1.91
		6		8.160	6.406	0.275	37.77	68.73	59.93	15.61	2.15	2.71	1.38	7.48	12.11	5.67	1.95
		7		9.424	7.398	0.275	43.09	80.29	68.35	17.82	2.14	2.69	1.38	8.59	13.81	6.34	1.99
		8		10.667	8.373	0.274	48.17	91.92	76.37	19.98	2.12	2.68	1.37	9.68	15.43	6.98	2.03
7.5	75	5	9	7.412	5.818	0.295	39.97	70.56	63.30	16.63	2.33	2.92	1.50	7.32	11.94	5.77	2.04
		6		8.797	6.905	0.294	46.95	84.55	74.38	19.51	2.31	2.90	1.49	8.64	14.02	6.67	2.07
		7		10.160	7.976	0.294	53.57	98.71	84.96	22.18	2.30	2.89	1.48	9.93	16.02	7.44	2.11
		8		11.503	9.030	0.294	59.96	112.97	95.07	24.86	2.28	2.88	1.47	11.20	17.93	8.19	2.15
		9		12.825	10.068	0.294	66.10	127.30	104.71	27.48	2.27	2.86	1.46	12.43	19.75	8.89	2.18
		10		14.126	11.089	0.293	71.98	141.71	113.92	30.05	2.26	2.84	1.46	13.64	21.48	9.56	2.22
8	80	5		7.912	6.211	0.315	48.79	85.36	77.33	20.25	2.48	3.13	1.60	8.34	13.67	6.66	2.15
		6		9.397	7.376	0.314	57.35	102.50	90.98	23.72	2.47	3.11	1.59	9.87	16.08	7.65	2.19
		7		10.860	8.525	0.314	65.58	119.70	104.07	27.09	2.46	3.10	1.58	11.37	18.40	8.58	2.23
		8		12.303	9.658	0.314	73.49	136.97	116.60	30.39	2.44	3.08	1.57	12.83	20.61	9.46	2.27
		9		13.725	10.774	0.314	81.11	154.31	128.60	33.61	2.43	3.06	1.56	14.25	22.73	10.29	2.31
		10		15.126	11.874	0.313	88.43	171.74	140.09	36.77	2.42	3.04	1.56	15.64	24.76	11.08	2.35

（续）

型号	截面尺寸/mm			截面面积/cm^2	理论重量/(kg/m)	外表面积/(m^2/m)	惯性矩/cm^4				惯性半径/cm			截面模数/cm^3			重心距离/cm
	b	d	r				I_x	I_{x1}	I_{x0}	I_{y0}	i_x	i_{x0}	i_{y0}	W_x	W_{x0}	W_{y0}	Z_0
9	90	6	10	10.637	8.350	0.354	82.77	145.87	131.26	34.28	2.79	3.51	1.80	12.61	20.63	9.95	2.44
		7		12.301	9.656	0.354	94.83	170.30	150.47	39.18	2.78	3.50	1.78	14.54	23.64	11.19	2.48
		8		13.944	10.946	0.353	106.47	194.80	168.97	43.97	2.76	3.48	1.78	16.42	26.55	12.35	2.52
		9		15.566	12.219	0.353	117.72	219.39	186.77	48.66	2.75	3.46	1.77	18.27	29.35	13.46	2.56
		10		17.167	13.476	0.353	128.58	244.07	203.90	53.26	2.74	3.45	1.76	20.07	32.04	14.52	2.59
		12		20.306	15.940	0.352	149.22	293.76	236.21	62.22	2.71	3.41	1.75	23.57	37.12	16.49	2.67
10	100	6	12	11.932	9.366	0.393	114.95	200.07	181.98	47.92	3.10	3.90	2.00	15.68	25.74	12.69	2.67
		7		13.796	10.830	0.393	131.86	233.54	208.97	54.74	3.09	3.89	1.99	18.10	29.55	14.26	2.71
		8		15.638	12.276	0.393	148.24	267.09	235.07	61.41	3.08	3.88	1.98	20.47	33.24	15.75	2.76
		9		17.462	13.708	0.392	164.12	300.73	260.30	67.95	3.07	3.86	1.97	22.79	36.81	17.18	2.80
		10		19.261	15.120	0.392	179.51	334.48	284.68	74.35	3.05	3.84	1.96	25.06	40.26	18.54	2.84
		12		22.800	17.898	0.391	208.90	402.34	330.95	86.84	3.03	3.81	1.95	29.48	46.80	21.08	2.91
		14		26.256	20.611	0.391	236.53	470.75	374.06	99.00	3.00	3.77	1.94	33.73	52.90	23.44	2.99
		16		29.627	23.257	0.390	262.53	539.80	414.16	110.89	2.98	3.74	1.94	37.82	58.57	25.63	3.06
11	110	7	12	15.196	11.928	0.433	177.16	310.64	280.94	73.38	3.41	4.30	2.20	22.05	36.12	17.51	2.96
		8		17.238	13.535	0.433	199.46	355.20	316.49	82.42	3.40	4.28	2.19	24.95	40.69	19.39	3.01
		10		21.261	16.690	0.432	242.19	444.65	384.39	99.98	3.38	4.25	2.17	30.60	49.42	22.91	3.09
		12		25.200	19.782	0.431	282.55	534.60	448.17	116.93	3.35	4.22	2.15	36.05	57.62	26.15	3.16
		14		29.056	22.809	0.431	320.71	625.16	508.01	133.40	3.32	4.18	2.14	41.31	65.31	29.14	3.24
12.5	125	8	14	19.750	15.504	0.492	297.03	521.01	470.89	123.16	3.88	4.88	2.50	32.52	53.28	25.86	3.37
		10		24.373	19.133	0.491	361.67	651.93	573.89	149.46	3.85	4.85	2.48	39.97	64.93	30.62	3.45
		12		28.912	22.696	0.491	423.16	783.42	671.44	174.88	3.83	4.82	2.46	41.17	75.96	35.03	3.53
		14		33.367	26.193	0.490	481.65	915.61	763.73	199.57	3.80	4.78	2.45	54.16	86.41	39.13	3.61
		16		37.739	29.625	0.489	537.31	1048.62	850.98	223.65	3.77	4.75	2.43	60.93	96.28	42.96	3.68
14	140	10		27.373	21.488	0.551	514.65	915.11	817.27	212.04	4.34	5.46	2.78	50.58	82.56	39.20	3.82
		12		32.512	25.522	0.551	603.68	1099.28	958.79	248.57	4.31	5.43	2.76	59.80	96.85	45.02	3.90
		14		37.567	29.490	0.550	688.81	1284.22	1093.56	284.06	4.28	5.40	2.75	68.75	110.47	50.45	3.98
		16		42.539	33.393	0.549	770.24	1470.07	1221.81	318.67	4.26	5.36	2.74	77.46	123.42	55.55	4.06
15	150	8		23.750	18.644	0.592	521.37	899.55	827.49	215.25	4.69	5.90	3.01	47.36	78.02	38.14	3.99
		10		29.373	23.058	0.591	637.50	1125.09	1012.79	262.21	4.66	5.87	2.99	58.35	95.49	45.51	4.08
		12		34.912	27.406	0.591	748.85	1351.26	1189.97	307.73	4.63	5.84	2.97	69.04	112.19	52.38	4.15
		14		40.367	31.688	0.590	855.64	1578.25	1359.30	351.98	4.60	5.80	2.95	79.45	128.16	58.83	4.23
		15		43.063	33.804	0.590	907.39	1692.10	1441.09	373.69	4.59	5.78	2.95	84.56	135.87	61.90	4.27
		16		45.739	35.905	0.589	958.08	1806.21	1521.02	395.14	4.58	5.77	2.94	89.59	143.40	64.89	4.31

（续）

型号	截面尺寸/mm			截面面积/cm^2	理论重量/(kg/m)	外表面积/(m^2/m)	惯性矩/cm^4				惯性半径/cm			截面模数/cm^3			重心距离/cm
	b	d	r				I_x	I_{x1}	I_{x0}	I_{y0}	i_x	i_{x0}	i_{y0}	W_x	W_{x0}	W_{y0}	Z_0
16	160	10	16	31.502	24.729	0.630	779.53	1365.33	1237.30	321.76	4.98	6.27	3.20	66.70	109.36	52.76	4.31
		12		37.441	29.391	0.630	916.58	1639.57	1455.68	377.49	4.95	6.24	3.18	78.98	128.67	60.74	4.39
		14		43.296	33.987	0.629	1048.36	1914.68	1665.02	431.70	4.92	6.20	3.16	90.95	147.17	68.24	4.47
		16		49.067	38.518	0.629	1175.08	2190.82	1865.57	484.59	4.89	6.17	3.14	102.63	164.89	75.31	4.55
18	180	12		42.241	33.159	0.710	1321.35	2332.80	2100.10	542.61	5.59	7.05	3.58	100.82	165.00	78.41	4.89
		14		48.896	38.383	0.709	1514.48	2723.48	2407.42	621.53	5.56	7.02	3.56	116.25	189.14	88.38	4.97
		16		55.467	43.542	0.709	1700.99	3115.29	2703.37	698.60	5.54	6.98	3.55	131.13	212.40	97.83	5.05
		18		61.055	48.634	0.708	1875.12	3502.43	2988.24	762.01	5.50	6.94	3.51	145.64	234.78	105.14	5.13
20	200	14	18	54.642	42.894	0.788	2103.55	3734.10	3343.26	863.83	6.20	7.82	3.98	144.70	236.40	111.82	5.46
		16		62.013	48.680	0.788	2366.15	4270.39	3760.89	971.41	6.18	7.79	3.96	163.65	265.93	123.96	5.54
		18		69.301	54.401	0.787	2620.64	4808.13	4164.54	1076.74	6.15	7.75	3.94	182.22	294.48	135.52	5.62
		20		76.505	60.056	0.787	2867.30	5347.51	4554.55	1180.04	6.12	7.72	3.93	200.42	322.06	146.55	5.69
		24		90.661	71.168	0.785	3338.25	6457.16	5294.97	1381.53	6.07	7.64	3.90	236.17	374.41	166.65	5.87

参 考 文 献

[1] 胡仰馨．理论力学［M］．北京：高等教育出版社，1988.
[2] 程嘉佩．材料力学［M］．北京：高等教育出版社，1989.
[3] 张定华．工程力学［M］．北京：高等教育出版社，2000.
[4] 隋明阳．机械设计基础［M］．北京：机械工业出版社，2008.
[5] 程靳．工程力学（基础部分）［M］．北京：机械工业出版社，2004.
[6] 傅鹤龄．工程力学解题指南［M］．北京：机械工业出版社，2005.
[7] 禹加宽，周详基．工程力学［M］．北京：北京理工大学出版社，2006.
[8] 范钦珊．工程力学（静力学和材料力学）［M］．北京：高等教育出版社，2006.
[9] 关玉琴．工程力学［M］．北京：人民邮电出版社，2006.
[10] 全沅生．工程力学［M］．武汉：华中科技大学出版社，2002.
[11] 石怀荣，陈文平．工程力学［M］．北京：清华大学出版社，2007.
[12] 李海萍．机械设计基础［M］．苏州：苏州大学出版社，2004.
[13] 周玉丰．机械设计基础［M］．北京：机械工业出版社，2008.